# 生活科技

余 鑑、上官百祥、簡佑宏、陳勇安　編著

張玉山　校閱

全華圖書股份有限公司

# 編輯大意

## PREFACE

一、人類的歷史與文明發展，常隨著科技發展而有所改變、突破，生活在21世紀的人類，日常生活中的食、衣、住、行、育、樂更是普遍受到科技的影響。因此，身為一個現代人必須認識科技、應用科技，以解決生活中所遇到的難題，進而提高個人生活品質。本書以淺顯易懂之說明探討科技的本質，以及延伸教學至所有科技之範疇。

二、為了增進學生學習興趣，本書編寫具有以下特點：

（一）在每章開頭設計有「學前練功房」，透過課程活動讓學生主動去探索與生活有關的科技產品或議題，以準備進入主題之學習。

（二）於課文中適時設計「科技動動腦」，提供開放的問題，讓學生動腦去思考與科技有關的問題。

（三）在每節之後有「討論與分享」，讓學生透過個人或分組的方式，探究科技的議題，並將探索所得與同學分享，以培養學生分析與綜合的能力，並擴大其見聞。

（四）透過「科技小故事」以補充科技知識；「科技人物誌」讓學生能認識對環境生態、科技產業或臺灣經濟有貢獻的科技領導人之事蹟；透過「知識小集合」則讓學生即時了解相關的科技知識。

三、本書在內容與編排上，若有未盡妥善之處，尚祈各界先進不吝指教，俾供再版修訂之參考。

# 目錄

CONTENTS

## Chapter 1 科技的本質



## Chapter 2 創新設計科技



## Chapter 3 傳播科技



## Chapter 4 營建科技

## Chapter 5 製造科技



## Chapter 6 運輸科技



## Chapter 7 能源與動力科技



## Chapter 8 新興科技



## 附錄

## 學前練功房

一、請你（妳）蒐集報章雜誌、電視、網路等媒體所傳播的資訊，想一想，有哪些科技新知、新產品或新發明，是你覺得不錯且可以改善人類的生活？

二、請仔細回想一下，在日常生活中的食、衣、住、行、育、樂等方面，有哪些事物和以前相比有很大的差異？

三、請舉一個例子，說明科技產品或技術的發明對你（妳）的正面及負面影響。

chapter

# 1

# 科技的本質

## CHARACTER TECHNOLOGY

談到「科技」一詞，浮現在你(妳)腦海的影像是什麼？是太空梭？人造衛星？還是威力驚人的軍事武器？這些確實是近代科技的具體成果，但並非是科技的全部。其實「科技」與「生活」是息息相關的，在我們日常生活中，小至迴紋針、原子筆，大至台北101，都是人類為了滿足需求，而利用各類資源所製成的科技產物，而科技也常對社會造成顯著的影響和改變。因此，科技其實就在你我的身邊。

# 1-1 科技的涵義

人類的歷史與文明發展，常隨著科技發展而有所改變、突破，生活在 21 世紀的人類，日常生活中的食、衣、住、行、育、樂更是普遍受到科技的影響，因此，身為一個現代人必須認識科技、應用科技，以解決生活中所遇到的難題，進而提高個人生活品質。

## 一、科技的意義

什麼是「科技」呢？引用國內學者的說法：「科技是一種人們利用知識、資源和創意，以有效解決實務問題、調適人和環境關係的意圖和努力」（李隆盛 1993）。它的本質在於人類運用智慧，發展各種工具，以及使用自然資源，來達到改善生活的目的。因此，科技不僅是指最後的產品或結果（圖 1-1），它還包含了人類利用各種資源以解決問題的過程和方法。而科技的發明，也非科學家或高科技從業人員的專利，例如：臺灣早期的原住民為了獵捕動物，利用自然界中隨處可得的資源，製成捕獸器，以解決食的問題，便是一種科技的具體表現（圖 1-2）。科技教育學者 Maley（1989）指出：「人類發展、應用科技的歷史，遠早於人類對科學知識領域以及科學應用的探索，因此，可以說人類文明的歷史就是科技的發展史」。科技的迅速發展和應用，對人類的影響日趨廣泛而深遠，在現代科技社會裡，各類科技產品、科技新知早已無所不在。因此，我們要能了解、使用和管理科技，也要評估科技可能帶來的衝擊，才能享受科技的便利，免於成為科技文盲。

圖 1-1　智慧型手機具有攝影、GPRS、WiFi 無線上網等功能

圖 1-2　早期原住民利用自然資源所製作的魚籠（放大處），便是生活上的科技發明

## 二、科技社會的特質

我們今日所處的世界，是彙集了數千年來人類的智慧結晶，我們生活更是到處充滿了科技的事與物，因此可以說，今日的社會已經進入了科技化時代。科技化的時代具有下列的特質。

**科技動動腦**

提到「科技」，你會想到什麼呢？如果別人問你：「什麼是科技？」，你會如何回答呢？

### (一) 人類物質生活不斷提升

在科技社會中，人類享受科技產物的成果，使我們的生活品質不斷提升，如運輸科技縮短了人與人之間的距離，營建科技使我們的居住環境更加堅固美觀，高科技的電器產品使我們能享受高品質且方便的現代化生活。

### (二) 專業技術人才需求增加

科技的運用對工作環境產生極大的改變，以往必須靠勞力才能完成生產，如今生產方式普遍趨向機械化、自動化的模式，因此人的工作環境、工作態度隨著工業型態的變化而轉變，專業的技術人才需求也就大幅增加。

### (三) 帶動國家經濟的發展

科技發展與一個國家的經濟與社會發展息息相關，目前世界各國都積極的研發新的科技、製造新的科技產品，就是希望能提高國家的競爭力，進而帶動國家的經濟發展。

### (四) 人與人的互動型態改變

科技社會不僅改變人們的工作型態，生活型態亦受到很大的衝擊。如現在許多人喜歡待在家裡看電視、沈迷於上網、玩線上遊戲或線上交友。雖然聯絡世界各國的朋友很迅速方便，卻容易忽略了現實生活中的人際互動與活動，變成所謂的「宅男」、「宅女」。

**知識小集合**

**網路成癮症（Internet addiction disorder，IAD）**

一般而言，它包含五種類型：

1. 網路性成癮（Cybersexual Addiction）：不斷地沈迷於成人聊天室或色情網站。
2. 網路人際關係成癮（Cyber-Relational Addiction）：一再沈溺於網路聊天室，過度快速發展網路上的人際關係，甚至視為比現實生活中的家人與朋友更為重要。
3. 網路賭博行為（Net Gaming）：不斷地強迫性上網購物或賭博。
4. 資訊的過載（Information Overload）：不斷強迫性地花費過多的時間在網路上蒐集資料，通常已影響到工作的表現和效能。
5. 電腦成癮（Computer Addiction）：不斷地強迫性玩電腦遊戲。

### (五) 科技同時帶來許多負面效應

科技雖然給人類便捷、舒適的生活環境，但卻也同時帶來許多負面的影響。例如能源的使用，提供工業的生產動力，帶來交通的發達，但卻是許多汙染的源頭；大量科技產品滿足了人們的需求，卻製造了許多無法處理的垃圾。資訊與傳播科技能讓人們快速、即時、互動地傳遞訊息，但網路卻也成為犯罪的新工具。這些都是科技社會下非預期的負面問題，對人類產生極大的影響。

## 三、科技與科學的比較

科技常促使科學研究的發展，而科學研究的發展亦常帶動科技的演進，兩者常互為影響，但科技與科學卻是有所差異的，兩者的比較如表 1-1。

科學強調理論的建立與可驗證性，常遵循科學的方法建立假設，經由科學實驗的驗證形成理論、或是重新修正假設，然後再次驗證。科技則強調實際的應用，如我們將馬達裝上扇葉成為電風扇，按下開關就能享受涼風，卻不用知道馬達運作的科學原理。科技與科學不同的地方，在於科技強調使用的能力，而非理論的驗證，目的在於滿足人的需求。但科學與科技息息相關，了解科技背後的科學原理，有助於科技更迅速而穩定的成長，科技的創新也帶動科學的研究。

表 1-1　科技與科學的比較

| 比較 | 科學 | 科技 |
| --- | --- | --- |
| 主要研究主題 | 自然界 | 如何改善人類生活的問題 |
| 研究目的 | 探究宇宙的真相 | 滿足人的需求與慾望 |
| 相關知識的可再驗證性 | 有 | 有 |
| 相關知識和數學的關係 | 需要運用數學呈現、運作 | 部分依賴數學運作 |
| 和理性與邏輯的關係 | 知識的探求過程重理性與邏輯 | 知識的建立要運用理性與邏輯 |
| 知識呈現方式 | 透過對具體物質的研究，而得到抽象性的結構、原則，甚至有些是以數學的形式來表達。 | 透過實際應用的程序，建構邏輯的科技知識內容。 |
| 實用性 | 不一定要實用 | 切合實際需要 |

### 討論與分享 DISCUSSION AND SHARING

一、科技是一種人類運用知識、創意和資源，以解決所面臨的問題和改善生活環境的行動。想一想，在你(妳)的生活中曾經遇過哪些問題或麻煩的事物？你如何藉由既有的資源來解決或改善它們？

二、科技的發展改變了人類的生活型態和工作方式，也改變了對於空間與時間的觀念，請問今日的科技社會具有哪些特質？

# 1-2 科技的演進

科技演進的歷史可追溯到原始時代，自從原始人類利用隨處可得的石頭、木材或各類獸骨，製造出工具（如石斧、刀箭等）後，人類的文明及科技的發展便揭開了序幕。而科技發展至今，其改變的速度與影響的範圍早已非昔日可比擬（圖 1-3）。本節將從科技進化的歷程、科技發展的特性談起，再針對科技的進化提出省思，希望能藉此啟發我們記取以往發展科技的經驗與教訓，使人類在追求科技發展的同時，也能顧及科技所帶來的負面效應。

## 壹 科技發展史

我們現在所處的環境，除了自然的資源，便是經由人類所製造的器物，我們若能了解這些人造器物形成的過程，將有助於了解整個科技產生的源由與進步的過程，並使未來新科技的研究與發展能更快速、有效。人造器物的進化是經過一連串的改變，大部分是漸進的，具有延續性的，現有的事物源於過去的物質與形式；也有些是偶然發生，而與先前出現的器物都毫不相關。依據人類生活型態的轉變，科技的發展可分為四個時期，下面分別探索其發展過程與相關特徵。

### 一、史前時代

此時期的人類已經懂得利用隨手可得的資源來製作一些簡易的工具（如石斧、刀具）（圖 1-4），並懂得用火。人員、貨物的運輸則是以步行的方式為主。這是人類文明史的開端，也是科技史上第一次的技術革新。

圖 1-4　中石器時代工具

圖 1-3　科技的進化

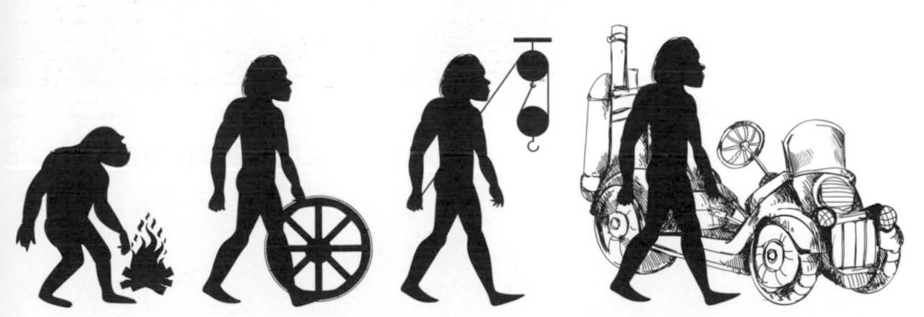

## 二、農業時代

此時期人類已經懂得豢養一些家畜，並能製作鋤頭、犁等農具。使得食物的來源能比較穩定、充裕；居住的方式也由四處遷徙，逐漸轉變成群聚而居的模式。

## 三、工業時代

因瓦特（James Watt, 1736 ～ 1819）（圖 1-5）所改良的蒸汽機被人類廣泛使用，使得傳統手工製造的型態轉變成機器大量生產的方式，人類生活所需的物品得以大量、快速的開發與生產，但也同時造成對能源的需求大增。此外，蒸汽機也應用在運輸科技上，因而也拉近了人與人之間的距離。

圖 1-5　在改良蒸汽機的瓦特

## 四、資訊時代

電腦發明後，人類的科技史便進入到托佛勒（Alvin Toffler, 1928 ～）所謂的「第三波社會」，電腦也廣泛的應用在各個科技的領域，例如：在製造科技方面有電腦輔助製造；營建科技方面則有結合電腦與通訊的智慧型建築；運輸科技方面如捷運則可利用電腦來進行無人駕駛。此外，行動電話發展的影響更是深遠，新一代的行動電話不僅可以照相、聽音樂，甚至還可以上網和收看數位電視（圖 1-6）。

從科技發展的各個時期可以看出，科技的發展最早是人類為了解決日常生活中的問題而利用自然的資源如木頭、石頭來製作一些簡單的器具，慢慢演變成製造許多自然界沒有的人造器物，而科技進化也愈來愈迅速，對人類的影響也愈來愈深遠。

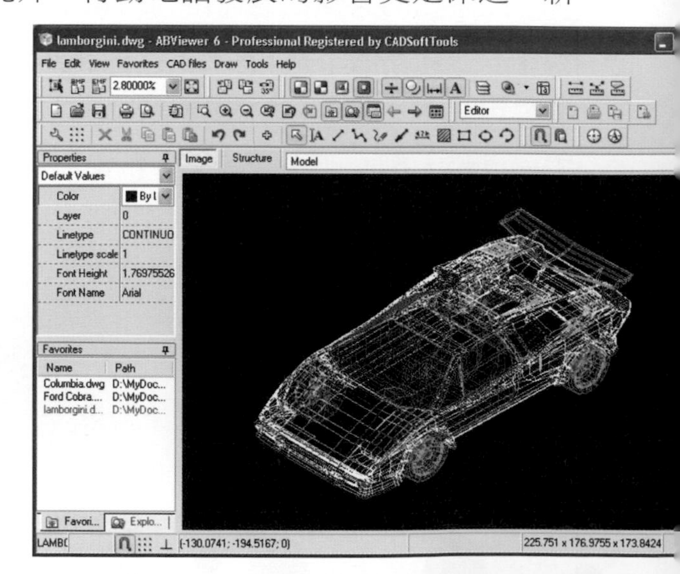


圖 1-6　利用電腦軟體來進行汽車的模型設計

## 貳 科技演進的省思

科技的發展與演進，雖然歷經了很長的一段時間，這些時期的演進、變化似乎那麼自然而且永不間斷，但是什麼因素能讓科技不斷發展、演進呢？到底是人類的需求？還是剛好因為天才的出現？而新的科技產品研發出來後是不是一定會被人類所接受？科技的發展究竟是提升人類的生活品質抑或造成更多的災難？以下將針對這些科技演進的問題進行省思。

### 一、需求與科技進步的關係為何

毫無疑問的，人類的需求與慾望經常是科技持續進步與突破的重要因素。但是，有許多的科學知識與科技產品在一開始被研究時，並不一定有這方面的需求，許多的發明其實都是意外發現的，如火藥、電、飛機等的發明一開始都不是因為需求而產生的。因此，需求只是科技演進的重要因素而非必要因素。

### 二、科技演進是否皆具延續性

科技的演進是許多前人辛苦努力、一點一滴所累積而成的，因此科技的發展過程，一般而言具有持續性的特質，絕非一蹴可幾。但如果在關鍵時刻有天才科學家如牛頓（Issac Newton, 1642 ～ 1727）、愛因斯坦（Albert Einstein, 1879 ～ 1955）的出現，將加速科技的發展、建構許多關鍵性的科學知識與科技產品。

**科技小故事** *Technology Story*

**誰能戰勝 AlphaGo?**

AlphaGo 的團隊於 2017 年 10 月 19 日在《自然》雜誌上發表了一篇文章，介紹 AlphaGo Zero，一個沒有用到人類資料的版本，卻比以前任何擊敗人類的版本都要強大。通過跟自己對戰，AlphaGo Zero 經過 3 天的學習，以 100：0 的成績超越了 AlphaGo Lee 的實力，21 天後達到了 AlphaGo Master 的水平，並在 40 天內超過了所有之前的版本。

AlphaGo 工程師之一的 Schrittwieser 提到人工智慧如果可以自我學習，而不受人類影響，在做社會上的決策時，就不會做出有偏見的決定，也不會像人類受到情緒影響。如照這個方式進步下去，我們將迎來一個以 AI 為導向的世代，創新動能也會因 AI 而改變，從醫藥學到材料科學，每個學科都將不再一樣。

資料來源：2018-06-29 科技橘報

### 三、新科技的實用性

一項新的技術或科技產物的發明有沒有價值，可否應用於我們所處的社會？改善生活品質？有時並不是取決於科技產物本身的特質，而是我們人類是否懂得去應用它。以瓦特當時改良蒸氣機為例，如果不懂得將它應用在機械上與運輸工具上，這麼偉大的發明將無法帶動後來的工業革命。因此，任何新科技的價值性與實用性，端視人類如何去利用了。

### 四、科技的發展同時帶來正、反面影響

科技發展除了滿足人類的需求，提高人類的生活品質，卻也製造了一些問題。如垃圾汙染、空氣汙染和水汙染等，使我們所居住的自然環境遭受前所未有的破壞。此外，資訊傳播科技的發展，對人類身心的影響更甚於所處的自然環境。如網路暴力、網路色情、電腦病毒、網路詐騙和網路成癮等問題一直層出不窮。

## 參 科技的範疇

科技發展至今已經涵蓋了我們食、衣、住、行、育、樂等各方面，影響的層面也愈來愈廣。科技雖然大大提升了人類的生活品質，但卻也同時帶來了一些負面的影響。在未來的生活科技課程中，我們將依下列科技的範疇（圖 1-7）來介紹，並認識其與生活的關係。

### 一、傳播科技

介紹資訊傳遞與接收的整個過程中，所運用到的各項技術及方法。一般分為圖文傳播、電子傳播及資訊傳播。上述三種傳播方式的界線已經愈來愈模糊，尤其是電子傳播與資訊傳播更是難以界定，目前通常將和網路、電腦有關的歸類為資訊傳播。

### 二、營建科技

介紹各種營建產物的相關知識。一般分為建築工程、運輸工程、環境工程、水利工程、管路工程、通訊設施工程及特殊工程等。

### 三、製造科技

介紹如何將各類材料或物質透過加工處理後，轉變成產品的相關知識及技能；如以所使用的材料可分為木材製造、塑膠製造、金屬製造及陶瓷製造等。

圖 1-7　科技範疇圖

## 四、運輸科技

介紹利用各種交通工具(載具)和交通設施，將人、貨、物從一個地方運送到另一個地方的整個過程。目前運輸的方式常分為陸路運輸、水路運輸、航空運輸及太空運輸等四大類。現代化的運輸一般包括載具、通路、場站、通信、經營等五大要素。運輸功能是否能順利達成，完全看這些要素間能否密切配合而定。

## 五、能源與動力科技

介紹地球上各類的能源以及如何將能源轉換成動力的方法，此外，還包含動力傳遞的技術。

## 六、新興科技(如3D列印、奈米科技、生物科技等)

除了上述的科技領域外，近年來許多蓬勃發展的新興科技也是我們關心的議題，例如：3D 列印、奈米科技、生物科技等新興科技。

3D 列印通常是採用數位技術材料列印機。這種列印機的產量以及銷量在不斷地急速增長，價格也正逐年下降。該技術在珠寶、鞋類、工業設計、建築、工程、汽車、航空太空、牙科、醫療產業、教育、地理資訊系統、土木工程及其他領域都有所應用。

奈米科技主要是利用物質在奈米尺寸下之特殊物理、化學性質或現象來設計、製作新的材料和器具，並加以利用的相關知識、技能。

生物科技則是利用生物細胞或其代謝物質，製造產品於促進人類生活品質之技術，所以生物技術整合了生物、醫學、食品及環境等相關技術，現在廣泛應用於醫藥、農業、食品、美容和保健等領域。

**科技小故事** *Technology Story*

**超薄膜奈米碳管**

麻省理工學院 Brian Wardle 團隊開發出一種無需龐大設備也能生產航太用複合材料的方法。將材料層包在奈米碳管超薄膜中，向薄膜施加電流，奈米碳管就會像電熱毯一樣迅速產生熱量，使各層材料固化並融合在一起。此技術僅耗用 1% 能量就生產出與傳統飛機製造流程一樣堅固的複合材料。但在實驗中樣品僅幾公分寬，為了讓技術更廣泛使用，目前正尋找能大規模生產奈米碳管和多孔膜的方法。

資料來源：2020-01-14 TechNews 科技新報

## 2025 年的世界：10 創新技術預測

| | |
|---|---|
| 1 | **失智症人數減少**<br>了解人類的基因組和基因突變可改進神經退化性疾病，有關引起失智症的基因突變的研究，加上完善檢測和發病預防方法，能讓更多的人免於受苦。 |
| 2 | **太陽是地球上最大的能源來源**<br>由於光伏發電技術的改進，化學鍵結及光催化劑的使用，能更有效的獲得及儲存太陽能，並在需要時使用及更有效地轉換太陽能。 |
| 3 | **第一型糖尿病是可以預防的**<br>核糖核酸引導性（RNA-guided）工程的發展，有可能創造一個具多功能的人類基因組工程平台，以辨別和治療人類的致病基因，並幫助防止某些代謝問題。 |
| 4 | **糧食短缺和糧食價格波動將成為過去**<br>進步的照明技術和成像技術，再加上基因改造作物，為室內作物提供一個順利生長及檢測有病害食物的成熟環境。 |
| 5 | **電動航空運輸起動**<br>輕型航太工程，搭配上新的電池技術，在陸地和空中帶動電動汽車運輸。 |
| 6 | **一切數位化、數位化無所不在**<br>由於改良的半導體、石墨烯碳奈米管電容器、無電池網路服務天線和5G技術的普遍，將使無線通訊主導一切，無所不在。 |
| 7 | **以纖維素衍生物的包裝材料取代石油製造的包裝材料**<br>以奈米纖維素為主的生物奈米複合材料，使100％完全是生物可降解的（biodegradeable）包裝非常普遍，不會再有以石油製造的包裝產品。 |
| 8 | **癌症治療的有毒副作用會非常低**<br>藥物的開發非常精確，結合特定的蛋白質和使用抗體來給予確切的機制作用，有毒化學物使患者虛弱無力的情形會顯著降低。 |
| 9 | **出生時的DNA基因圖譜是管理疾病風險的規範**<br>微全程分析系統（micro total analysis system）的演進，以及奈米技術的進步，再加上更廣泛的大數據技術，使出生時建立DNA基因圖譜成為規範。 |
| 10 | **瞬間移動（teleportation）測試普遍**<br>利用運動學技術瞭解在大型強子對撞器（Large Hadron Collider）前進產生的希格斯（Higgs Boson）粒子，使得量子瞬間移動更為普遍。 |

### 討論與分享 Discussion And Sharing

請就科技的各個領域，分別舉一個產物來說明其演進、發展的歷程？

# 1-3 臺灣的科技發展現況

如果從外太空的角度眺望人類所居住的地球，可能很難找到臺灣的位置；不過，臺灣雖小，科技研發的能力與成就卻不容小覷，說臺灣是「科技寶島」，一點也不為過。

## 一、臺灣的科技發展

臺灣土地狹小、高山林立，天然資源、礦產缺乏，但過去靠著人民勤奮，發展勞力密集產業，逐漸累積了許多製造的實力和財富，成為亞洲四小龍之一。臺灣社會也從農業為主的經濟體系，轉而成為製造王國，而後又漸漸邁向創意研發的世代。在短短四、五十年間，臺灣在科技產品上的相關研發、設計、製造，已經為臺灣創下許多世界第一（圖 1-8）。許多品牌更是聞名全世界。此外，雨傘、鞋子、自行車、筆記型電腦、電腦周邊設備等都憑藉著成熟的加工技術、製程和代工能力，奠定臺灣在國際經濟體系中「製造王國」的地位（表 1-2）。

除了在製造科技、資訊科技的成就外，臺灣在許多新興科技領域（如 3D 列印、生物科技、奈米科技），也讓人刮目相看。例如，近年工研院積極投入 3D 列印技術，並自行研發機器，同時成立國內第一個 3D 列印製造產業群聚，希望這項尖端技術推廣到台灣。目前已經有 36 家企業與機關參與。另外，由國內幾所大專院校師生所組成的團隊，已經開始利用生物科技的相關技術對文心蘭（Oncidiam，又稱蝴蝶蘭）的基因組合作完整的研究分析，利用分析的結果來調整花期、花型花色的變化，將臺灣文心蘭的品質及產量加以提升，使臺灣成為聞名於世界的蘭花

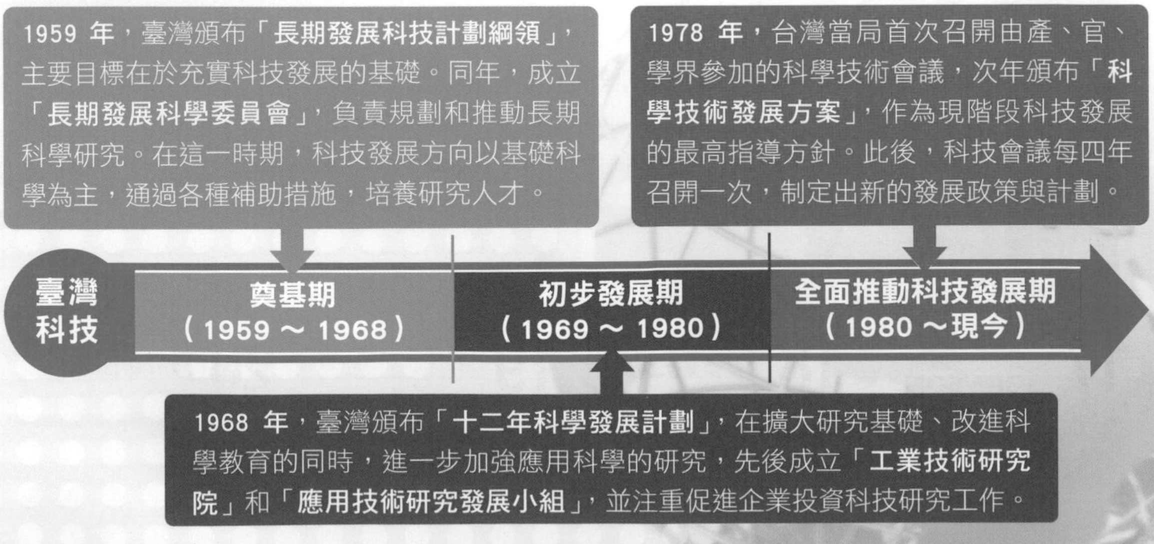

1959 年，臺灣頒布「**長期發展科技計劃綱領**」，主要目標在於充實科技發展的基礎。同年，成立「**長期發展科學委員會**」，負責規劃和推動長期科學研究。在這一時期，科技發展方向以基礎科學為主，通過各種補助措施，培養研究人才。

1978 年，台灣當局首次召開由產、官、學界參加的科學技術會議，次年頒布「**科學技術發展方案**」，作為現階段科技發展的最高指導方針。此後，科技會議每四年召開一次，制定出新的發展政策與計劃。

**臺灣科技**

**奠基期（1959 ～ 1968）**

**初步發展期（1969 ～ 1980）**

**全面推動科技發展期（1980 ～現今）**

1968 年，臺灣頒布「**十二年科學發展計劃**」，在擴大研究基礎、改進科學教育的同時，進一步加強應用科學的研究，先後成立「**工業技術研究院**」和「**應用技術研究發展小組**」，並注重促進企業投資科技研究工作。

圖 1-8 臺灣科技發展

王國。而奈米科技部分，工研院早已投入奈米技術的研發，包括電子所的奈米碳管場發射顯示器、化工所奈米碳管、光電所光轉換器、電子隔離膜、奈米結構微燃料電池、生醫中心生物晶片微流體動力熱循環溫控系統、化工所奈米顏料等，都具備商業化雛型。

表 1-2　2020 年臺灣二十大國際品牌

| | | | |
|---|---|---|---|
| 1 <br>趨勢科技<br>TREND MICRO<br>品牌價值：16.37 億美元 | 2 ASUS<br>華碩電腦<br>ASUS<br>品牌價值：15.24 億美元 | 3 旺旺集団 WANT WANT GROUP<br>旺旺集團<br>WANT-WANT<br>品牌價值：10.01 億美元 | 4 ADVANTECH<br>研華科技<br>Advantech<br>品牌價值：6.26 億美元 |
| 5 GIANT<br>巨大集團<br>Giant<br>品牌價值：5.62 億美元 | 6 中國信託金控 CTBC HOLDING<br>中信金控<br>CTBC HOLDING<br>品牌價值：5.49 億美元 | 7 國泰金控 Cathay Financial Holdings<br>國泰金控<br>Cathay Financial Holdings<br>品牌價值：5.13 億美元 | 8 acer explore beyond limits<br>宏碁公司<br>ACER<br>品牌價值：4.22 億美元 |
| 9 MEDIATEK<br>聯發科技<br>MediaTek<br>品牌價值：4.18 億美元 | 10 MERIDA<br>美利達工業<br>MERIDA<br>品牌價值：4.02 億美元 | 11 85°C Daily Cafe<br>美食達人<br>85℃<br>品牌價值：3.56 億美元 | 12 中租控股 CHAILEASE HOLDING<br>中租控股<br>Chailease Holding<br>品牌價值：3.51 億美元 |
| 13 DELTA<br>台達電子<br>Delta<br>品牌價值：3.31 億美元 | 14 SYNNEX<br>聯強國際<br>SYNNEX<br>品牌價值：3.14 億美元 | 15 MAXXIS<br>正新橡膠<br>MAXXIS<br>品牌價值：2.85 億美元 | 16 統一企業<br>統一企業<br>UNI-PRESIDENT<br>品牌價值：2.50 億美元 |
| 17 JOHNSON<br>喬山健康科技<br>JOHNSON<br>品牌價值：1.77 億美元 | 18 msi<br>微星科技<br>MSI<br>品牌價值：1.32 億美元 | 19 CHLITINA 克麗緹娜<br>克麗緹娜<br>CHLITINA<br>品牌價值：1.14 億美元 | 20 Transcend<br>創見資訊<br>TRANSCEND<br>品牌價值：1.02 億美元 |

如今，臺灣已經從「勞力密集」轉向「知識密集」的產業發展，為了要達成科技持續發展的願景，臺灣目前正朝著「科技創新者」的目標努力，建設臺灣成為永續發展的綠色矽島。不但要將臺灣建設成為智慧島、科技島，還要注意對自然環境的保育。科技部目前更針對國內的產業特性，並兼顧城鄉的平衡發展，規劃科學園區（圖 1-9），積極營造北 IC、中奈米、南光電的良好產業環境，成果如下：

(一) 新竹科學工業園區

已成功開發為 IC 及光電產業重鎮，高科技產業聚落建構完整，內有聯華電子等相關業者。

(二) 中部科學工業園區

是為因應國內區域平衡發展之需，扶植中部當地產業，而於 2002 年 9 月核定設立，以臺中、雲林為據點，內有友達光電等相關業者。

(三) 南部科學工業園區

為光電產業垂直整合最為完整的聚落，從上游的關鍵元件如玻璃基板（美商臺灣 康寧）、液晶材料（臺灣 智索）、彩色濾光片（和鑫）、冷陰極管（臺灣 恩益禧）、增亮膜與稜鏡片（美商 3M）、偏光板（日商住華、力特）、光罩（日商頂正）、背光模組（中強、大億、和立聯合、宏面光源），中游的面板（奇美電子及瀚宇彩晶）到下游的液晶電視廠商（奇美）均已涵蓋。並使臺灣 TFT-LCD 產值在 2013 年位居世界第二。

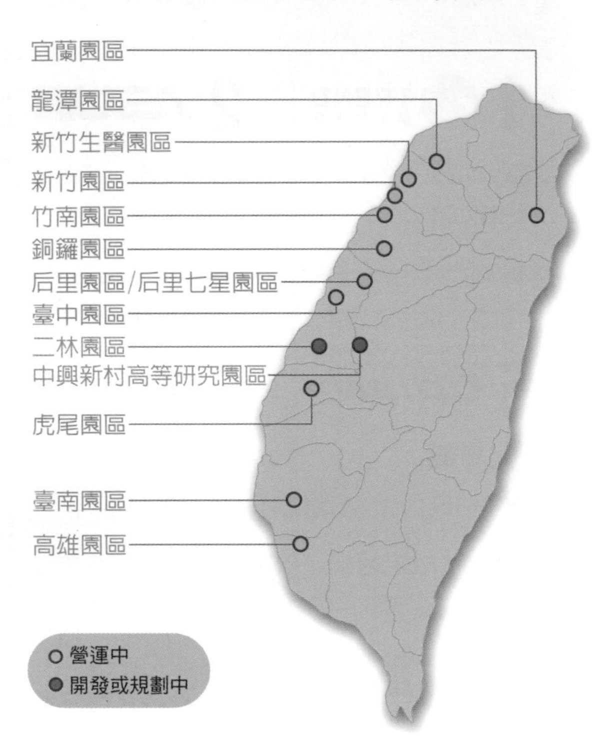

圖 1-9　臺灣科學工業園區

## 科技小故事 *Technology Story*

### 2020 國際光電展 中科院展示豐碩科研成果

配合 2020 年國際光電大展，中科院精選金屬積層製造設備、氮化鋁 LED 晶片基板、測溫熱顯像儀、無人機防禦系統（UDS）、光電追蹤系統（EOTS），以及 3D 列印金屬粉末等 14 項成熟光電應用成品，透過實體模型動、靜態展示方式，將相關技術具象化，讓參展的廠商和民眾瞭解中科院科研成果。

資料來源：光電科技工業協進會

知識小集合

**IC**

積體電路（Integrated Circuit，簡稱 IC）是指將很多微電子器件集成在晶片上的一種高級微電子元件，是一種小型化的電路。

**垂直整合**

垂直整合（Vertical Integration），一個產品從原料到成品，最後到消費者手中經過許多階段。如果一個公司原本負責某一階段，當公司開始生產過去由其供貨商供應的原料，或當公司開始生產過去由其所生產原料製成的產品時，謂垂直整合。在科學園區內，因上、中、下游的廠商充足，所以有產業間垂直整合的效益。

**TFT-LCD**

即薄膜電晶體液晶顯示器（Thin Film Transistor-Liquid Crystal Display），是多數液晶顯示器的一種，它使用薄膜電晶體技術改善影像品質。雖然 TFT-LCD 被統稱為 LCD。它被應用在電視、平面顯示器及投影機上。

## 二、臺灣科技發展面臨的挑戰

回顧臺灣的科技發展，從早期的農業社會，到所謂「客廳即工廠」的傳統製造、代工業，最後慢慢進入自創品牌，朝向設計、研發的高附加價值產業發展，期間經歷了近一個世紀發展，「臺灣經驗」現在已經成為許多新興國家學習、模仿的典範。展望未來，臺灣除現有的優勢外，也正面臨新的考驗和衝擊，而有賴全民一同努力、克服。目前臺灣所面臨的挑戰與衝擊如下：

### (一) 全球經貿更趨自由化

自從蘇聯解體後，東歐各國紛紛採取自由經濟政策，尊重市場機能，並逐漸調整政府在自由經濟下所扮演的角色，將許多國營事業民營化。在全球經貿更趨自由化的環境下，為提升國家競爭力，人才、資金、貨物、資訊的流通也必須更自由化及國際化。因此，臺灣也無法置身於這股潮流之外，應積極爭取加入國際性的經濟、貿易組織，以便和世界接軌，確保臺灣經濟能夠持續發展。

### (二) 生態與環境保護要求日益嚴格

自從《京都議定書》於 2005 年生效後，規範了 38 個工業化國家及歐洲聯盟應於 2008 ～ 2012 年間將該國溫室氣體排放降至 1990 年排放水準，平均再減 5.2％，以期減少溫室效應對全球環境所造成的影響，環境保護成為各國關注及積極推動之工作，而維持地球長期生態平衡又兼顧人類發展需要的「永續發展」策略，已經成為當前世界思潮。雖然《京都議定書》於 2012 年底失效，但各國對於環境保護的議題仍持續關注，而綠色產品將成為消費主流，環境改善技術的開發，將成為產業持續發展與維繫競爭力的必然方向。

### (三) 資訊化社會加速來臨

由於電腦與網際網路的快速發展與功能不斷提升，我們現今所處的環境已經是一高度資訊化的社會。而隨著網際網路與通訊的結合，各類訊息的傳遞早已突破空間與時間的限制。網際網路已經成為全世界溝通的新工具，並大大改變人類的生活型態與工作方式。

## 三、臺灣科技發展的策略

面對日益激烈的國際競爭，臺灣科技發展亦應思考因應策略，才能在 21 世紀持續保有競爭力。綜觀各國發展的經驗，審視臺灣的特色及優勢，臺灣的策略性目標應該包括以下五點。

### (一) 培育優質的科技人才

在知識經濟時代，傳統的土地、勞力或資本已不再是經濟發展的主要力量，取而代之的將是「人才」。其中科技人才更是評估一個國家國際競爭能力的重要指標。臺灣要成為科技研發人才培育發展的基地，最首要的配套機制在於優質生活環境的建構，以及完整的科技基礎建設，如此才能吸引並留住全球的優秀人才。

**科技小故事** *Technology Story*

### 日本京都的「DO YOU KYOTO？」之日

《京都議定書》的生效日期是 2005 年 2 月 16 日，因此，日本京都把每月的 16 日指定為「DO YOU KYOTO？」日，希望通過關閉不必要的照明、節約能源、提倡利用公共交通工具等，積極推進環境改善工作。

『DO YOU KYOTO？』是當時作為環境部長參加京都會議的德國首相梅克爾（Angela Merkel），在紀念該會議召開 10 週年之際重訪京都時說的一句話。它的意思是「你善待環境嗎？」『京都』已不僅僅是一個城市的名字，它還帶上了『善待環境』的含義。

資料來源：http://www.nippon.com/

## (二) 建構適合臺灣的研發策略及創新體系

臺灣擁有優異的科技人才及快速、精密的製造能力，此為臺灣在全球化競爭下的優勢。但在人才與技術快速流通的現代社會，世界各國皆展現強烈野心，企圖吸引世界各國的人才與技術之際，臺灣更應建構適合臺灣研發、製造、流通、產業結合的「創新體系」（如科技園區的設立），才能吸引人才與技術，確保經濟領先的優勢地位（圖 1-10）。

## (三) 朝高附加價值產業發展

臺灣目前許多企業仍然停留在高耗能、高汙染、低產值的代工階段，在代工階段累積相關的技術後，臺灣更應加強設計、研發的能力，建立自己的品牌與銷售通路，朝高附加價值的產業發展（如軟體工業），如此臺灣的競爭優勢才不至於被中國等新興國家給取代。

## (四) 邁向資訊應用大國

21 世紀是知識經濟的時代，決定一個國家的競爭力，及社會、經濟的發展，已不再是土地、勞力及自然的資源，而是它的科技與資訊化的程度與能力。臺灣在資訊相關科技上，已有了良好的基礎，應該繼續發揮臺灣的科技優勢，積極運用在資訊傳播、通信科技的突破，朝「科技數位島」的目標邁進。

## (五) 確保國家永續發展

長久以來國人過度重視經濟發展，忽略對環境生態可能衍生的負面效應。因此，未來在推動科技發展、以科技引領國家邁向知識經濟時代的同時，臺灣也必須扭轉以往專重經濟開發的偏差，強化攸關生活品質與生態環境的建設，並選擇高科技、低汙染、低耗能的產業為發展重點，方能達成兼顧經濟發展、社會公義、環境品質的「綠色矽島」國家建設願景。

圖 1-10　2014 年 IMD 人才競爭力（聯合報）

# 1-4 科技的影響

## 壹 科技與生活的關係

今日，科技對人類的影響已滲透生活的每一環節，無論食、衣、住、行、工作、學習、娛樂等，我們都能體驗到科技所帶來的便利及種種的改變。為了讓大家認識影響我們的各種科技事物，並啟發大家認真思考科技帶來的衝擊，以下按食、衣、住、行、育、樂等六方面來說明。

### 一、食

現代科技對人類「食」的影響，除了表現在食物的保存上，更表現在製造及生產方法上。例如，早期人們利用醃製或風乾方式來保存食物，現在則利用冰箱降低溫度或真空包裝等方式保存食物。另如水耕栽培（圖 1-11），完全不需要土壤，而將植物生長所需的各種養分，依其需要量調配成培養液，供作物吸收利用；水耕栽培不僅可在颱風季節或旱季梅雨季節時緩和市場上的供需，更可以周年性密集栽培而無連作障害之虞。此外，水耕栽培由於不接觸土壤，病蟲害減少，栽培過程可減少農藥危害，提高作物的品質與產量。

### 二、衣

身為現代人穿衣不再只是提供遮蔽跟保暖的功能，如何能穿的舒服、合適，不僅能影響人一天的情緒和工作效率，更能展現個人的品味。藉由現代科

**科技小故事** Technology Story

透過 STM32 微控制器及感測器來對抗蜂群衰竭失調症

**半導體產品技術拯救蜜蜂**

意法半導體（STMicroelectronics；ST）與致力於開發全新商業化設備以解決社會一些最緊迫問題的 Eltopia Communications 合作，藉由意法半導體的 STM32F0 微控制器及多個感測器與電源管理晶片，監控、蒐集環境數據及消滅可能導致蜂群衰竭失調症（CCD，Colony Collapse Disorder）的寄生蟲。蜂群衰竭失調症是一個嚴重的現象，此現象將導致蜂巢內的工蜂突然消失。

資料來源：http://www.ctimes.com.tw

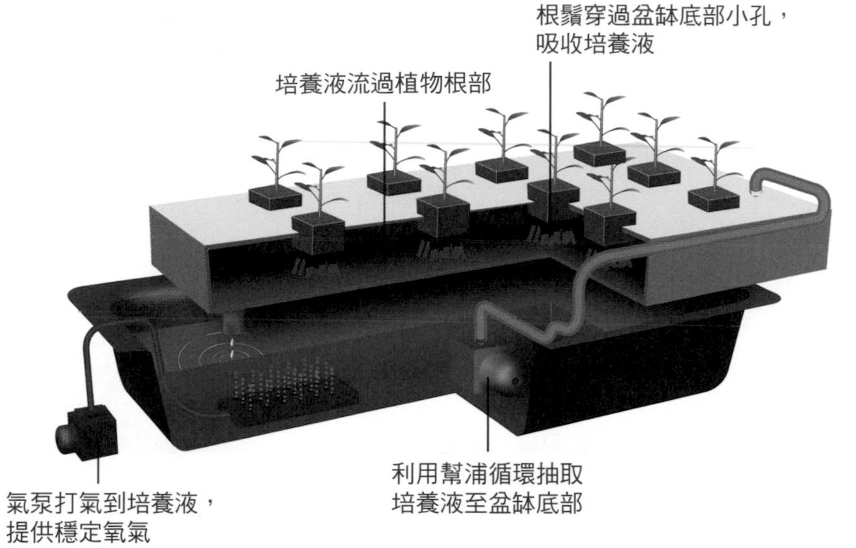


圖 1-11　水耕栽培示意圖

技的發展，各種特殊的材質不斷被研發出來並加以應用，例如 GORE-TEX 材質（圖 1-12）不僅防風、防雨還能兼顧保暖與透氣。此外，具備記憶特性的女性內衣不易變形、而環保材質製成的鞋底，一段時間不穿後便會自動分解，再也不用擔心會造成環境的汙染。

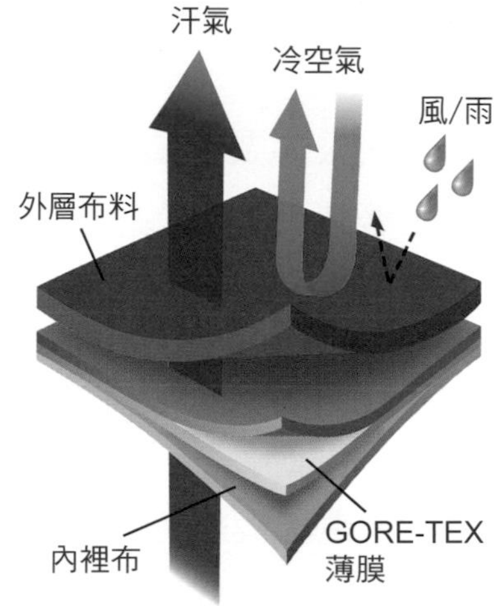


圖 1-12　GORE-TEX 材質

## 三、住

隨著科技的發展，房屋所用的材質已經由隨手取得的木材、石材慢慢演變成磚、瓦、鋼筋混凝土、鋼骨結構等材質，營建相關技術更是不可同日而語，不僅使我們住的更舒適、更安全，更可以讓我們蓋的更高、更穩固，例如台北 101。而結合 3C、網路、通訊相關科技發展的「智慧型建築」更是營建科技最新的發展方向。

**知識小集合**

3C

所謂 3C 就是指：

電腦（Computer）、通訊（Communication）、消費性電子（Consumer Electronics），

未來 3C 科技將快速經由數位整合而融成一體，形成 3C 整合科技。

圖 1-13　臺灣的高速鐵路

## 四、行

以往人類要將貨物、人員從甲地運送到乙地，除了利用人力，就是藉助獸力。隨著運輸科技的發展，各式各樣的能源與動力也不斷被開發應用在交通工具上，使世界成為一個地球村。例如臺灣的高速鐵路使臺灣成為一日生活圈（圖 1-13）。而各種快遞、宅急配的服務則使貨物能夠快速流通。

## 五、育

隨著電腦與網際網路的普及，學校老師除了可採用「數位學習」（E-learning）或電腦輔助教學（Computer Aided Instruction）進行講解、示範或模擬，藉由逼真的影音效果、有趣且即時的動畫得到立即的回饋（圖 1-14）。此外，教師也可配合不同的教學需求，運用不同的資訊設備，從單槍投影設備到電子白板及電子書的互動式教學，不僅讓教學生動活潑，更能提高學生的學習成效。

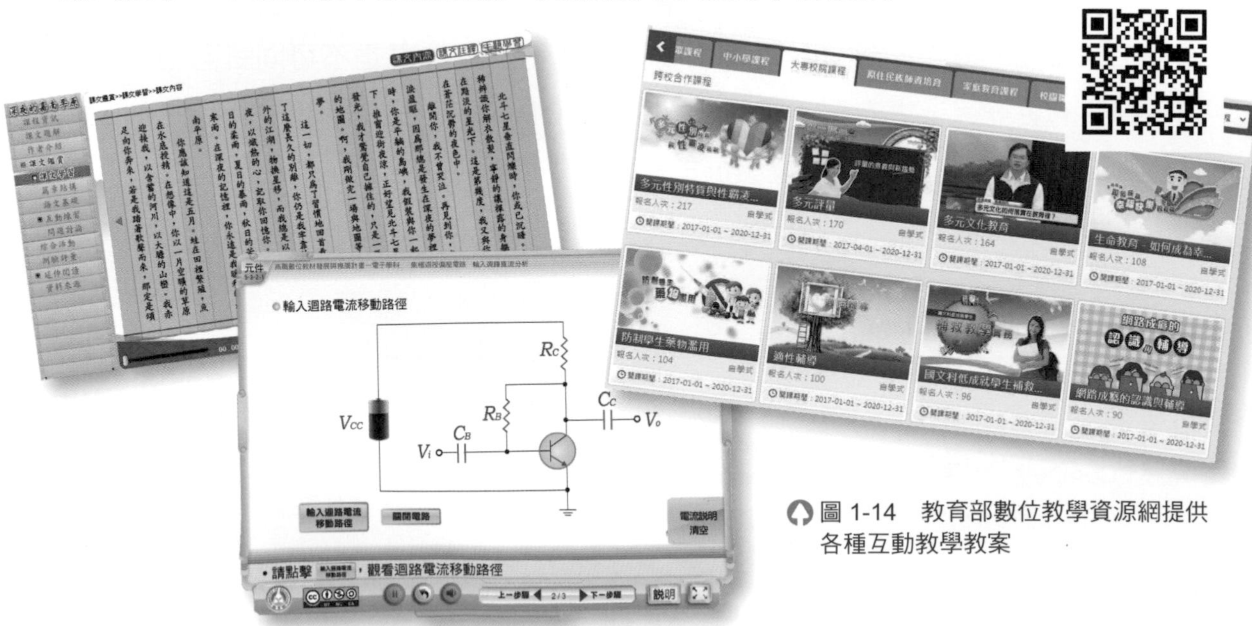


圖 1-14　教育部數位教學資源網提供各種互動教學教案

### 六、樂

現代社會的許多科技產品不僅能提供我們更多元的娛樂，也能讓我們活的更健康，例如現在學生常使用的多功能 MP3 隨身聽、還有兼具運動與遊樂的遊戲機、騎馬機、衝浪機等（圖 1-15）。

圖 1-15 《Wii Fit Plus》是任天堂推出的健身遊戲機，搭配 Wii 平衡器測量玩家的體量、熱量等數據，以進行不同類型的健身訓練。

## 貳 科技與社會、文化的關係

科技與社會、文化三者彼此是相生相成的關係。換言之，科技的發展固然影響甚至型塑了社會、文化，但科技往往也受到社會、文化的引導與型塑。

科技固然幫社會、文化帶來不少的正面效應，可是，隨之而來的問題卻也層出不窮。例如：各種運輸工具的發展，使人類能迅速來往交通、輸送貨物，但也造成空氣汙染、溫室效應等問題。而火箭、太空船的建造，使人類的活動空間從地球延伸至遙遠星際，探索宇宙未知的奧秘，卻需要花費大量的預算。製造科技的精良，提供人們繁複多樣生活所需的材料和日常用品，但也同時產生大量垃圾（如塑膠、免洗餐具等）。傳播科技的發達，使我們能迅速掌握來自世界各地的知識和訊息，但卻讓我們面臨資訊爆炸的恐慌。此外，電腦和網際網路的普及改變了各類訊息傳遞的方式，讓訊息的傳遞可以更加迅速、廣泛而多元。可是，緊接而來的電腦犯罪（computer crime）卻也造成許多社會、文化的隱憂。今天，科技對人類影響的層面已從個人擴大到人類所處的社會和文化。換句話說，科技已經深入人類整體生活當中，同時對人類的生存與發展產生了重大的影響，這些影響，除了正面的之外，也包含了許多負面的效應。

社會、文化引導科技的發展亦屢見不鮮，如生物科技，它在技術上的發展（如複製器官、複製人）早已經超越目前社會、文化所能接受的程度，因此在許多國家社會產生激烈的爭議。目前生物科技的發展，在技術層面似乎已少有限制，剩下的只是人類所處的社會與文化價值觀能否接受的爭議。此外，隨著國際油價高漲、人民環保意識提升，也促使研發人員不斷嘗試使用其他的方式來提供汽車的動力來源，因而發展出太陽能車、油電混合電動車（圖 1-16）和使用生質柴油的公車等。

科技是中性的，本身並無所謂好壞的問題，不過一旦人類將科技應用在社會時，與人文和社會現況產生互動後，可能引發類似上述的問題。因此，許多問題並不是單純的由科技、社會或文化所產生，而是三者結合在一起時所呈現的現象，如果不明白三者間的關係，將無法了解科技可能對人文、社會帶來的改變和衝擊，而會帶來嚴重的負面效應。

**科技小故事** *Technology Story*

### 電動車

在 19 世紀中期，人們使用電動車是為了容易操縱。但隨著使用內燃機的汽車改進，能量保充快捷方便，電動車在 20 世紀初可以說是完全退出市場。21 世紀因為環保議題與石油危機，適合再生能源的電動車就又愈來愈受到歡迎。

圖 1-16　插電式混合動力的雪佛蘭伏特

## 參 科技與工業、經濟發展及國家競爭力的關係

在工業時代以前，人類日常生活所需的用品主要以手工、少量製造的方式來生產，瓦特改良蒸汽機並大量運用在各類機械上之後，人類的生產方式才產生了巨大的改變，也同時帶動了工業與經濟的發展，並讓西方國家的競爭力在此時大幅超越亞洲國家。進入資訊時代後，科技與資訊的研發、應用能力，更已成為衡量一個國家國力強弱的主要指標。

哈佛大學教授波特（M. Porter，1996）在「國家競爭優勢」（The Competitive Advantage of Nations）書中也提到：「在全球競爭激烈的世界，傳統的天然資源與資本不再是經濟優勢的主要因素，新知識的創造與運用更為重要。」科技研發、創新的能力將是帶動國家成長、進步的火車頭（圖 1-17），也是下一世紀國家競爭致勝的關鍵。

圖 1-17 潔能科技創意實作競賽－教育部自 107 年起補助國立科學工藝博物館舉辦創意實作競賽，鼓勵學生將永續與能源概念應用於生活中，認識臺灣現有能源科技發展現況、能源議題的重要性，建立對「能源」的價值觀與使用習慣，也促進國人關注能源科技創新應用及環境永續的社會責任。

依據世界經濟論壇（World Economic Forum, WEF）2019 年出版的國際競爭力報告，臺灣之全球競爭力指數排名第 12，可見一國的科技實力對於工業、經濟發展與國家競爭力的重要性（表 1-3、表 1-4）。2018 年起採用全新的「全球競爭力指數 4.0」（GCI 4.0）進行評比（表 1-5）。

表 1-3　近六年亞洲各國在 WEF 全球競爭力排名

| 國家 | 2019 | 2018 | 2017 | 2016 | 2015 | 2014 |
| --- | --- | --- | --- | --- | --- | --- |
| 新加坡 | 1↑ | 2 | 3 | 2 | 2 | 2 |
| 日本 | 6↓ | 5 | 9 | 8 | 6 | 6 |
| 香港 | 3↑ | 7 | 6 | 9 | 7 | 7 |
| 中華民國 | 12↑ | 13 | 15 | 14 | 15 | 14 |
| 馬來西亞 | 27↓ | 25 | 23 | 25 | 18 | 20 |
| 韓國 | 13↑ | 15 | 26 | 26 | 26 | 26 |
| 中國大陸 | 28 | 28 | 27 | 28 | 28 | 28 |

表 1-4　臺灣 WEF 主要項目排名

| 項目 | 2019 | 2018 | 2017 | 2016 | 2015 | 2014 |
| --- | --- | --- | --- | --- | --- | --- |
| 總排名 | | | 15↓ | 14 | 15 | 14 |
| 1.基本需要 | | | 16↓ | 14 | 14 | 14 |
| 2.效率增強 | | | 16 | 16 | 15 | 16 |
| 3.創新及成熟因素 | | | 15↑ | 17 | 16 | 13 |

表 1-5　臺灣 WEF 主要項目排名 GCI 4.0

| 項目 | 2019 | 2018 | 2017 | 2016 | 2015 | 2014 |
| --- | --- | --- | --- | --- | --- | --- |
| 總排名 | 12↑ | 15 | | | | |
| 1.環境便利性 | 45↓ | 39 | | | | |
| 2.人力資本 | 10 | 10 | | | | |
| 3.市場 | 30↑ | 31 | | | | |
| 4.創新生態體系 | 18 | 18 | | | | |

資料來源：WEF

## 肆 科技所引發道德與法律的問題

科技已經深入滲透於生活的各個層面，且對人類的生存與發展產生積極的作用。然而，科技的發展卻也無可避免的帶來了一些負面的衝擊，諸如環境汙染、生態破壞，以及利用電腦科技犯罪的網路駭客、網路暴力和色情等（圖 1-18）。凡是科技做得到的事，在道德或法律層面就一定是被允許的嗎？答案是否定的，也因此科技常引發許多道德與法律的問題。

駭客毒信 「疫」起打劫

【黃菁菁／東京卅日電】

全球爲防範新流感疫情，正籠罩在緊張的氣氛當中，此時日本卻有電腦駭客趁火打劫，以防疫之名散布病毒電郵。

近來日本許多民眾收到以「國立感染病研究所」名義發出的郵件，主旨是「請小心豬流感病毒」，但是收件人只要一打開電郵的附加檔案，電腦就會立刻中毒。

日本國立感染病研究所透過網路公告指出，可疑電郵的內文寫著「學習豬流感的基本知識」，附加檔案的檔名則是「有關豬流感的知識．zip」。電腦中毒，儲存資料可能被盜取，應用程式也可能遭到破壞。

圖 1-18　網路、電腦「駭客」帶來的負面衝擊，不容小覷

### 一、科技所引發的法律問題

科技的快速發展給人類帶來了便利，卻也對舊有的社會帶來挑戰。例如，2011 年臺灣爆發以塑化劑取代棕櫚油製成的起雲劑事件，對民眾健康造成傷害，但現行法律卻無法確認食品業者的責任，可見既有的法律並不適合規範科技產業的發展及其所衍生的問題，因此經常造成許多疏漏及無法可管的狀況。再如「資訊傳播科技」的網路犯罪、侵犯智慧財產權、隱私權等問題；「生物科技」的醫藥不實廣告、食品、保養品誇大療效等；「營建科技」所造成的濫墾、濫伐、環境破壞等問題；「電子傳播」所產生的電視、衛星、廣播、電信等相關法律問題。因此，臺灣目前已制訂許多規範科技發展與應用的法律如表 1-6。

表 1-6　規範科技的法律對照表

| 類別 | 法律 |
| --- | --- |
| 生物科技 | 醫療法、醫療法實行細則、化妝品衛生管理條例、食品衛生管理法 |
| 傳播科技 | 著作權法、專利法、電腦處理個人資料保護法、電信法 |
| 一般性科技 | 科學技術基本法、商標法 |
| 環境工程 | 防制空氣汙染法 |

### 二、科技所引發的道德問題

道德，是衡量行為正當與否的觀念標準。不同的時代、社會往往有不同的道德標準。許多科技的研發與應用雖然不受法律規範，但卻不合乎現有的道德觀念。例如，2011 年荷蘭病毒學家傅希耶（Ron Fouchier）發表的論文中提及所培養的 H5N1 基因突變禽流感病毒，雖然其研究的目的是為了防範病毒的突變造成的危機，但是他同時也承認：「這很可能是人類所能培養最危險的一種病毒」。這樣的研究適不適合進行或發表，便引發道德上的爭議。還有複製動物及複製人、代理孕母、無性生殖、基因改造等議題，也都在衝擊人類現有的道德觀。過去，科技被認為是中性且與道德無關，如今，我們可看出科技與道德間之關係，已由間接而鬆散轉變成直接而緊密了。

# 1-5 科技引發的環境變化及汙染

科技雖帶給人們便利、舒適的生活，但也同時破壞了自然的生態和環境。自從工業革命以來，各個科技範疇快速成長，造成能源需求大增、人類使用大量的石化燃料，對我們所處的環境產生許多汙染與衝擊。在輸入、處理、輸出的各階段，都或多或少製造了不同型態的汙染（圖 1-19 ～ 1-22），各科技範疇所產生的汙染如下：

| | |
|---|---|
| 製造科技 | 1.一些工廠經常為了節省廢棄物的處理成本而偷埋暗管，將一些在製造過程中所產生的廢棄液體、垃圾，偷偷排入河川之中，造成河川汙染、生態破壞。<br>2.製造過程中所產生的廢氣，也是酸雨和溫室效應的主因。<br>3.製造科技的發達亦造成產品生命週期的縮短，於是產生大量的垃圾，讓地球無法承受。 |
| 營建科技 | 1.建築物的一磚一瓦、每一根鋼筋、每一片玻璃等，都是消耗地球資源下的產物，同時排放大量的$CO_2$，不僅耗竭資源，同時破壞環境，造成生態的破壞。<br>2.二氧化碳的排放是建材在生產、運輸過程中消耗煤，石油、天然氣等石化燃料所產生。<br>3.在臺灣我們擁有全世界最高的自有住宅率，但是空屋率的大幅提升、建築平均壽命太短所造成資源的浪費，卻也顯示出臺灣在建築產業上的高度消耗特性。<br>4.龐大的鋼筋混凝體市場，造成盜採砂石盛行、國土的流失、破壞以及橋樑、道路的損毀，砂石車的超載、肇事等問題。 |
| 運輸科技 | 1.汽車與機車等運輸工具使用石化燃料所排放出來的廢氣中，會對人類、與環境產生極大的傷害主要有二氧化碳、硫化物與粉塵。其中二氧化碳就是溫室效應的主因，而硫化物、粉塵與雨水結合後則會變成酸雨的溼沉降與乾沉降。<br>2.大量的運輸工具在運轉時所產生的噪音，更容易影響人的生理與心理健康。 |
| 傳播科技 | 生活在資訊爆炸的時代裡，人類所要面對的各類汙染源，已不再只是傳統空氣汙染、水汙染、垃圾汙染等，因為人類現在所面對的最大汙染可能就是「資訊汙染」，它每天正透過各種傳播媒體，如網際網路、行動電話、電視、廣播、報紙等將訊息傳送到你（妳）的眼前，試圖影響你（妳）的決定或想法。對人類造成的傷害如網路犯罪、垃圾信件、電腦病毒、不實廣告等，其影響相對於傳統的汙染真是有過之而無不及。 |

圖 1-19　水汙染－工廠排放廢水

圖 1-20　空氣汙染－石化工業排放廢氣

此外，許多汙染造成的因素其實是來自各個科技領域，因此以下將分別針對幾個較大的環保議題來加以說明其產生的原因及可能對地球、人類造成的危害。

## 壹 溫室效應

所謂「溫室效應」（圖 1-23），就是地球吸收太陽能後，熱量無法放射出去，因此造成地球的溫度不斷升高的一種現象。大氣中的二氧化碳、甲烷等維持地表恆溫的氣體，稱為「溫室氣體」；溫室氣體的種類及其形成的原因如表 1-7。

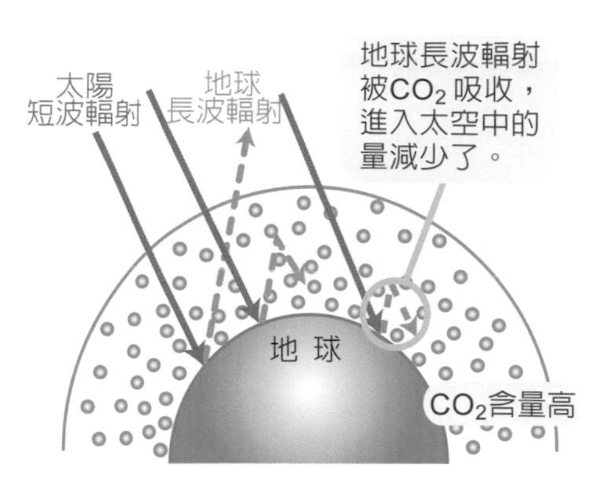


圖 1-23　溫室效應形成示意圖

表 1-7　溫室氣體的種類及其形成的原因

| 溫室氣體種類 | 形成原因 | 影響 |
| --- | --- | --- |
| 二氧化碳（$CO_2$） | 由於大量使用煤、石油、天然氣等石化燃料。 | 1.海水溫度提高、兩極冰川融解、海平面上升，將導致沿海、低窪的地區被海水給淹沒，人類可以居住的地區將比以前少很多。<br>2.氣溫持續增高將使水氣快速蒸發，不利於水資源的保存。長期下來缺水的危機將逐漸呈現。<br>3.改變植物、農作物之分布及生長力。有些動植物可能無法適應而死去，造成土壤貧瘠，間接破壞生態環境。<br>4.造成全球各地之氣候異常，嚴重的乾旱和水災之現象，即所謂的聖嬰現象。<br>5.改變全球資源分布，導致糧食、水源、漁獲量甚至領土的改變，引發國際間之經濟、社會問題。 |
| 氟氯碳化物（CFCs） | 使用範圍包括冷媒、清洗、噴霧及發泡等用途。 | |
| 甲烷（$CH_4$） | 產生自發酵與腐化的變更過程及物質的不完全燃燒，主要來自牲畜、水田、汽機車及掩埋場的排放。 | |
| 氧化亞氮（$N_2O$） | 係由石化燃料的燃燒，微生物及化學肥料分解而排放出來。 | |
| 臭氧（$O_3$） | 來自地面汙染，如汽機車、發電廠、煉油廠所排放的氮氧化合物及碳氫化合物，經光化學作用而產生臭氧。 | |

圖 1-21　噪音污染－飛機經過居民房屋上空

圖 1-22　資訊污染－電腦中毒畫面

A problem has been detected and windows has been shut down to prevent damage to your computer.

The end-user manually gener ated the crash dump.

If this is the first time you' ve seen this stop error screen, restart your computer. If this screen appears again, follow these steps:

Check to be sure you have adequate disk space. If a driber is identified in the stop message, disable the driver or check with the manufacturer for driver updates. try changing video adapters.

Check with your hardware vendor for any BIOS updates. Disable BIOS memory options such as caching or shadowing. If you need to use Safe Mode to remove or disable components, restart your computer, press F8 to select Advanced Startup Options, and then select Safe Mode.

Technical information:

*** STOP: 0x000000EA (0x00000000,0x000000E1,0x000000E2,0x000000EB)

Beginning dump of physical memory
physical memory dump complete.
contact your system administrator or technical support gtoup for further assistance.

## 貳 臭氧層遭破壞

臭氧層是指大氣層中臭氧濃度相對較高的部分，多聚集在離地表約 20 ～ 50 公里的大氣中，可阻隔大多數的紫外線侵入地球，避免生物因大量照射紫外線，而降低免疫系統的功能，產生各種可怕疾病或基因突變。但是，近幾十年來，由於氟氯碳化合物（CFCs）等化學藥劑（大多存在於冰箱的冷媒、發泡劑、美髮噴霧劑、清洗劑等日常用品中）會破壞臭氧層，使得臭氧層的厚度逐漸變薄，範圍變小，甚至在南極的上空出現了臭氧層破洞（圖 1-24）。有鑑於此，聯合國環境規劃署召集各國協商，於 1985 年和 1987 年，分別簽訂維也納保護臭氧層公約和蒙特婁議定書，將氟氯碳化合物及其他會破壞臭氧層的物質列入管制。我國政府亦遵守國際公約的規定，制訂相關管制法令，自 1989 年 7 月起，開始管制氟氯碳化合物的進口，同時逐年削減氟氯碳化合物的消費量，並進而於 1996 年 1 月 1 日起，禁止生產及進口氟氯碳化合物。

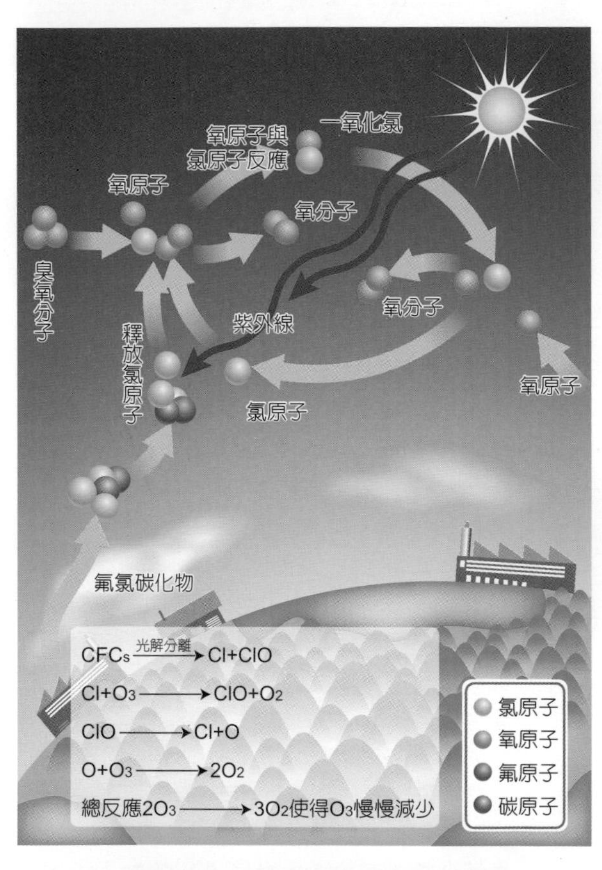


圖 1-24　臭氧機制遭破壞示意圖

### 科技小故事 Technology Story

**地球臭氧層 35 年來首次變厚！！**

聯合國主導的一個科研團隊於 2014 年 9 月發布了一則有關地球環境的好消息：對地球發揮保護作用的臭氧層在歷經多年消耗之後正在恢復。臭氧層在 2000 年至 2013 年間變厚了 4%，是 35 年來首次。此外，南極洲上空的臭氧層破洞也在停止擴大。但臭氧層目前仍比上世紀 80 年代薄了約 6%。

科學家把這種積極變化歸功於全球對某些製冷劑、發泡劑的限制使用，同時說明只要全球行動，人類可以抵制或者延緩生態危機。

資料來源：環境資訊中心

## 參 酸雨

雨水原是相當乾淨的水源，也是萬物不可或缺的生命泉源。但是，原本純淨的雨水經過汙染後，已逐漸變質成人人避而遠之的酸雨。其實，酸雨的成因不僅來自人類的工業汙染（圖 1-25），自然界的一些物質也會改變雨水的酸鹼度（如空氣中所含的二氧化碳濃度），只是自然因素的影響遠不及人類汙染環境的程度。所以，一般正常的雨水本身即帶有一些酸性，pH 值約為 5 ～ 6.5 左右，至於 pH 值小於 5 的雨水，則稱為酸雨（圖 1-26）。

> **pH 值**　知識小集合
>
> 亦稱氫離子濃度指數、酸鹼值，是溶液中氫離子活度的一種標度，是溶液酸鹼程度的衡量標準。

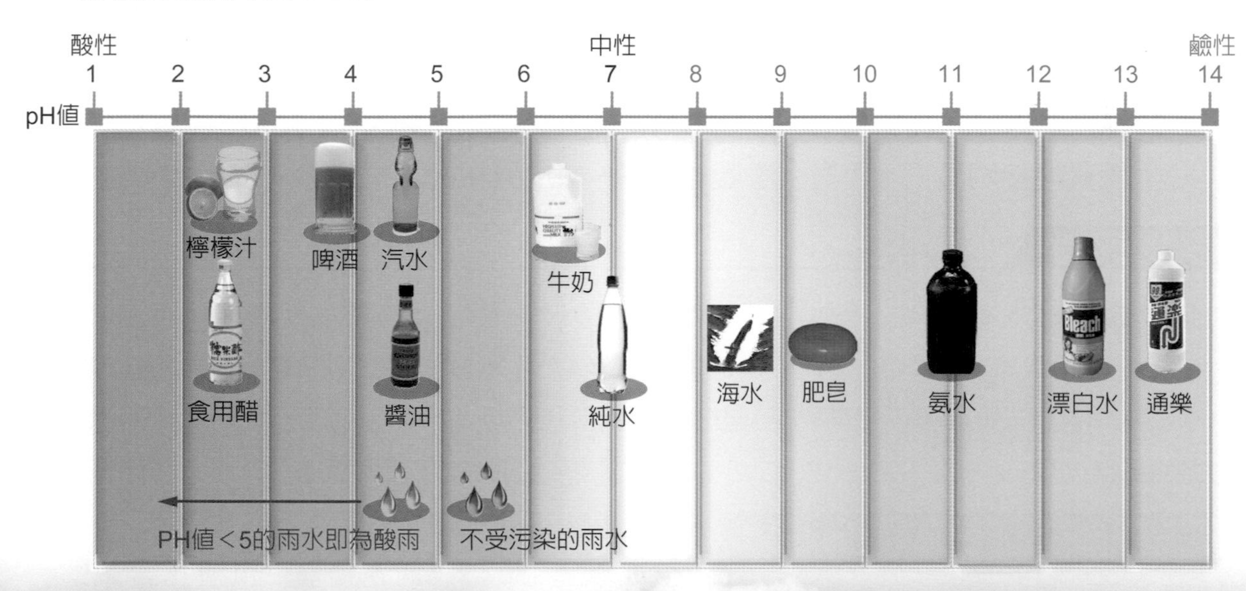


圖 1-26　酸雨和其他物質的 pH 值

圖 1-25　工廠排出的廢氣，也是酸雨的成因之一

造成雨水酸化的汙染物質相當多，人類大量燃燒化石燃料所製造出來的一氧化碳、二氧化硫、氯化氫、氮氧化物和懸浮固體物等，是目前汙染空氣的最主要元兇。這些硫或氮的氧化物經由陽光、氧與水分的交互作用後，形成硫酸鹽和硝酸鹽等酸性粒子懸浮於空氣中。如果這些酸性懸浮粒子隨著雨水降落至地面，則稱為「溼沉降」；反之，如在不下雨的日子，從空中降下來的落塵所帶的酸性物質則稱為「乾沉降」。酸雨對生態的危害如下：

1. 酸雨會造成土壤、岩石中的有毒金屬元素溶解，流入河川或農作物的水源，造成魚類、農作物死亡或中毒，最終可能留於人體內，傷害人類的健康。
2. 酸雨會和許多金屬物質產生化學反應，加速金屬生鏽、腐蝕，造成私人財產與公共設施的損失。
3. 土壤中許多植物生長所需的金屬元素因被酸雨溶解、流失，農作物將無法獲得充足的養分，而需藉由加強施肥來提供所需的礦物質。
4. 人體長期接觸酸雨，將對人體造成傷害，如皮膚紅癢、禿頭等現象。

**科技小故事** *Technology Story*

### 倫敦毒霧殺人事件

英國倫敦素有「霧都」之稱，但是，1952 年 12 月，霧成了殺人狂魔。二十世紀初期倫敦的冬季，家庭多以燃煤取暖，市區內還有許多燃煤的火力發電站，以及以煤為動力的蒸汽火車。

1952 年被毒霧籠罩的特拉法加廣場

1952 年 12 月 5 日，高氣壓籠罩在倫敦，形成厚達 150 公尺的逆溫層，風速相當微弱。燃煤產生的二氧化硫和粉塵蓄積，成為形成煙霧的凝結核，促使濃霧發生。燃煤粉塵中含有三氧化二鐵成分，可以催化另一種來自燃煤的汙染物二氧化硫氧化，產生三氧化硫，三氧化硫進一步與吸附在粉塵表面的水化合，形成硫酸霧滴。這些硫酸霧滴吸入呼吸系統後會產生強烈的刺激作用，甚至使體弱者發病死亡。

當時倫敦市內被黃色的濃霧所籠罩，能見度相當低，交通幾乎癱瘓，不久，倫敦市民對毒霧產生了反應，許多人感到呼吸困難、眼睛刺痛，發生哮喘、咳嗽等呼吸道癥狀的病人明顯增多，進而死亡率陡增。據歷史記載，從 12 月 5 日到 12 月 8 日的 4 天裡，倫敦市死亡人數達 4,000 人，死亡率是前一週的數倍。12 月 9 日之後，由於天氣變化，毒霧逐漸消散，但在此之後兩個月內，又有近 8,000 人因為煙霧事件而死於呼吸系統疾病。

戴著口罩的警察身處毒霧中執法

1952 年倫敦煙霧事件是 20 世紀重大環境災害事件之一，使人們逐漸意識到控制大氣汙染的重要，促使 1956 年英國潔淨空氣法案誕生。

## 肆 垃圾汙染

根據環保署的分類，垃圾可分為資源垃圾、廚餘、和一般垃圾三大類(圖 1-27)，有些適合焚燒(如廢棄的木製品)。有些可以處理成肥料，像是在臺北市或其他地區進行的廚餘收集與處理，進而做成有機肥料；有些垃圾則不易處理(如塑膠類製品)，過去以焚燒方式處理電纜線，來獲取銅線的作法，造成了世紀汙染—戴奧辛事件，殷鑑不遠，我們應該從中學得教訓。其他如醫院與核能電廠的廢棄物都涉及人身安全，需要特別的處置，以免遺害後人。

依據環保署的統計：我國每年消費型塑膠袋使用量約 10.5 萬噸，其中購物用塑膠袋約 6.5 萬噸，估

圖 1-27 環保署廢紙容器回收分類宣導海報

圖 1-28 清水斷崖淨山活動自 2015 年 1 月 19 日起到 2 月 1 日共分 3 次展開，約有近百人次加入垂降撿拾垃圾的行列，共清出 1.5 公噸垃圾，左圖為淨山前，右圖為 3 次的淨山後。

計約近 200 億個，平均每人每天約使用 2.5 個。如果把塑膠垃圾收集後，拿去掩埋，數百年都不易腐爛，屆時臺灣恐將成為塑膠垃圾島。而部分塑膠材質（如 PVC、PS 等）如果拿去焚燒，將產生戴奧辛這種世紀之毒，此外，塑膠材質高熱值之特性，亦對部分焚化爐之操作產生負面影響。面對垃圾量不斷增加的情況（圖 1-28），解決之道，方法甚多：如發展替代性而可以為土壤分解的新產品；生活儉樸，減少垃圾量；處理過程要增添效率；改變消費導向的觀念，不宜因追求時尚而太快更換用品。科技的發展，除了為人類帶來更舒適便利的生活外，隨之而來的，是對地球的不斷傷害。如果我們不正視這些問題，大自然反撲的力量將使我們及後代子孫遭受更大的威脅。

**熱值** **知識小集合**

熱值係指燃燒物質時所能產生之熱量，通常燃料之熱值多自熱量計（或稱卡計 calorimeter）內量測而得。

## 伍 環境保護意識的培養

在追求高度經濟發展與成長的過程中，我們開發了蘊藏在地下的大量資源，其結果是擁有某種形式的高品質生活。然而，卻對環境產生負面影響，資源可能消耗殆盡、有些環境遭受破壞而難以回復原狀。因此，如何珍惜現有資源，並了解科技對環境與社會的正、負面影響，將是我們的重要課題，例如：發展可以自然崩解的物質（圖 1-29）、發明更有效率的電動車以減少空氣汙染等。不過，我們在食、衣、住、行、育、樂等方面，也可以簡單而有效地做好環境保護的工作。

圖 1-29 使用植物纖維母粒（Plant Fiber Compound Particle）（左下）製造，可以生物分解的塑膠袋（上、下中、右下）

**食**

1.自製飲品、食品，省錢又衛生，又可保護環境。
2.多吃蔬果少吃肉及海鮮，不但有利個人健康，地球更減少破壞。
3.不吃燕窩、魚翅、鮑魚、一切野味等，減少破壞自然生態。
4.出門自備水壺，少買包裝飲料。
5.吃多少煮多少，盡量吃完、不保存不丟棄，不浪費又衛生。

**衣**

1.購買衣服，多選購棉、麻、羊毛等天然質料。
2.去除衣服上的斑點，可以用醋或檸檬汁來代替漂白水。
3.衣服非必要儘量避免用乾洗。
4.清洗衣服用肥皂絲代替洗衣粉。
5.舊衣服或被單可裁成小塊，做成抹布或腳踏墊。
6.多穿二手衣服，好友間可互相交換或傳給弟妹。
7.不穿皮草，減少危害生物或畜養動物浪費資源。

**住**

1.可將保特瓶、牛奶瓶剪半，做成花器，美化家庭。
2.舊報紙、舊書刊，整理好後，可做資源回收。
3.舊報紙可用來擦拭玻璃或鏡子，清潔又光亮。
4.屋頂的頂樓及陽臺，可栽種花木、蔬菜，綠化又健康。
5.飯後晚盤不太油膩時，可用熱水清洗，減少使用洗碗精。
6.多走樓梯少搭電梯，省電又健康。

**行**

1.多搭乘大眾運輸工具。
2.騎腳踏車，減少空氣汙染，有益我們的健康及環境（圖1-30）。
3.儘量使用共乘，不要一人開一輛車。

**育**

1.多了解環境保護宣傳活動的措施及其意義。
2.原子筆寫錯字，儘量不要用立可白。
3.不要的廣告傳單、學校的講義、考卷等，空白的背面可拿來當計算紙。各類的雜誌、書籍等也可送給有需要的人或回收再利用。

**樂**

1.生日蛋糕、冰淇淋的盒子，可以用來種植花草、蔬菜。
2.開舞會或宴會不要使用免洗餐具，更不要用過多的裝飾品。
3.上街購物自備購物袋，減少使用紙袋或塑膠袋（圖1-31）。
4.多使用充電式電池或環保電池，減少汙染。
5.外出旅遊隨手做環保，沒有垃圾桶的地方，將垃圾帶回家丟棄。

圖 1-30　騎腳踏車有益我們的健康與環境

圖 1-31　自備環保購物袋，減少塑膠袋的使用量

**學前練功房**

一、想一想，除了藝術領域的作曲、繪畫、文章發表是創意的表現，在生活中還有哪些事物的製作、發表等也富含創意？

二、試著去觀察你(妳)身邊各類可接觸的事物，看看它們是如何被製作或表現出來的？設計者想藉由它傳達出哪些訊息？該事物又帶給你哪些直接和間接的感受？你是否也認同、喜愛它？

chapter 2

# 創新設計科技

## Innovation design Technology

你（妳）知道在我們生活中有各式各樣美觀實用的物品，便利操作的器物，功能多元的機械，甚至是悅耳動人的樂曲，意境優美的畫作等，它們是怎麼產生的嗎？它們是如何被發掘及透過哪些方式表現呢？本章中我們將一起來認識這個豐富人類生活、不可或缺的重要元素一「創意」在日常生活中所扮演的角色。

# 2-1 創意與創造力

人們的生活因科技的持續發展而改善，「創意」是在科技發展過程中最主要的催化劑之一。簡單的說，創意是一種新的想法，這些想法可能在某些情境中自然引發，或是在人們遭遇問題時，從思考試驗中發展出來的解決方案。因此，創意可能發生在任何時間、任何地點或任何人身上。

**科技動動腦**

有人認為「創造力」和「智力」是相關的，你認為呢？

創造力則是一種能力，一種把「創意」實際表現出來的能力。創造力通常會表現在兩方面，一是創意的產生，二是創意的實質表現。創造力高的人比較容易發展出一些獨特、多變化或有效的想法，而且能表現在行動或實際的作品中（圖 2-1）。一般而言，這些人經常會顯現好奇心、冒險性、挑戰性及想像力等人格特質。

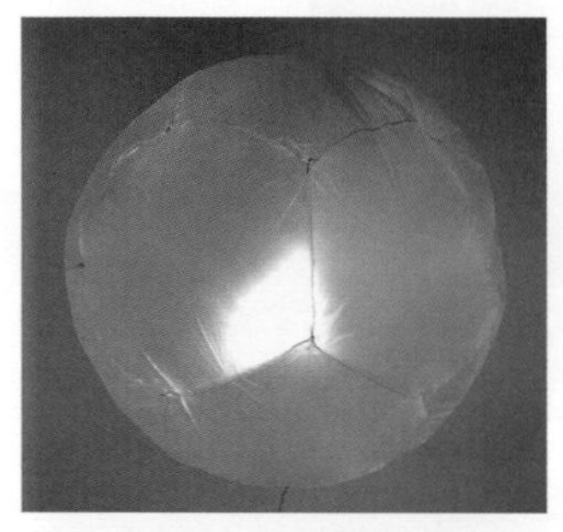

圖 2-1　漂浮燈是運用熱氣球的原理，在重量、體積和熱源上取得平衡，研發出插電即可真正漂浮的立燈。

由於創造力是創意的實際表現，而表現的空間則是人造的環境。因此，創造力有一項很重要的精神，就是「以人性為本位」。創造出來的東西，若能對於個人、國家及社會有所貢獻，將更能展現創意的價值。

## 壹 創意思考

創意思考是人的本能，人們在和環境互動的過程中或是遭遇問題的時候，自然會產生一些想法來因應。創意多寡及其有效程度常因人而異，這和個人先天的特質和後天的教育都有關係。好奇、樂觀、積極、專注、勇氣、冒險及實踐等特質，對創意思考都有正面效益（圖 2-2）。

而在嘗試解決問題的過程中，如果沒有相關的知識做為基礎，常因不容易了解問題所在，而無法發揮創意以解決問題。例如一位對電腦不熟悉的藝術家，即使擁有在藝術領域的極高創造力，仍然不易以此來解決電腦繪圖上所面臨的問題。

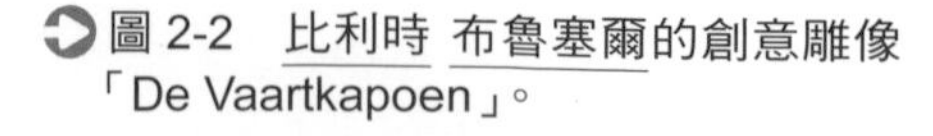

圖 2-2　比利時 布魯塞爾的創意雕像「De Vaartkapoen」。

創意雖然需要知識做為基礎，卻不只是原有知識技術的重複。它需就原有知識加以延伸、修正、調節、整合，用以解決現有的問題，有時甚至是產生革命性的構想，這些都是可能的創意發展模式。因此我們可以推知：創造力是可以被訓練的。如果能培養積極的創意思考態度，增廣並加深自己的知識基礎，再經過有效的思考方法，每個人都可以表現出自己的創造力。

## 貳 創造力的激發

「天生我才必有用」，要開發個人先天的創思能力，或是經由後天的知識訓練，以激發自己的創造力，以下有幾個可以有效運用的途徑：

| | |
|---|---|
| 增強學習的廣度與深度 | 知識是創造力的基礎，足夠的專業知識讓我們容易了解問題所在，如果在專業領域中再加強知識的廣度，就能幫我們引發更多元的問題解決方案，所以增強學習廣度有助於創造力的提升。 |
| 善加利用科技資源 | 科技進展快速，電腦軟體、網路資源、機具設備等的發展可說是一日千里。因此，了解科技發展、嘗試運用科技解決日常生活問題，也是有效激發創造力的途徑之一。 |
| 養成即時與終生學習的習慣 | 電腦與網路的進步，帶動了知識擴充與交換的速率，人們必須即時學習、終生學習，才能儲備足夠的有效知識，提升創造力，應付科技生活所需的各項挑戰。 |
| 創思與製作 | 「坐而言不如起而行」，有創意而不付諸行動，創意永遠不可能成為事實。「實踐」是創造力的特質之一，發現問題或遭遇問題時，應積極發揮創意，以實際的行動或作品展現創造力。 |

### 討論與分享 DISCUSSION AND SHARING

一、知識的廣度和深度都有助於創造力的提升，對你而言，你認為哪一項比較重要？

二、設計與製作的過程都會運用到科技資源，請舉出一個實際的例子，說明科技發展如何影響設計與製作。？

# 2-2 創新設計原理

創意要能實踐才有其意義，設計則是創意開發與實現的第一步。透過設計的過程，我們可以檢視創意的可行性，修正或衍生出新的構想，之後才能進入實踐或實作的階段。

## 壹 設計的意涵

設計是人們為改善生活、滿足慾望，運用知識、技術、資源及個人的創意，嘗試創作新的實物、方法或著作的一種行為。依發生的順序而言，它介於創意與實踐之間，通常是指把創意構想具象化，以備製造或生產之需。圖 2-3 是以電腦完成的多功能文具組設計圖。左上角是以立體彩現圖配合文字說明，表現作品的外觀與操作功能，再加上文具組本體的正投影三視圖，可以完整表達設計者的構想。

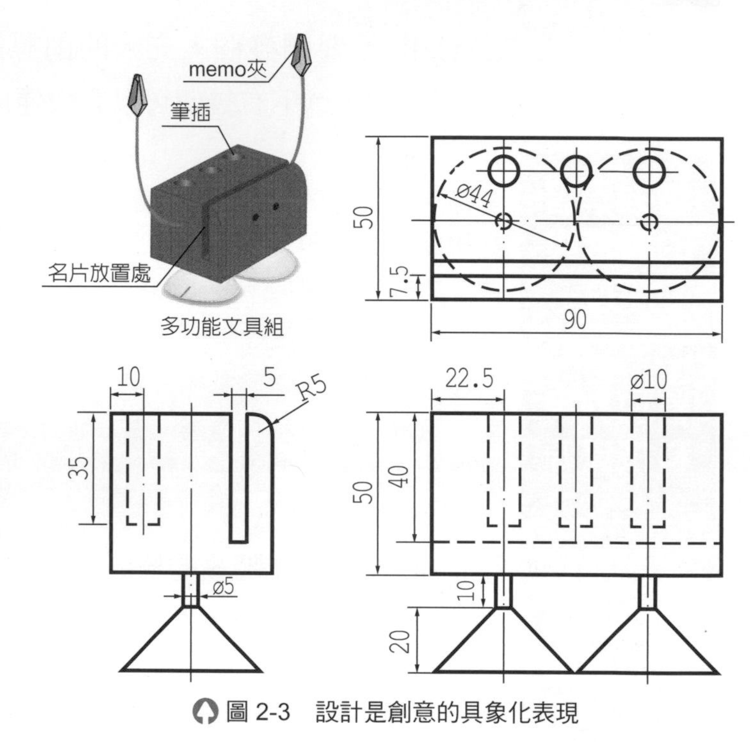


圖 2-3　設計是創意的具象化表現

## 貳 設計的程序

創新設計的過程，和創造性問題解決的歷程類似。設計者必須從問題的界定、資料的蒐集與分析、產生構想、評估構想，並進行細部設計。設計過程中仍需持續對構想進行多次評估、檢測及修正，以確定其可行性。構想完成後，就可以開始進行發表或製作活動。

1. 界定問題：確定設計需求、問題的範圍與條件的限制。
2. 蒐集與分析資料：蒐集與呈現應用的資料，包含知識、技術與任何有助於解決問題的資訊。

3. 產生構想：經由腦力激盪、研究、調查或問題解決所提出，不同的構想可以用草圖繪製（圖 2-4）或文字說明的方式來表達。
4. 評估構想：針對各種不同方式產生的構想，評估其可行性，建議以「消去法」排除較不可行的方案，保留較有機會達成的構想。
5. 細部設計：就保留的構想進行細部設計，持續依蒐集的資訊和工作成員的知識、技術與能力，檢測構想的適切性及可行性。
6. 試作及修正：好的構想經細部設計後，可進行模型或樣品的製作，嘗試分析及解決生產過程中可能產生的問題，並據以修正設計案。
7. 決定與執行：設計經過試作階段的檢測及修正，如果確定採用，即可進行工作圖繪製，然後交由生產部門規劃製造程序、製作模具及排程生產；行銷部門則可進行市場行銷及成果發表。

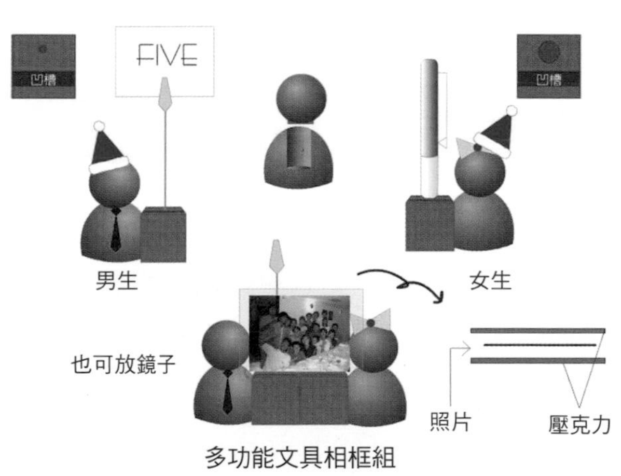


圖 2-4　徒手或電腦繪製的草圖可以表達設計者的各種構想

## 參 設計的主要訴求

設計作品的價值首先來自其實用性，而美觀與新穎則可提升其附加價值。一件好的設計作品應能兼顧功能、造形、創意、獨特性及可行性等訴求。

1. 功能：屬於實用上的考量，如精巧的機構、優質的材料，細緻的做工等，達到使用方便、堅固耐用的需求。
2. 造形：強調顏色、形式、線條等外在條件，能引發使用者的感覺，讓他們愛不釋手。
3. 創意：新奇、有趣、令人意想不到的作品總是比較能夠引人注目，因此，創作者會不斷的在功能或造形上加入一些新的構想。

4. 獨特性：配合個人特質的個性化商品已經成為新一波創意設計的主要訴求之一；新新人類在追隨流行浪潮的同時，也要求能展現其個人特質（圖 2-5）。
5. 可行性：以現有材料、加工機具、技術均能處理為原則，具有創意的作品必須完成之後才有價值。

圖 2-5　自己設計製作手機殼

**討論與分享** DISCUSSION AND SHARING

一、請蒐集流行的個性化商品，並在課堂上分享你觀察到它會流行的主要因素。

二、功能和造形是設計的兩個重點，請以你自用的產品為例，説明兩者的關係。

## 2-3 創新設計實務

製作階段（圖 2-6）可以說是真正創思能力的展現。設計構想確認之後，即可開始進行製作程序。首先，我們會依照設計圖來製作模型或樣品，並依據製作的情況，分析作品的各個零件，決定適當的材料和加工方法。然後排定加工步驟，開始進行加工，最後再進行零件的組裝或作品的修飾。對於製作過程中發現的問題，應發揮創意設計及製作的精神，以提升技術或修正設計的方式嘗試解決相關問題。

創新設計製作有兩個特色，一是動手實作，二是運用現有資源來解決問題，以下將簡單介紹此二特色及設計圖繪製的基本概念。

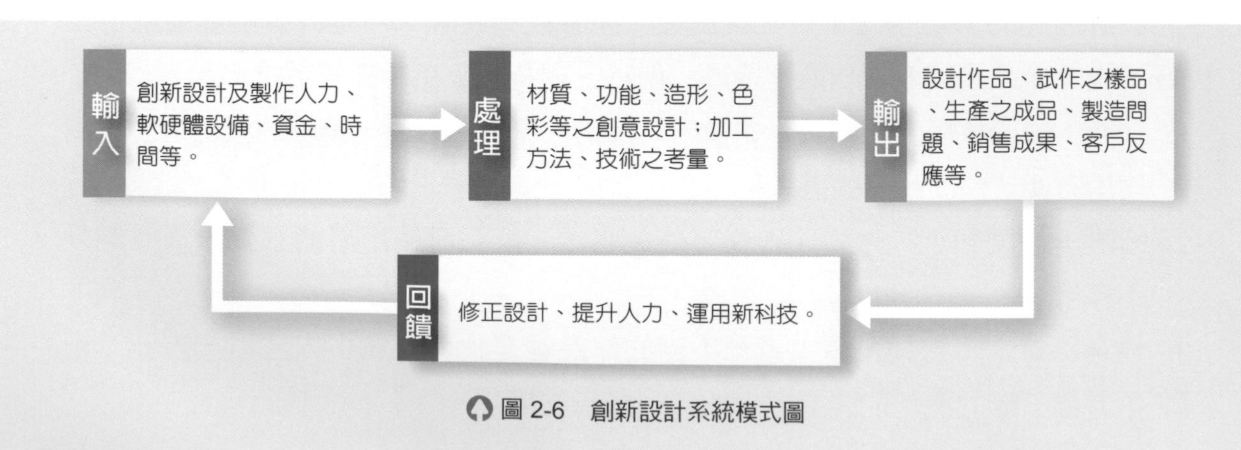

圖 2-6　創新設計系統模式圖

# 壹 設計圖繪製

> **CAD　知識小集合**
>
> 電腦輔助設計（Computer Aided Design, CAD），運用電腦軟體製作並模擬實物設計，展現新開發商品的外型、結構、色彩、質感等特色。隨著技術的不斷發展，電腦輔助設計不僅適用於工業，還被廣泛運用於平面印刷出版等諸多領域。

創新設計由概念轉化為產品的發展過程中，通常會以圖形的方式來表現。在設計階段，會以徒手來繪製草圖、構想圖或設計圖，直到製造階段，則使用儀器或電腦來繪製工作圖，近年來由於電腦軟體及硬體設備進步神速，部分設計者已能全程使用電腦從事製圖或設計（Computer Aided Design, CAD）的工作。圖 2-7 即為電腦繪圖操作畫面，設計者可使用軟體中的繪圖工具，進行類似手工的基本製圖，再利用編輯、尺度標注、符號輸入等功能來繪製工作圖。部分繪圖軟體更提供立體圖繪製、材質設定、標準零件資料庫、機構模擬等功能，方便設計者的進階設計工作。現在的電腦繪圖軟硬體功能強大，容易進行作品檔案的儲存、修改或格式轉換，更可進行立體動態展示，已成為設計人員不可或缺的工具之一。

設計階段的草圖、構想圖或設計圖可以具體表現出設計者的創新概念，為了有效的捕捉稍縱即逝的創意，多數設計者會採用徒手塗鴉的方式來繪製草圖，日後再依需要修正為比較詳細的設計圖稿。此階段的圖稿以表達作品的形狀、大小及組合方式為主，可以做為作品設計方向修正及細部設計規劃的依據。

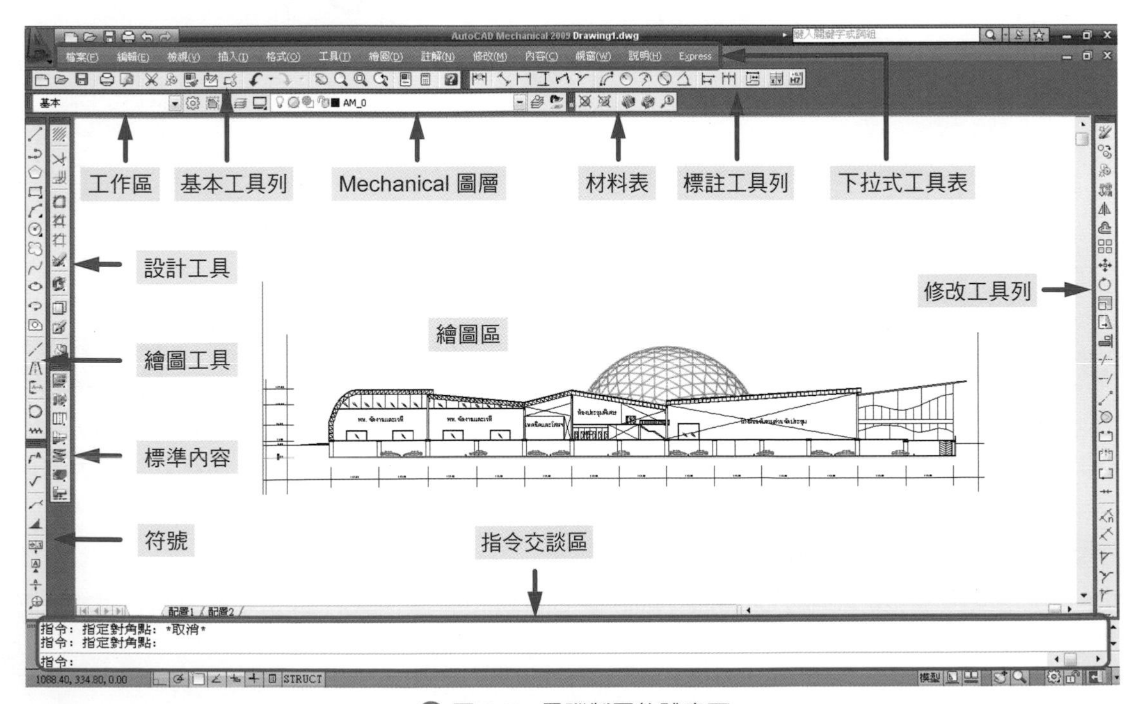


圖 2-7　電腦製圖軟體畫面

在設計方案確認的討論過程中，設計圖將陸續加入零件細部形狀及關係位置、材料、加工方式、公差與配合等資訊來繪製工作圖（圖 2-8）。工作圖應以國家標準（CNS）規定的方式繪製，並包含下列製造所需的資料：

| | |
|---|---|
| 1.形狀：每一零件、每一部位的全圖。 | 4.標題：工作圖的描述文字。 |
| 2.大小：每一零件、每一部位的尺度（含公差）數字。 | 5.組合：各零件間關係的描述。 |
| 3.註解：說明規定的材料、加工處理方式等細節。 | 6.零件表及材料單。 |

工作圖的圖示方式包括零件圖與組合圖。零件圖主要在提供足夠的資訊，由製造部門有效的生產零組件，因此多以正投影視圖的方式繪製。通常依據零件大小於圖中繪製一或多個零件，並列出其零件表。組合圖以正投影視圖或立體系統圖（圖 2-9）的方式繪製，常用以表達工件間的關係，方便進行成品的組裝工作。

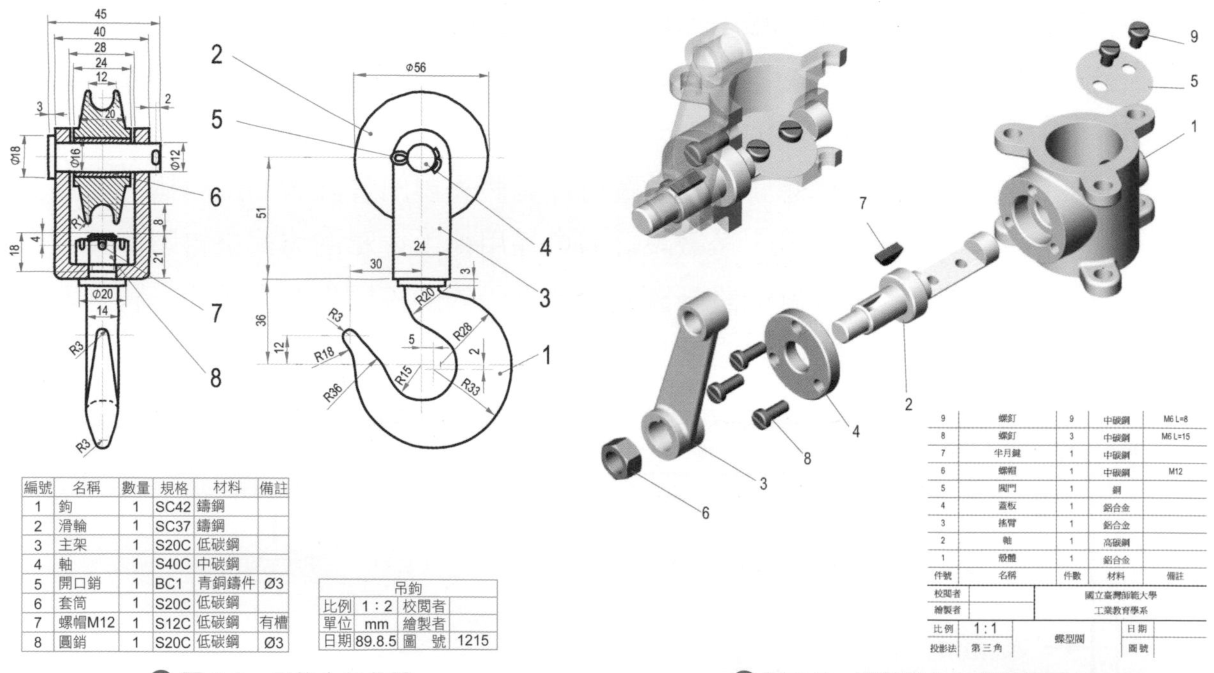

| 編號 | 名稱 | 數量 | 規格 | 材料 | 備註 |
|---|---|---|---|---|---|
| 1 | 鉤 | 1 | SC42 | 鑄鋼 | |
| 2 | 滑輪 | 1 | SC37 | 鑄鋼 | |
| 3 | 主架 | 1 | S20C | 低碳鋼 | |
| 4 | 軸 | 1 | S40C | 中碳鋼 | |
| 5 | 開口銷 | 1 | BC1 | 青銅鑄件 | Ø3 |
| 6 | 套筒 | 1 | S20C | 低碳鋼 | |
| 7 | 螺帽M12 | 1 | S12C | 低碳鋼 | 有槽 |
| 8 | 圓銷 | 1 | S20C | 低碳鋼 | Ø3 |

| 吊鉤 | | | |
|---|---|---|---|
| 比例 | 1：2 | 校閱者 | |
| 單位 | mm | 繪製者 | |
| 日期 | 89.8.5 | 圖　號 | 1215 |

| 件號 | 名稱 | 件數 | 材料 | 備註 |
|---|---|---|---|---|
| 9 | 螺釘 | 9 | 中碳鋼 | M6 L=8 |
| 8 | 螺釘 | 3 | 中碳鋼 | M6 L=15 |
| 7 | 半月鍵 | 1 | 中碳鋼 | |
| 6 | 螺帽 | 1 | 中碳鋼 | M12 |
| 5 | 閥門 | 1 | 銅 | |
| 4 | 蓋板 | 1 | 鋁合金 | |
| 3 | 搖臂 | 1 | 鋁合金 | |
| 2 | 軸 | 1 | 高碳鋼 | |
| 1 | 殼體 | 1 | 鋁合金 | |

| | | | | |
|---|---|---|---|---|
| 校閱者 | | 國立臺灣師範大學 工業教育學系 | | |
| 繪製者 | | | | |
| 比例 | 1：1 | 蝶型閥 | 日期 | |
| 投影法 | 第三角 | | 圖號 | |

圖 2-8　吊鉤之工作圖

圖 2-9　蝶型閥之立體系統圖

## 公差與配合

**知識小集合**

工件的加工因機器品質或人為等因素，多會造成尺度上的偏差。設計者需依照零件配合時所需的鬆緊程度（配合），訂定工件製造時可允許的偏差範圍（公差）。例如鏡片在公差範圍之最大的尺寸時，仍需小於鏡框的最小尺寸，否則就無法裝入鏡框中了。

CNS

中華民國國家標準（英文名稱 Chinese National Standards，縮寫 CNS）是中華民國在臺灣、澎湖、金門及馬祖實施的國家標準，1935 年由經濟部標準檢驗局主管並辦理。

## 貳 動手實作

自己動手做（DIY, Do It Yourself）的習慣在國內外已形成風氣，近年來更是蓬勃發展，由國內數家大型組裝家具公司及工具量販店的大幅成長速度來看，可以發現國內 DIY 人口正加速成長中，可以預見「DIY」將是未來時代主要潮流之一。

由於材料與工具的進步，電腦軟、硬體及其他 3C 產品的普及，DIY 商品的範圍，已經由傳統的家具和個人載具（如汽機車、腳踏車）的組裝、維修，擴展到各個科技領域，如電腦組裝、軟體應用、攝影剪輯等，都已成為人們喜愛的 DIY 活動（圖 2-10）。

因應這個趨勢，必須能即時學習、終生學習，時時吸取新的知識、技術與經驗，才能順利應付及解決生活中遭遇的問題。「自己動手做」具有許多特質是非常值得推廣的：

1. 增加生活趣味。
2. 養成身體力行、實事求是的習慣。
3. 完成作品後的成就感，可增強自信心。
4. 養成資源再利用的習慣，符合環保的訴求。
5. 滿足個性化的趨勢。
6. 提升個人創造力。

**DIY** **知識小集合**

DIY 是一個在 1960 年代起源於西方的概念，原本指不依靠或聘用專業的工匠（在西方，相對於物料的成本，聘請人工所需的勞務費是很貴的），利用適當的工具與材料，靠自己來進行居家住宅的修繕工作。近年來由於有心人士的推動及工具與材料的快速發展，DIY 的概念已能為多數人所接受，範圍也擴及生活中各類科技產品的組裝、維修與運用。

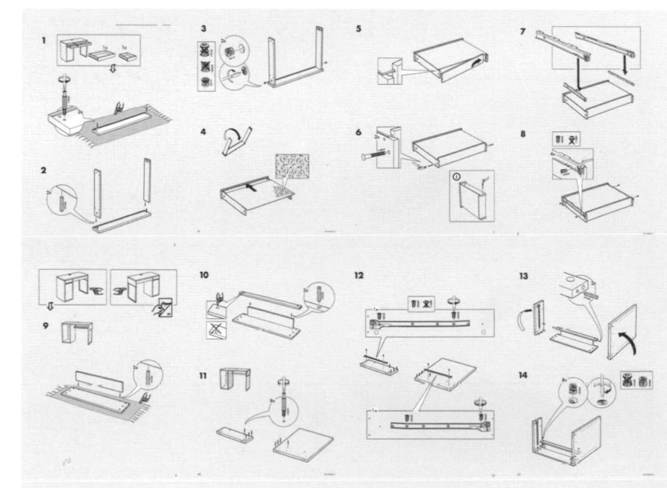

圖 2-10 附組裝說明書，讓消費者自行在家組裝的 DIY 大型家具

## 參 現有資源的運用

運用周遭的資源來製作物品或解決問題，即是動手製作的第二個特色。這些資源包含人力、材料和加工機具。人力涵蓋知識、技術與創造力，以知識及技術為基礎，規劃製作流程，發揮創造力來解決問題。材料和加工技術部份，則需依照設計作品的特性來選用，分述如下：

### 一、材料

材料是製作過程中最基本又關鍵的元素，生活中常用的材料有金屬、木竹、陶瓷、塑膠及複合材料等，各有其特色及限制。金屬有特殊光澤、強度高、具延展性，有良好傳熱、導電性，容易鑄造或塑型。它的質地較硬，多需使用大型加工機具，因此，自己使用金屬材料來製作小型器物就比較不方便。

木材的材質較軟，加工容易，不過卻不耐高溫，不易彎曲或變形。木材常用於建築、家具、室內裝潢等方面，紋路自然美麗，廣受人們喜愛。陶瓷以陶土手工捏製或模造方式製作，形式多變化，以釉藥塗布表面，燒結之後可得美麗的色澤，它的質地硬而脆，耐高溫、耐腐蝕，但無法重新塑形。

塑膠材料種類繁多，廣泛應用於生活用品的製造，由於數量龐大、造型多樣化，通常以成型機具大量生產。此類材料之一的壓克力(圖 2-11)，因透光性佳，加工容易，廣泛應用於生活用品製造。

設計者應廣泛了解各類材料的特性與應用範圍，依設計需求、加工特性、成本等因素，選用合宜的材料。例如以原木製作的置物容器，能展現木紋的天然質感，但價格較高，也可能因受潮而翹曲。若改以合板或纖維板製作，可降低原料成本，減少翹曲的問題，且可漆上各種顏色或圖案，呈現不同的設計風格。壓克力容器則因透光性佳，以其色澤和光線的互動，也會產生很好的效果，但因材質較軟，表面容易刮損，常在生產或使用時造成困擾。

圖 2-11　美麗的壓克力小魚缸

## 二、加工機具

材料需經加工處理，依作品需要而改變其外形、大小及性質，才能符合使用者的需求。常用的加工方法有切削、成形、鑄造及模塑、調質、接合組裝與表面塗裝。加工機具包含手工具、小型電動工具、中大型加工母機等；生活中常使用小型手動或電動工具製作器物。

圖 2-12 懸臂鋸自動安全罩

使用加工機具首先應注意工作的安全性，熟悉機具切削模式，使用合宜的護具。其次應考慮加工材料的特性，運用適當的刀具及機具，才能順利的進行加工。

一般加工機具多裝有安全裝置，避免操作時發生意外，例如圖 2-12 的懸臂鋸安全罩以彈簧控制，在懸臂鋸向下切削時，能隨著反向旋轉以保持遮罩狀態，防止操作人員誤觸鋸片而受傷，圖 2-13 的線鋸機鋸條外的直立護罩及圖 2-14 砂輪機的護罩也有類似的功能。安全裝置可有效減少工安意外，操作機具前應該詳讀說明，確實安裝使用。此外，加工時為了避免切屑、噪音等傷害，可使用護目鏡、耳罩（圖 2-15）、面罩（圖 2-16）等個人護具，保護操作者自身的安全。

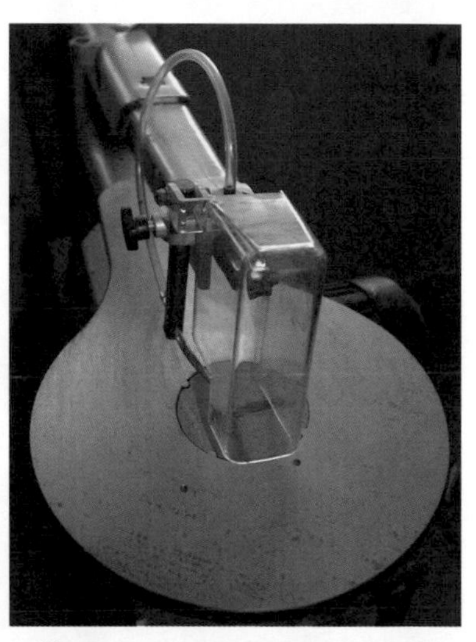
圖 2-13 懸臂鋸自動安全罩

圖 2-14 砂輪機護罩

圖 2-15 護目鏡與耳罩

圖 2-16 面罩

### 討論與分享 DISCUSSION AND SHARING

一、你是否曾到大型工具量販商場買 DIY 商品？依自己的觀察，你最可能和最不可能做的 DIY 項目是什麼？

二、請選擇一件常用的電動工具，觀察它在使用上可能造成的危險，並嘗試設計一個專屬護具。

## 學前練功房

一、在沒有現代的傳播媒體時，你知道古人是如何傳遞訊息的嗎？

二、訊息常以各類形式呈現在我們的生活中，仔細想一想，你（妳）每天從早到晚接觸了哪些訊息？

三、上網是多數人生活中不可或缺的活動，而無線上網已是暢遊網路的新趨勢。就你（妳）所知，你（妳）所居住的地區或是學校附近，有哪些地方是可以無線上網的呢？

chapter

# 傳播科技

## Communication Technology

人類是群居的動物，常須藉由溝通訊息來傳達內心的想法和感受，因此，傳播是人類的本能，也是生活中的重要活動，例如我們每天會接觸到各式各樣的訊息：鬧鐘、報紙、雜誌、廣播、電視、電話、網路或手機簡訊等。但是，在沒有這些科技產物的年代，我們的老祖宗是如何溝通的呢？現在，就讓我們穿越時空，探討傳播科技從古至今的發展、影響及對未來的展望吧！

# 3-1 傳播科技概述

訊息的傳播與傳播媒體常充斥於我們生活之中，例如：一早叫醒我們的鬧鐘、各類的報章雜誌與書籍，還有廣播、電視及網路等。傳播科技就是在探討有關訊息傳遞、接收過程的相關知識。

## 壹 傳播科技系統模式

傳播科技系統模式包含輸入、處理、輸出及回饋（圖 3-1）。輸入包含了各類的資料（如文字、圖片、影像、聲音等）；處理則是指資料的編碼、傳遞及解碼部分；輸出則是各類有使用價值的資訊；回饋則是用來改善整個傳播過程，以滿足傳送者跟接收者的需求。

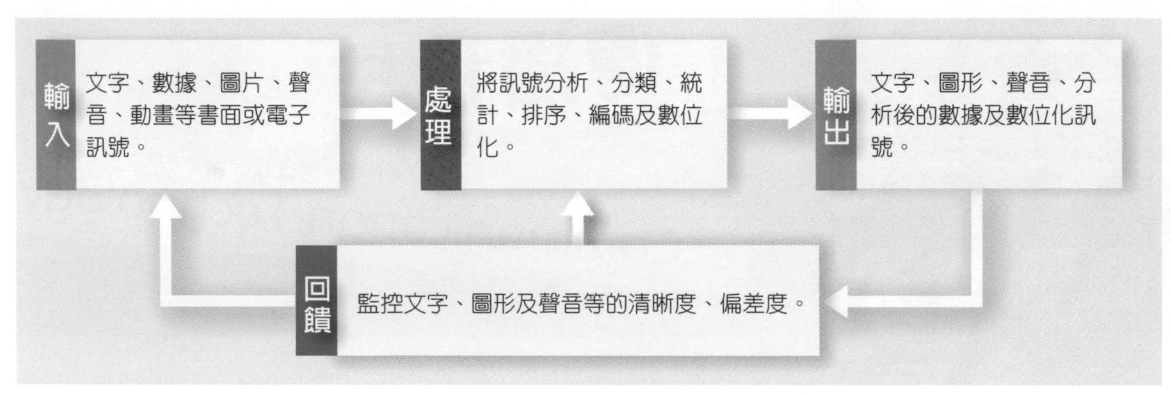


圖 3-1　傳播科技系統模式圖

## 貳 傳播科技的由來與演進

人類一開始以肢體或聲音來傳達訊息；但隨著生活形態的改變，此種訊息傳達方式便無法表達人類較為複雜的想法，訊息也無法長時間保存。因此，人類慢慢發展出以符號、文字的傳播方式，但此種傳播方式卻無法大量的傳播。經過一段時間，隨著紙張的發明、改進及各類印刷技術的發展，人類傳遞訊息又多了一項圖文傳播的管道，但圖文傳播卻無法做及時性、長距離的訊息傳遞，於是人類又不斷摸索、研發並結合了其他的科學（如電磁學）與技術發明，終於發明了電報，也使人類從此進入了電子傳播的時代（圖 3-2）。

現代科技的高度發展，已經打破了不同媒體間的界線，例如：報章雜誌現在可以用數位化的方式來呈現，用電腦可以看到電視節目，在手機上可以看到職業棒球總決賽的現場實況轉播（圖 3-3），也可以看到氣象預報。傳播媒體數位化的發展，使得整體傳播科技產生了複雜的變化，也促使大眾的閱聽行為與往昔有了極大差異。依據傳遞訊息時所採用媒介物的不同，可以將傳播科技分成圖文傳播、電子傳播及資訊傳播三大部分，我們將分別做更深入的探討。

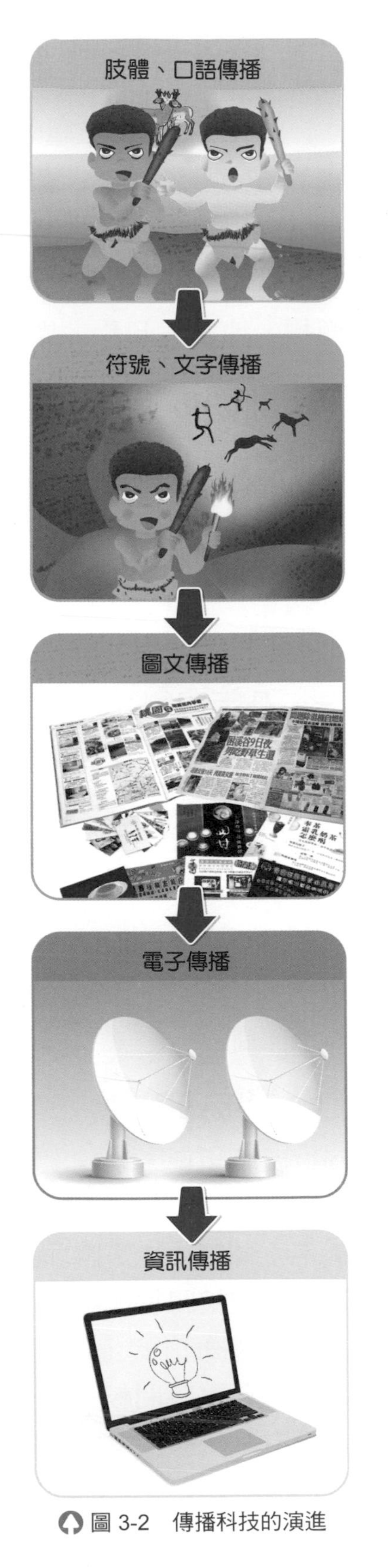


圖 3-2 傳播科技的演進

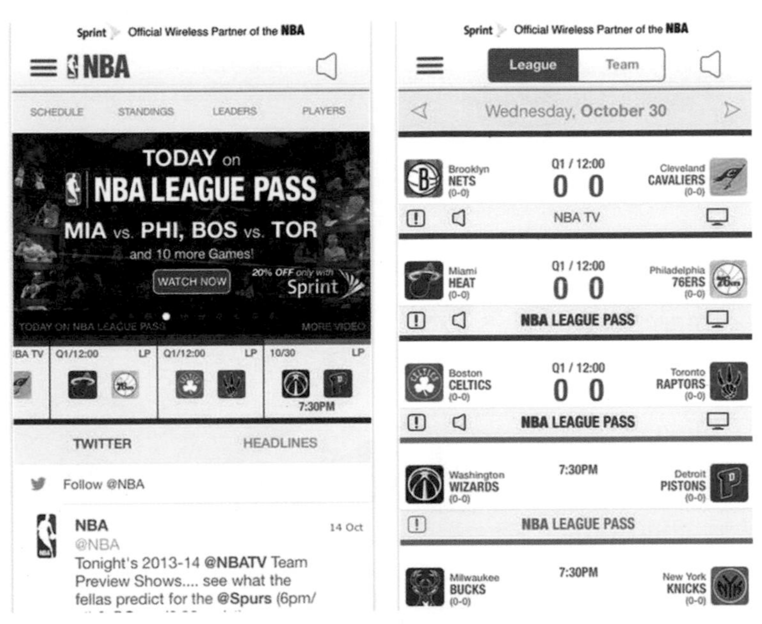


圖 3-3 利用行動電話觀看球賽

## 3-2 圖文傳播科技

圖文傳播是人類獲取資訊最普遍的方式。隨著科技的發展，雖然產生其他傳播方式，例如：電子傳播、資訊傳播等相繼發明，但是，它卻仍是人類快速傳播、獲取資訊的最主要途徑之一。

# 壹 圖文傳播概論

圖文傳播主要是利用書寫、攝影或印刷等方式，將文字、圖片等資訊，傳播給社會大眾。我們生活周遭中有不少資訊，都是由圖文來傳達的，例如：路標、商標、地圖、刊物、廣告和海報等（圖 3-4）。製作圖文的科技有很多，例如：印刷技術、電腦軟體、攝影及錄影科技等。傳送者可視訊息的內容及傳遞的範圍選擇一種或多種不同的製作技巧來呈現圖文。

圖 3-4　日常生活中利用圖文傳播的各類訊息

在眾多的圖文印刷品中，不論使用何種材質，印刷的方式都離不開凸版、凹版、平版、網版及無版印刷五大方式：

## 一、凸版印刷

凸版印刷與蓋印章的原理相似，是利用凸起來的印紋部分沾著墨水，凹陷的部分則不沾墨水，因此，印刷時，凸起的部分會將印墨轉印到被印物上面，凹陷的部分則呈現空白（圖 3-5）。此法適用於少量表格、名片、信封、信紙、請帖或簡單插圖等印刷物。

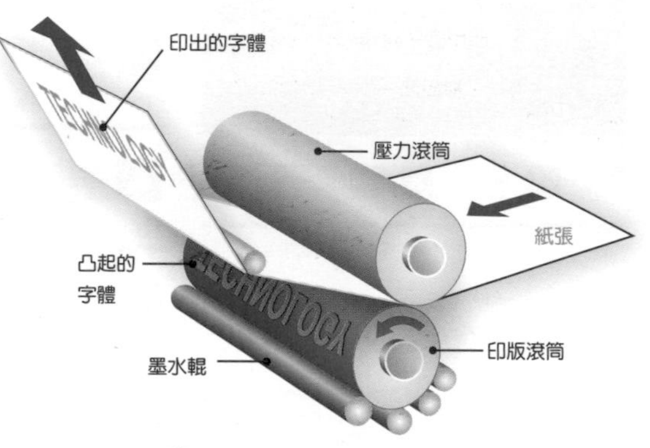


圖 3-5　凸版印刷原理

## 二、凹版印刷

凹版印刷印紋的部分是凹陷的，非印紋部分則是平面的。印刷時，先將整個版面沾上印墨，然後將非印紋部分的印墨刮除，再把被印物與版面接觸，使印墨的部分轉印到被印物上面（圖 3-6）。凹版印刷因為製版所需時間較長、費用較高，且印紋部分有微凸的現象，所以較不易被仿製，因此，一般有價證券（如股票、鈔票、郵票等）多用凹版印刷的方式來印製。

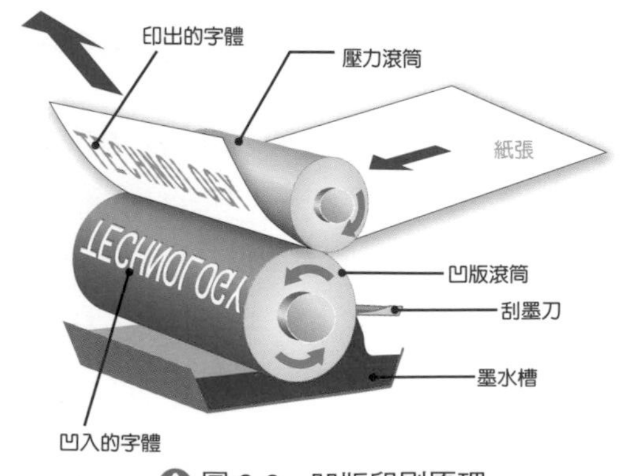


圖 3-6　凹版印刷原理

## 三、平版印刷

平版印刷的版面，印紋與非印紋的部分並沒有高低的差別，它們都在同一平面上。它是利用水與印墨互相排斥的原理，使印紋的部分吸收印墨、抗拒水，非印紋部分則是吸收水、抗拒印墨。利用間接方式，先將印紋部分的印墨印在橡皮布上，再轉印到被印物上(圖 3-7)。適於黑白書籍、彩色雜誌、海報、紙盒、月曆及報紙等多色的印刷物。

## 四、網版印刷

網版是利用網布透空的特性，印紋的部分鏤空，而非印紋的部分被感光乳劑填滿，印刷時，印墨會從鏤空的印紋部分印到被印物上面(圖 3-8)。網版印刷適用於多種不同的材質，或多種形狀不規則及不平整的物品。

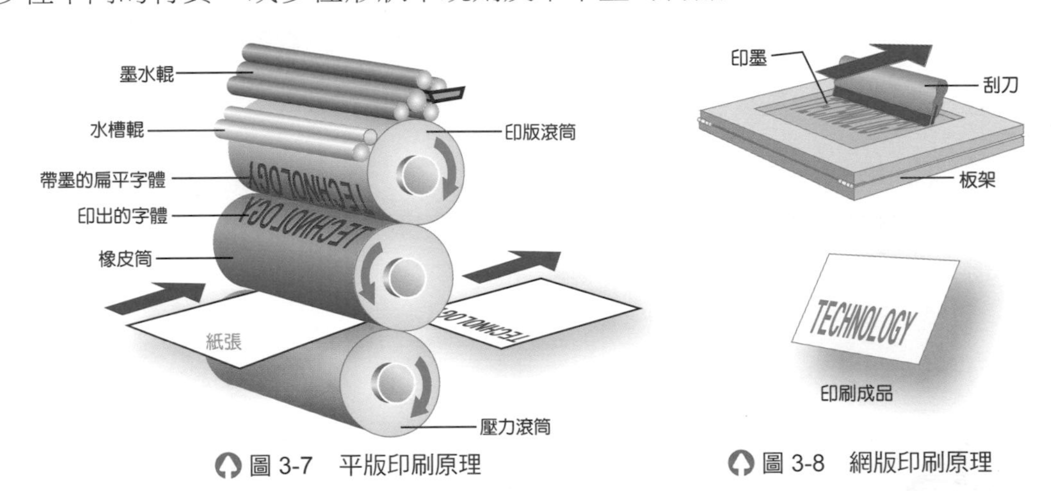


圖 3-7 平版印刷原理

圖 3-8 網版印刷原理

## 五、無版印刷

利用電子檔案直接將印紋輸出於被印材料上，無須印版即可完成印刷(如數位印刷機、噴墨印表機、雷射印表機)。無版印刷最大的優點，就是其印紋可以依需求做任何時間、任何方式的變更，成為多樣少量印刷的最佳利器(圖 3-9)。

貼紙捲

❶ 選好底圖，將貼紙捲放入印表機

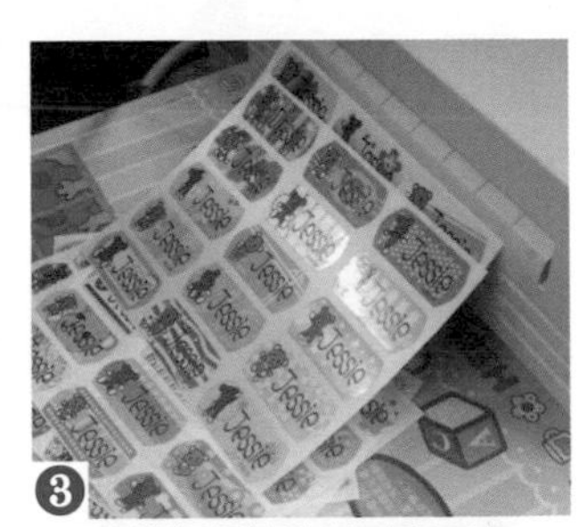

❸ 將排版好的貼紙列印下來

❷ 使用專用軟體進行電腦排版

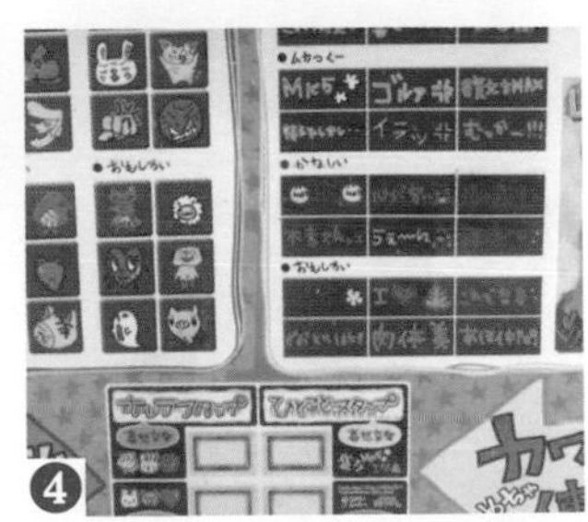

❹ 大頭貼機也是無版印刷的應用

圖 3-9 無版印刷貼紙

## 貳 圖文傳播未來的趨勢

由於電腦科技的導入，使原本的圖文複製技術起了革命性的改變。以往的作業流程已經由電腦打字、電腦繪圖、電腦影像處理及電腦排版所取代，文字排版及圖片影像處理逐年改變為全電腦化作業。另外，網路化、數位化科技的發達與應用，使得圖文在呈現方式、儲存媒體及傳遞方式上，朝向更經濟、快速與高品質的目標不斷革新（圖 3-10）。

圖文傳播未來除了進入全面電腦化時代，同時也包含了檔案整合及製作流程的整合。目前已經有許多出版機構或個人，利用電腦與網際網路來編輯、發行刊物（如電子報）。如此不但能節省重複印刷的材料和費用，且更具高度的時效性。未來藉由通訊網路，便能將所有的圖文資訊，直接傳送到人們隨身攜帶的電子產品上，例如：行動電話、平板等。

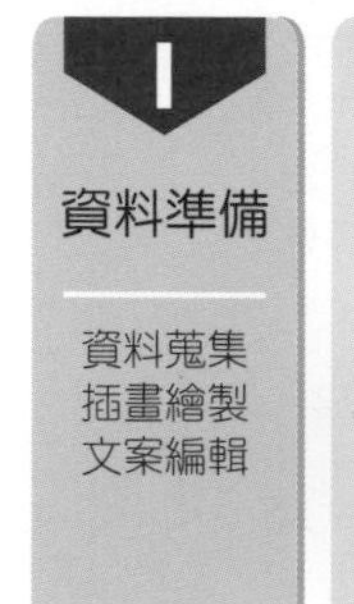

| 1 | 2 | 3 | 4 | 5 |
| --- | --- | --- | --- | --- |
| 資料準備 | 圖文輸入 | 檔案傳輸 | 輸出裝置 | 圖文印刷完成 |
| 資料蒐集<br>插畫繪製<br>文案編輯 | 數位板<br>鍵盤<br>滑鼠<br>光碟機<br>數位照相機<br>數位錄影機<br>掃描機 | 使用磁碟<br>光碟<br>網路傳送 | 印表機<br>繪圖機<br>切割機<br>底片輸出機<br>網片輸出機 | 圖文稿<br>設計圖<br>幻燈片<br>分色網片<br>圖文膠貼片 |

圖 3-10　現代電腦印刷流程

**電子書**　**知識小集合**

電子書是透過特殊的閱讀軟體，以電子文件的型式，透過網路連結下載至一般常見的平臺，如個人電腦、筆記型電腦、平板電腦，甚至是 PDA、智慧型手機，或是任何可以大量儲存數位資料的閱讀器，是一種傳統紙質圖書的替代品。

**科技小故事** *Technology Story*

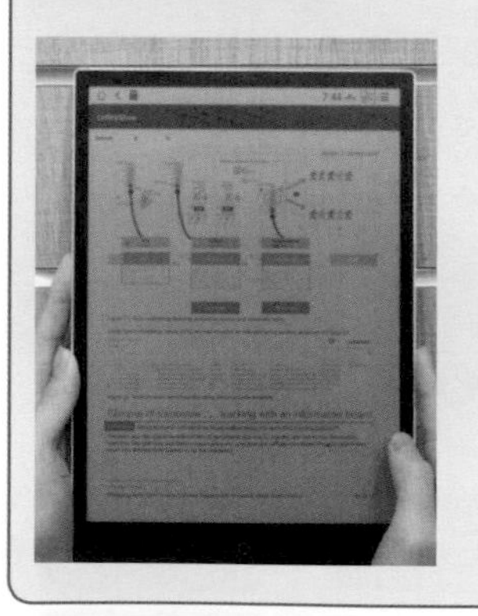

### 彩色電子紙

彩色印刷電子紙技術是以電子墨水技術搭配彩色濾光片，以 RGB 混色原理，將黑白的電子紙轉換為 4096 色的豐富色彩，不但能較快實現彩色應用，還擁有黑白電子墨水的所有特性，換頁刷新速度就跟現行的黑白 16 灰階電子書閱讀器一樣快，又具有彩色顯示，色調溫潤柔和不刺眼。

資料來源：科技新報

**討論與分享** DISCUSSION AND SHARING

想一想，生活中哪些是屬於圖文傳播的媒體，如果沒有這些媒體，將對我們生活造成什麼影響？有沒有其他的方式可以取代？

# 3-3 電子傳播科技

電子傳播已發展成為影響人類生活，帶動社會潮流、加速文化傳播的強勢媒體，特別是電視媒體及網際網路的影響更是深遠。

## 壹 電子傳播的形式

電子傳播主要是靠電波來傳送訊息，電子傳播的方式一般分為電信、網路和廣播三大系統。如果以訊息傳遞時的媒介來劃分，又可分為有線傳播與無線傳播兩種。目前有線傳播以同軸電纜、雙絞線和光纖（圖3-11）最為重要，例如：早期被廣泛應用的電子傳播電報、家用電話、傳真機、有線電視臺及網際網路等；無線傳播則以衛星通信和各種頻率的電波，以及中繼站所構成的通信網為主，例如：廣播電視網、衛星電視及衛星通訊等，近日更發展無線的區域網路（圖3-12）。

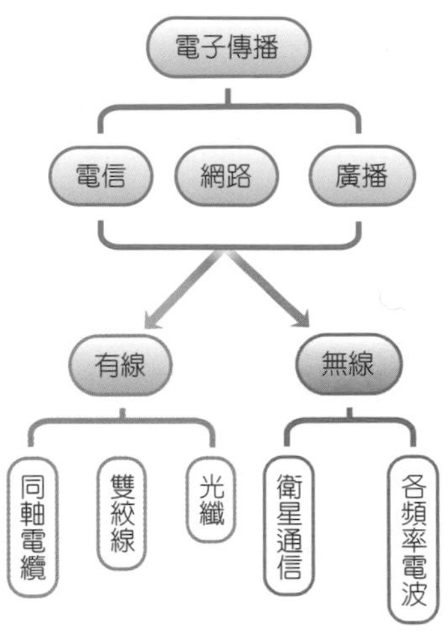

圖 3-12　電子傳播的系統分類圖

然而，今日的電子傳播系統，往往無法明確的分出有線或無線傳播。以行動電話而言，雖然是無線的通信器材，但經過交換機後，卻與有線的電話網路結合；而有線電視臺，也可以接收無線的衛星電視與無線電視臺訊號。

圖 3-11　同軸電纜（左）、雙絞線（中）、光纖（右）

## 貳 常見的電子傳播器材

隨著科技及相關產業的快速發展，電子傳播的傳輸方式，由有線傳輸轉變為無線傳輸、由類比訊號轉變成數位訊號。而電子傳播的媒體也日益增多，例如：數位電視、數位廣播，以及搭配藍牙科技、紅外線傳輸等相關的電子產品。如

圖 3-13 就是運用無線網路技術，它是一種短程無線傳輸技術，能夠在百公尺範圍內支援網路接入的無線電訊號。無線網路的運用必須先通過「Wi-Fi」（推廣 IEEE 802.11 標準的無線區域網路技術聯盟，表 3-1）的認證，以表示設備間的可互通性。

表 3-1　Wi-Fi 標準的演進

| 協定 | 發行年份 | 頻率 | 資料傳輸速率 |
|---|---|---|---|
| 802.11a | 1999年 | 5 GHz | 可達 54 Mbps |
| 802.11b | 1999年 | 2.4 GHz | 可達 11 Mbps |
| 802.11g | 2003年 | 2.4 GHz | 可達 54 Mbps |
| 802.11n (Wi-Fi 4) | 2009年 | 2.4 / 5 GHz | 可達 600 Mbps |
| 802.11ac (Wi-Fi 5) | 2013年 | 2.4、5 GHz | 可達 6.93 Gbps |
| 802.11ax (Wi-Fi 6) | 2019年 | 2.4、5 GHz | 可達 9.6 Gbps |

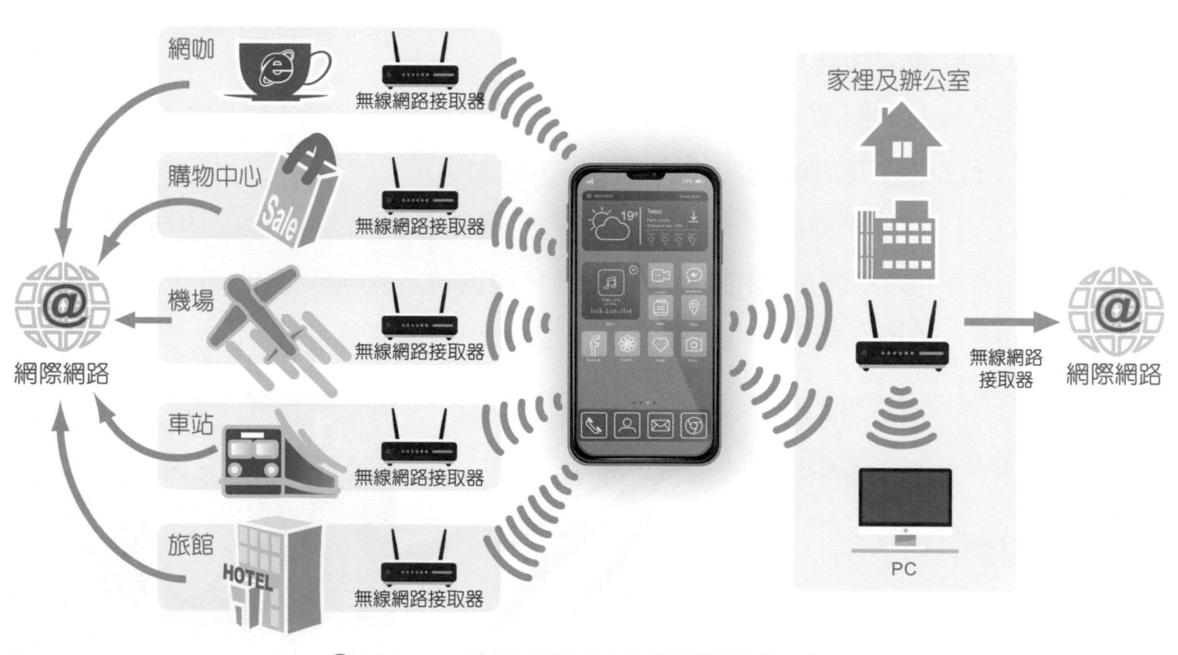


圖 3-13　透過無線傳輸而互相聯繫的電子產品

**知識小集合**

Wi-Fi

所謂 Wi-Fi（Wireless Fidel-ity）中文譯為“無線相容認證”。它是一種短程無線傳輸技術，能夠在數百英尺範圍內支持網際網路接入的無線電信號。隨著技術的發展，以及 IEEE802.11a 及 IEEE 802.11g 等標準的出現，現在 IEEE802.11 這個標準已被統稱作 Wi-Fi。

## 一、電視

有聲電視自從在 1926 年由英國人貝爾德（John Logie Baird）發明，且在英國開播以來，至今，人類使用彩色電視已超過 50 年了。近年來，電視已由類比訊號，發展為數位訊號系統（圖 3-14）。所謂的數位電視，是指從拍攝、處理、編碼、傳送，到接收、解碼、還原、播放等，全部以數位訊號方式處理（圖 3-15）。如果要繼續使用只能接收類比電視訊號的電視機，可以利用「數位電視機上盒（Set-top Box）」把數位電視訊號轉換成類比電視訊號，就能用類比電視機接收數位電視訊號了。

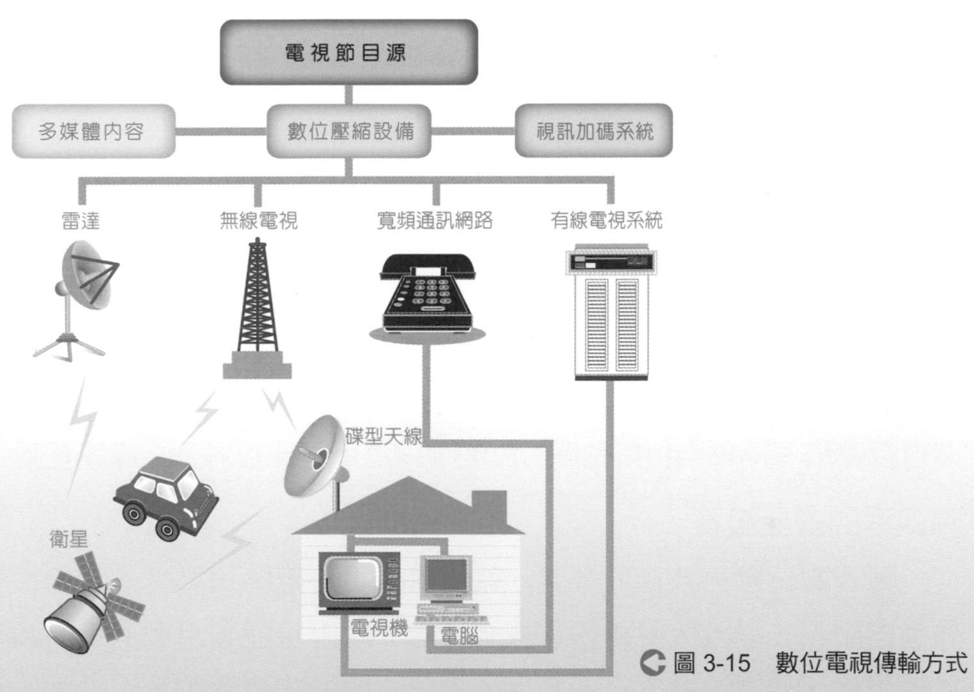


圖 3-15　數位電視傳輸方式

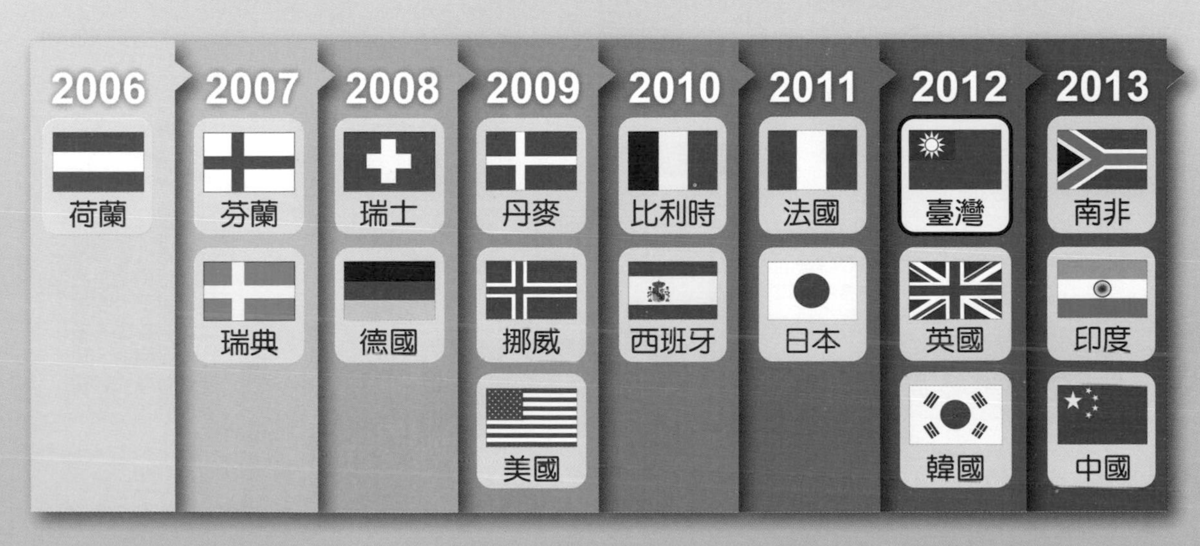


圖 3-14　世界各國電視數位化時程表

電視系統全面數位化(圖 3-16)對民眾生活的影響如下:

## (一) 高品質的影音服務

數位電視所呈現的畫質及音質皆高度的清晰、穩定,小客車、計程車及大眾運輸工具在高速行駛時,都可以藉由安裝車用機上盒接收到清晰的數位電視節目(圖 3-17)。

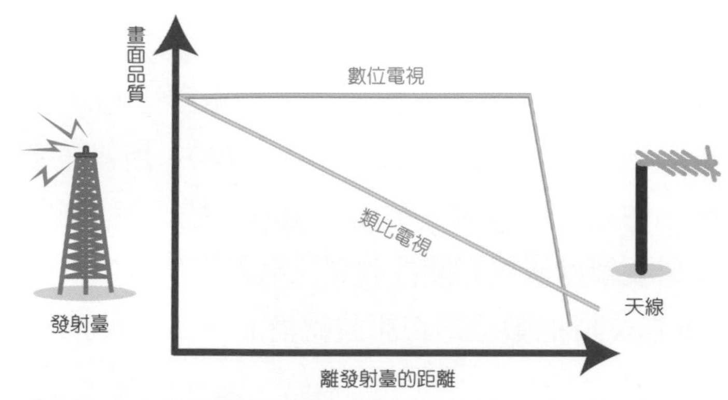


圖 3-17 類比電視的畫質會隨著距離逐漸變差,數位電視只要收的到訊號,畫質幾乎是相同的

## (二) 互動式的電視服務

提供即時的交通資訊、財經資訊、生活資訊,以及線上購物、付費等互動式電視服務,未來更可發展金融管理系統,提供個人金融服務,生活上食、衣、住、行、育、樂相關的訊息及交易,都可在數位電視上進行。

## (三) 多樣化的加值服務

數位電視可以同時傳送多角度的拍攝資訊,例如:體育類節目,可提供觀眾自行選取不同攝影機所拍攝的角度,以及呈現球員得分記錄等互動式服務。

## (四) 具效率的安全服務

隨著數位壓縮技術的發展,數位電視將可帶給民眾高品質的影音、更多頻道的服務,以及大量傳輸資料的好處,政府也能利用多出來的頻寬,轉做其他用途,像是公共安全、警察或是防火的通報網路等,使民眾於發生緊急危難事件時,救助行動能更具效率。

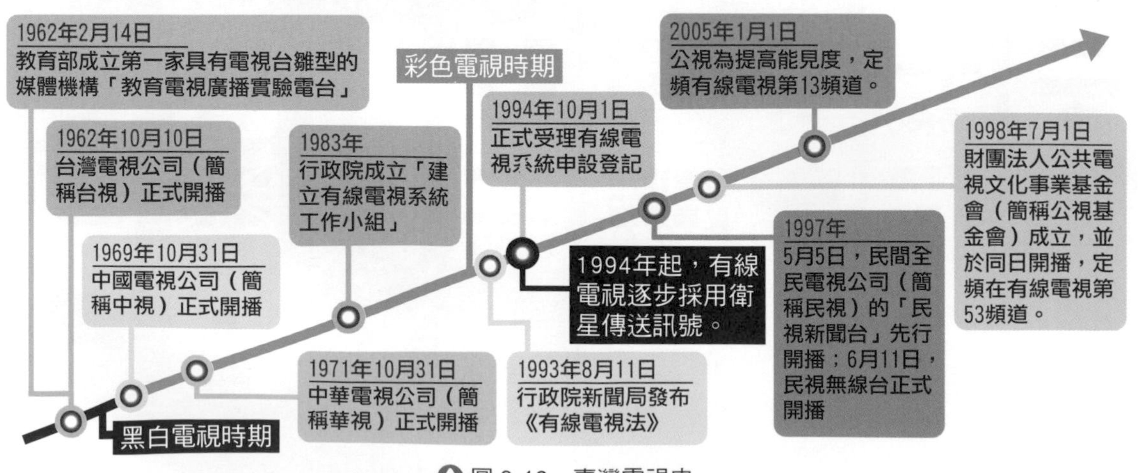


圖 3-16 臺灣電視史

## 二、電話

電話的種類繁多，常見的有：有線主機、無線副機、無線電話及行動電話等。而在今日幾乎人手一支的行動電話，逐漸朝向寬頻設計，提供高容量與速度的資料傳輸，將手機、網路、電腦軟硬體與家電整合，使手機不再只是單純的電話，而是能提供更多個人化和多媒體的互動服務（圖 3-18）。

圖 3-18 行動電話進化史

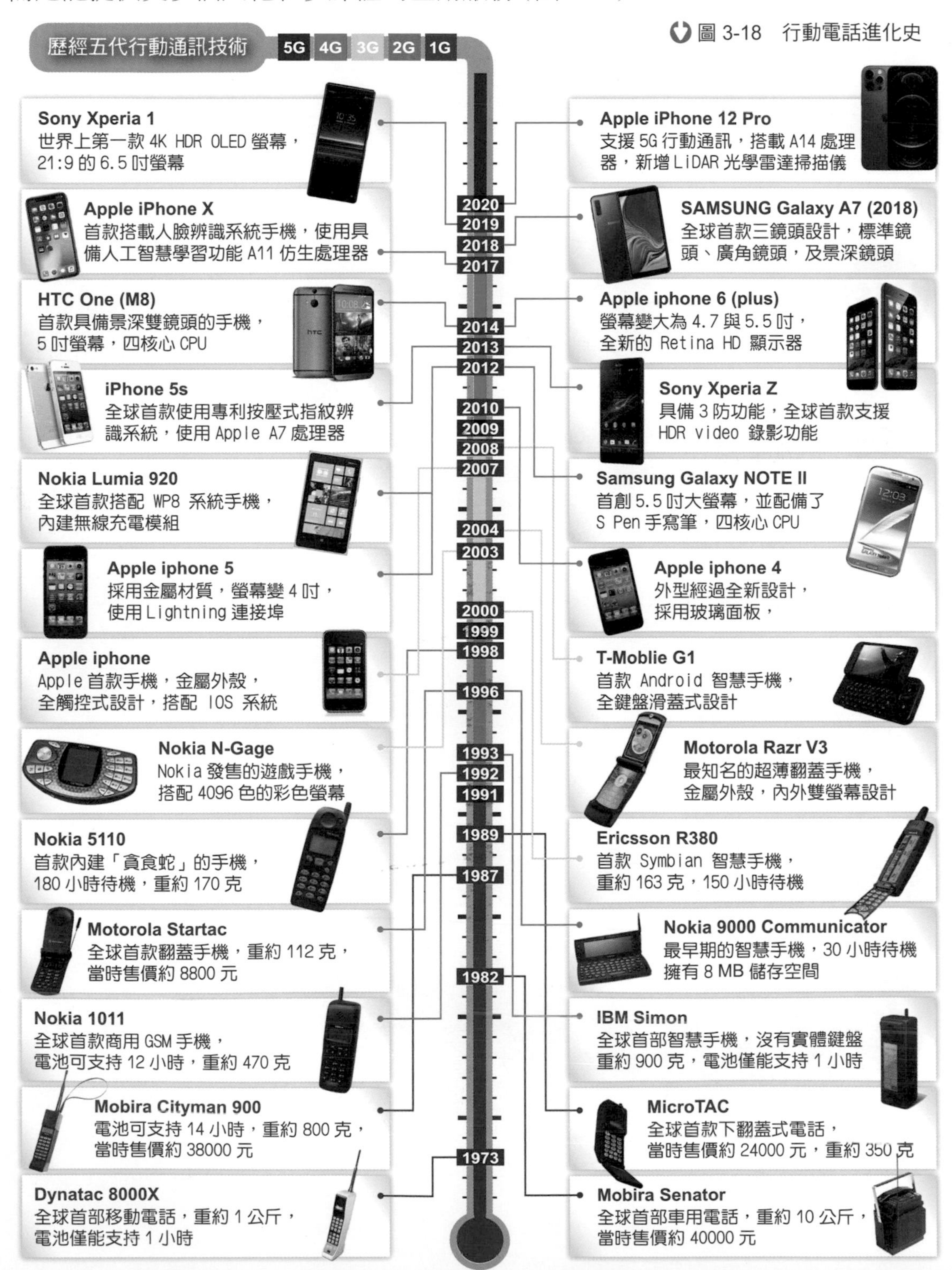

**1G**

1G（1st Generation）起源於1970 年代，當時的技術主軸是以傳統的類比式手機為主。1G 的通訊技術主要應用於類比語音傳輸，並不包含資料的傳輸。早期中華電信所提供的090 開頭的手機號碼，即屬此類。

**2G**

80年代末期，行動通訊技術由類比式手機轉而發展為數位式手機。此後以數位語音傳輸為主的技術標準，就稱為2G（ 2nd Generation）行動通訊標準。在此階段下的傳輸主要還是以語音服務為主，此外還能傳輸一些非語音的簡單文字資料，例如傳送文字訊息。

**2.5G**

90年代，行動通訊進入2.5G（2.5 Generation），藉由GPRS（General Packet RadioService）技術，將2G 的行動網路和網際網路互相連接，讓使用者可以透過手機存取網際網路的資源，2.5G 主要鎖定於資料傳輸服務，並提升資料的傳輸速度。

**3G**

進入3G（ 3rd Generation）時代之後，提升了頻寬，無線網路傳輸速率在室內、室外和行車的環境中，已分別能夠提高至2Mbps、 384kbps 以及144kbps，藉以處理更多的行動上網及影音傳送需求。

**3.5G**

3.5G 所採用的技術標準為HSDPA（High Speed Downlink Packet Access），是一種新興的無線通訊技術，3.5G 將傳輸速率提高至14.4Mbps，可提供更多元的服務，讓使用者可以隨時、隨地透過手機、筆記型電腦等行動裝置上網，享受科技所帶來的便利。

**4G**

按照聯合國國際電信聯盟（International Telecommunication Union, ITU）的定義，靜態傳輸速率達到1 Gbps，在高速移動狀態下達100 Mbps，即可作為4G技術。比起前幾代行動通訊，連線更穩定，上網速度更快，也更節能。

**5G**

第五代行動通訊技術，最新一代行動通訊技術，為4G系統後的延伸。資料傳輸速率遠高於4G蜂巢式網路，最高可達10 Gbit/s，比4G網路快100倍。5G的效能目標是高資料速率、減少延遲、節省能源、降低成本、提高系統容量和大規模裝置連接。5G網路有利於發展大數據、人工智慧、物聯網等服務，可帶動高品質視聽娛樂、智慧醫療、智慧工廠、自駕車、無人機、智慧城市等加值創新應用。

## 科技小故事 Technology Story

### 藍牙科技

藍牙技術是一種全新的網路架構，屬於小範圍的無線電通訊網路，目前傳遞距離最遠約 10 公尺，不受任何方向限制，並能穿透障礙物，進行最多可達 1 對 7 的短距離傳輸。它的應用層面，在於提供各種無線通訊設備（如筆記型電腦、行動電話、數位相機、印表機、投影機及免持聽筒耳機等）於短距離內傳輸資訊。

藍牙模組結合安全帽，可讓機車騎士方便接聽電話

## 知識小集合

### 擴增實境－AR

擴增實境 (Augmented Reality，簡稱 AR)，是一種把虛擬化技術加到使用者感官知覺上再來觀察世界的方式。這種技術的目標是在螢幕上把虛擬世界套在現實世界並進行互動。此技術約於 1990 年提出，但隨著隨身電子產品運算能力的提升，預期擴增實境的用途將會越來越廣。目前在 iPhone 手機，Windows Phone 手機以及 Google Android 手機上，已經出現不少的擴增實境的應用。例如：工業部份主要用於大型器械的維修和製造上。通過為維修人員裝備頭戴式顯示器，維修人員可以在維修時輕鬆獲取對他們有用的幫助信息。

### 虛擬實境－VR

虛擬實境 (Virtual Reality)，簡稱虛擬技術，也稱虛擬環境，是利用電腦模擬產生一個三度空間的虛擬世界，提供使用者關於視覺等感官的模擬，讓使用者如同身歷其境一般，可以及時、沒有限制地觀察三度空間內的事物。現在的大部分虛擬實境技術都是視覺體驗，一般是通過電腦螢幕、特殊顯示裝置或立體顯示裝置獲得的，不過一些仿真中還包含了其他的感覺處理，比如從音響和耳機中獲得聲音效果。在一些高階的觸覺系統中還包含了觸覺資訊，也叫作力反饋，在醫學和遊戲領域有這樣的應用。

## 討論與分享 DISCUSSION AND SHARING

一、電子傳播可區分為有線和無線兩大類，想一想，無線電子傳播有哪些？

二、現在的電視機有哪幾種？試比較其優缺點。

三、現代人幾乎是人手一機（手機），而這些手機的功能也愈來愈強，你知道如何將網路上的圖片或鈴聲下載至你的手機嗎？

# 3-4 資訊傳播科技

每年年終美國時代雜誌(Time)都會選出年度風雲人物，而在1982年當選當年年度風雲人物的並不是人類，而是「電腦」(圖3-19)。電腦早已經成為我們日常生活中的重要工具，而網路更是繼報紙、廣播和電視之後的第四種媒體，它所提供的資訊可能超越前三項的總和，最重要的是，具有即時互動的特性。隨著無線科技的進步，無線網路將更具機動性及廣泛性，讓更多人可以隨時隨地的方便上網，因此，可預見無線網路將是未來的趨勢。

圖3-19　美國時代雜誌(1983年1月)封面「年度風雲人物：電腦」

**科技動動腦**

資訊與傳播科技雖然為人類帶來便利的生活，但是，也產生了許多問題，你(妳)知道有哪些嗎？

資訊傳播科技確實帶給我們許多工作及生活上的便利，然而隨著資訊傳播科技不斷提升，各種網路犯罪也跟著成為新興社會問題。網路上無時空限制與高隱密性的無形活動，已經為社會治安帶來極大衝擊。所謂網路犯罪就是利用網際網路特性為犯罪手段或犯罪工具之網路濫用行為，如依照網路在犯罪中所扮演角色，可將網路犯罪分為下面三類，如表3-2所示：

表3-2　網路犯罪分類

| 分類標準 | 常見型態 |
|---|---|
| 以網路空間作為犯罪場所 | 網路色情<br>販賣軍火、禁藥、毒品<br>網路毀謗、賭博 |
| 以網路為犯罪工具 | 網路恐嚇<br>網路詐欺<br>刪除、竄改電腦記錄<br>任意下載軟體、音樂、影片，侵害著作權 |
| 以網路上的電腦圍攻擊目標 | 散播電腦病毒 |

## 壹 網際網路的應用

網際網路(Internet)是二十世紀人類文明的一項偉大成就，透過網際網路，全球的使用者皆可共享資訊、共用資源，人類的文化可以經由網路，以數位化形態即時傳播，只要連上網際網路，任何人都可坐擁資訊寶庫。常見的網際網路服務有：

## 一、全球資訊網（World Wide Web, WWW）

全球資訊網是網際網路上專門提供超媒體（Hypermedia）資訊服務的系統。在 WWW 網頁中能同時顯示文字、影像、聲音及動畫，可謂聲光俱全。目前，WWW 已經成為網際網路上最熱門的資訊傳播媒介（圖 3-20）。

## 二、電子郵件（E-Mail）

電子郵件是網路上重要的訊息傳播工具，可讓遠隔兩地的使用者互相傳遞電子郵件，既經濟又迅速，而且信件的內容除了文字外，也可以附加各種不同格式的檔案。

## 三、線上即時通訊

自從 ICQ（I Seek You 的連音）打響了線上即時通訊的名聲之後，Yahoo 奇摩即時通訊、Line（圖 3-21）以及 Raidcall 等通訊軟體，也都在即時通訊領域穩固的成長，並以親切的中文介面，結合各種社群功能，讓使用者更容易加入這個大家庭。如果再配合網路攝影機和麥克風，更可以讓使用者面對面的聊個過癮，甚至還可以欣賞線上 Live 秀喔！不過，如果過度沉迷於網路交友的情境中，往往會忽略現實生活中人際的交流。此外，也可能因為網路的匿名性，對網友的真實身分認識不清而受騙上當，和網友見面時慘遭狼吻或詐騙的例子更是時有所聞。

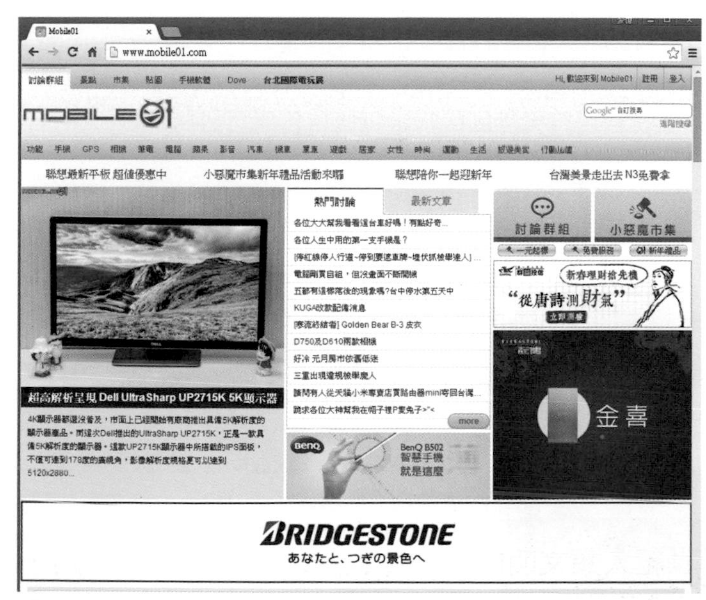


圖 3-20　專門討論各種行動電話、行動裝置、3C 等產品與介紹台灣各景點的網路論壇「Mobile01」

圖 3-21　即時通訊軟體－ Line

## 四、檔案傳輸協定（File Transfer Protocol, FTP）

檔案傳輸協定，顧名思義，就是一種能讓電腦與電腦之間透過網路，互相傳遞檔案的通信規範。在網際網路上有許多大大小小的 FTP 伺服器，存放著許多檔案，使用者可從中獲取一些共享軟體（Shareware）或免費軟體（Freeware）。然而資源的共享利用更需要重視智慧財產權的觀念，強調這種分享是出於自願，而不是犧牲著作人的權益來達到分享的目的。

## 五、隨選視訊（Video On Demand, VOD）

隨選視訊是一種由使用者主導的視訊選擇系統，所謂使用者主導，指的就是使用者可以隨時隨地主動選擇需要的視訊節目，並控制節目的播放方式。此系統打破了傳統視訊節目在使用上的被動性，主要應用於遠距教學、影片觀賞、學校教學，以及圖書館媒體存取等。

## 六、電子佈告欄（Bulletin Board System, BBS）

電子佈告欄是網路上供使用者經驗交流、休閒聊天的開放園地，使用者可以在特定的討論區或佈告版中，發表文章或問題，也可以針對他人的文章或問題加以回應，如 PTT（圖 3-22）。

## 七、網路部落格（Web Log, Blog）

又稱為網路日誌，可讓你在網路上書寫日記的一種記錄類型的網站形式，你可以在上面發表你的心得、文字創作，甚至還可以將自己的照片公布在上面，都可以算是部落格的一種形式。使用者可隨時更新日誌上的內容，且能供人瀏覽、互動。只要上網申請一個帳號，馬上就可以擁有一個免費的 Blog 空間和網路相簿供你使用（圖 3-23）。

> **BLOG　知識小集合**
>
> Blog，是由 Web、Log 兩個單字縮寫而來，在臺灣稱為“部落格”或網誌。是一種能常更新、便於編寫的日記式個人網站。Blog 的內容可以是輕鬆的個人遊記、心得雜記或文章。

圖 3-22　電子佈告欄 PTT　　　圖 3-23　網路 Blog 社群

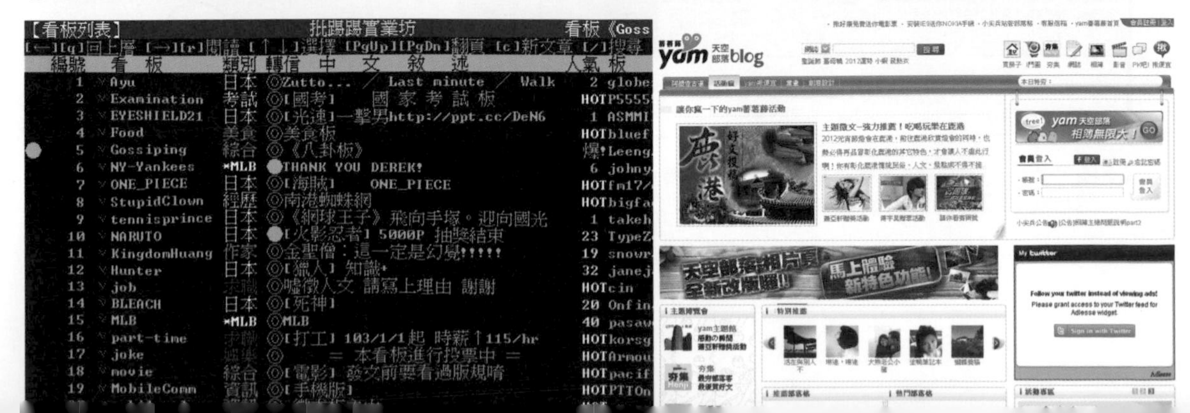

## 八、雲端科技

所謂的「雲端」，其實指的就是「網路」。起初工程師在繪製網路概念圖的時候，常以一朵雲來表示網路，於是「雲端」便延用來表達網路的概念。

隨著網路技術一日千里，「雲端運算」成為網路資料儲存、管理、運算、溝通等網路服務的新趨勢，並可分為「雲端服務」與「雲端科技」二種：

### (一) 雲端服務

主要藉由網路連線從遠端取得服務，例如使用者在智慧型手機上即可接收與傳送過去必須開啟個人電腦才能使用的電子郵件，一般的使用者主要都是使用此項雲端服務。

### (二) 雲端科技

是利用虛擬化以及自動化等技術來創造和普及電腦中的各種運算資源，視為傳統資料中心（Data Center）的延伸，而且不需要經由第三方提供外部資源就可套用在整個工作場合的內部系統上，適合企業使用，能夠有效的降低成本與風險。

## 九、物聯網

物聯網 (The Internet of Things，簡稱 IOT) 的定義是指透過網際網路技術，將所有物品通過射頻識別等訊息感測設備與互聯網連接起來，讓真實世界的各種物體與裝置彼此串聯。具體地說，只要在物件上 ( 例如：電網、鐵路、橋梁、隧道、公路、建築、供水系統、大壩或油氣管道等各種物體 ) 裝設電腦或感應器，並透過 WIFI、藍牙、4G / 5G 網路、GPS 及 RFID 等無線技術，結合感測裝置與後端系統，便能交換資訊，實現智能化管理和識別，更能節省大量人力成本。

## 十、社群網站的發展

社群網站是指提供社交網路服務（Social Net-working Service, SNS）的網站。這類網站主要是基於網際網路，為用戶提供發表文字、圖片、影音等訊息的平台，並讓用戶能透過人際關係，一傳十、十傳百的把社交脈絡展延開來，做即時的聯繫和訊息交流。目前使用人數較多的社群網站有：

(一) 臉書（Facebook）

是一個起源於美國的社群網路服務網站，用戶可以建立個人專頁，添加其他用戶作為朋友並交換信息，包括自動更新及即時通知對方專頁（圖 3-24）。此外，用戶可以加入各種群組，如工作場所、學校、學院或其他活動。Facebook 規定至少 13 歲才可註冊成為用戶。

圖 3-24　臉書（Facebook）

(二) Instagram

其名稱取自「即時」（英語：instant）與「電報」（英語：telegram）兩個單詞的結合。創始人表示靈感來自於即時成像相機，且認為人與人之間的相片分享「就像用電線傳遞電報訊息」，因而將兩個單詞結合成軟體名稱。此 App 顯著特點是用它拍攝的相片為正方形，類似拍立得相機拍攝的效果（圖 3-25）。

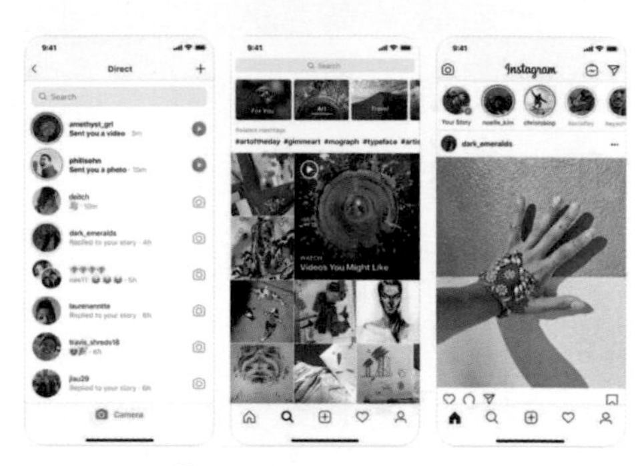

圖 3-25　Instagram

(三) 推特（Twitter）

是一個社交網路及微網誌服務。用戶可以經由 SMS（Short Message Service）、即時通訊、電子信箱、Twitter 網站或 Twitter 第三方應用（tweets）發布更新，輸入最多 140 字的更新文字（圖 3-26）。

圖 3-26　推特（Twitter）

(四) 噗浪（Plurk）

是一個微網誌社群網站，雖然類似 Twitter，但其最大的特色就是可以在一條時間軸上顯示自己與好友的所有消息（圖 3-27）。同時，和 Twitter 的回覆不同的是，在 Plurk 中，對某一條消息的回覆都是屬於該條消息，而不是獨立的。

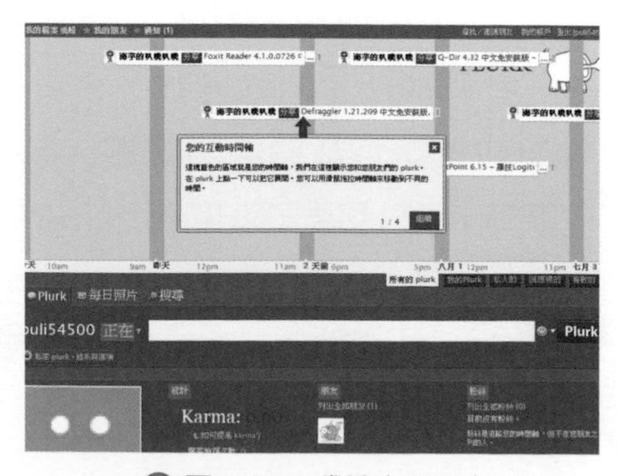

圖 3-27　噗浪（Plurk）

### (五) YouTube

源自美國的影片分享網站，是目前全球最大的影片搜尋和分享平臺，使用者可以上傳、觀看、分享及評論影片。YouTube 簡易的操作介面讓非專業人士也能上傳、分享自己的影片（圖 3-28）。

圖 3-28 YouTube

## 十一、App

App 指的是應用程式，來自於應用程式的英文單字「Application」前三個字母，且恰好與 Apple 公司前三個字母相同，於是 Apple 公司首創此簡稱，並將推出的 iPhone 應用程式下載平台命名為「App store」，而其中下載的應用程式則稱為 App。

後來，App 的概念也被其他業者應用，逐漸成為廣泛的微型應用程式的簡稱（圖 3-29）。而且 App 的概念不再侷限於手機，舉凡一般電腦、平板電腦、筆記型電腦、瀏覽器，甚至印表機等 3 C 產品，都已經成為 App 使用的平台。

圖 3-29 App 已經是現今廣泛使用的微型應用程式

## 貳 電腦在各個領域的應用

除了上述網際網路上的應用較為個人所熟悉，其實電腦在日常生活中，各行各業的應用更是隨處可見，茲說明如下：

### 一、家庭的應用

在每個家庭裡，都有不少由小型電腦晶片所操控的家電，例如：微電腦洗衣機可以根據衣服的多寡和材質的不同，來選擇不同的洗滌方式，從進水、洗衣、排水及脫水整個過程完全不需要人工操作；微電腦控制的冷氣機，則可以自動控溫、定時，達到省電及最舒適的狀況。電腦在家庭上的應用，最終目標就是朝向家庭自動化發展（Home Automation, HA），所謂家庭自動化就是指利用微電腦處理技術，整合控制家中的電子電器產品或系統，例如：照明燈、電腦設備、防災防盜的保全系統、暖氣及冷氣系統、視訊及音響系統等。

### 二、學校的應用

電腦可以輔助老師教學，也就是所謂的電腦輔助教學（Computer Aided Instruction, CAI）。電腦輔助教學利用多媒體教材，經由逼真的影音效果，有趣而即時的動畫處理回饋，改變以往老師單方面講課，學生只能被動接收內容的傳統教學模式。這種雙向、互動的學習環境，可以讓學生自行選擇上課的內容、進度和上課的時間，因此可以滿足學生的不同需求。然而，CAI 仍有其限制，如團隊合作、人際關係即較難透過 CAI 來達成。因此電腦輔助教學目前一般都是搭配傳統的教學方式來進行。

教育部將目前既有之應用系統雲端化，建置教育雲 (https://cloud.edu.tw/)，包含因材網、學習拍、教育大市集、教育百科、教育媒體影音及教師 e 學院（圖 3-30），使原先的應用系統能服務包含行動裝置在內的更多使用者；建立教學元件管理系統，選擇合適之教學元件與現有資源進行整合，並開發新教學資源與強化元件不足之處。

圖 3-30　教育部教育雲

電腦也常用於教育訓練上，例如：飛行員、醫生的訓練等，利用電腦虛擬實境（Virtual Reality）來模擬實際飛行（圖 3-31），和開刀時所遭遇到的情況，讓他們熟悉各種突發性的危險狀況，不僅安全而且省錢。此外，結合電腦資訊網路與通信技術，「遠距教學」（Distance Learning）（圖 3-32）已不再是夢想。

圖 3-31 利用電腦系統及模擬機進行飛行員的模擬飛行訓練

圖 3-32 利用遠距教學與日本的老師及學生面對面交流

**遠距教學** **知識小集合**

遠距教學是一種利用媒體，突破空間限制，將系統化設計的教材，傳遞給學習者的教學過程。一般又可分為同步教學與非同步教學。

## 三、辦公室的應用

由於電腦廣泛的應用於商業上，現在辦公室自動化（Office Automation, OA）也愈來愈普遍。例如：辦公室採用電子媒體的無紙化系統，工作人員使用文書編輯軟體製作公文或報告，再利用電腦網路傳送（圖 3-33），或是利用電腦磁卡或電腦密碼鎖管制人員進出。另外，在網路上打廣告、促銷商品，不但方便而且可以節省許多時間和成本，但廣告資訊過多同時也造成許多垃圾信件，使用者每天必須刪除大量垃圾信件，不僅影響工作效率，造成時間、金錢成本的損失。也很容易因此而造成電腦病毒的感染。

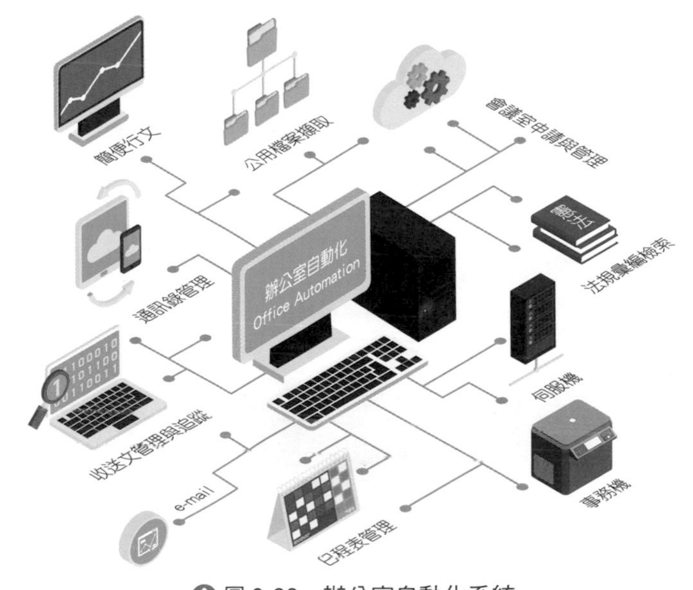


圖 3-33 辦公室自動化系統

## 四、工業上的應用

電腦使得許多工業產品和設備（如汽車或用具）的設計和製造，產生了革命性的影響。藉著電腦輔助設計（Computer Aided Design, CAD）軟體協助，設計人員可以在電腦上迅速呈現他的構想，還可以進一步透過電腦分析此構想的可行性，讓設計者有機會一再修改，直到達到要求的標準為止（圖 3-34）。而藉由電腦輔助製造（Computer Aided Manufacturing, CAM）軟體的協助，電腦可以在製造產品的過程中控制生產機器，並協助生產作業的管理。

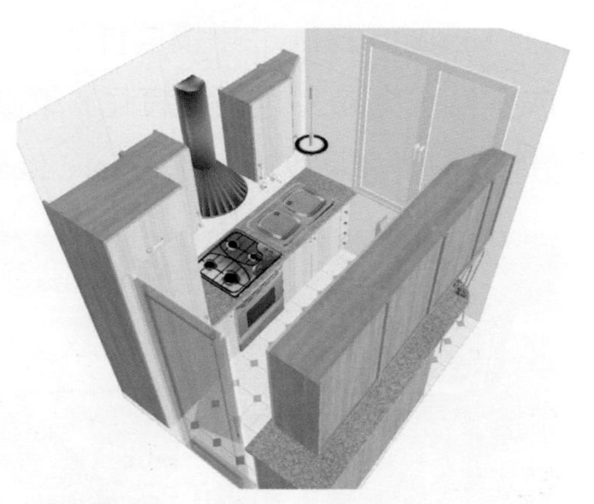

圖 3-34　電腦輔助建築設計的透視圖

## 五、電子商務（Electronic Commerce）

指利用電腦設備及網際網路所從事的商務活動，其中包含了買、賣產品（物流）、服務（服務流）、貨幣（金流）與資訊（資訊流）的所有程序與行為。而依照交易對象的不同，大致可區分為下列五種型態：

1. 企業與企業之間（Business-to-Business, B2B）。
2. 企業與政府之間（Business-to-Government, B2G）。
3. 企業與消費者之間（Business-to-Customer, B2C）（圖 3-35）。
4. 個人與個人之間（Customer-to-Customer, C2C）。
5. 人民對政府（People-to-Government, P2G）（圖 3-36）。

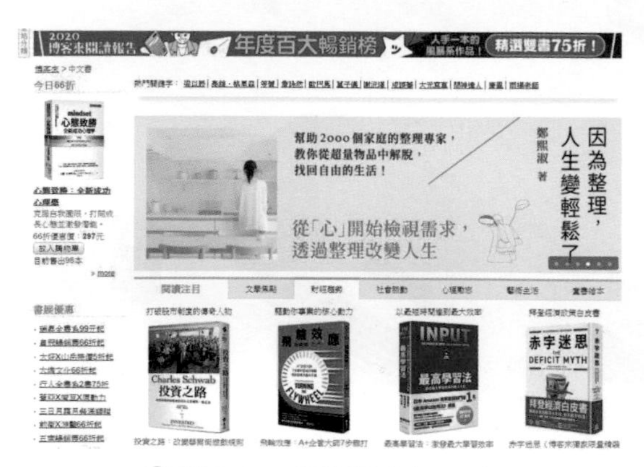


圖 3-35　網路書店（B2C）

圖 3-36　網路報稅系統（P2G）

電子商務交易的實體架構會依不同的型態而有所差異，圖 3-37 為一般民眾最常接觸的 B2C 實體架構圖。與傳統的商務活動方式相比，具有交易虛擬化、交易成本低、交易效率高等特性。因此，現在有越來越多的人開始喜歡透過電子商務來提供或獲取產品及服務資訊，但是在網際網路進行線上交易仍需小心，因為目前資訊在網際網路上傳送，尚有被第三者竊取或變造的可能，特別是敏感的個人及財務重要資訊(如：帳號及密碼、信用卡卡號)；資料庫或網路資源仍有被駭客侵入，而導致資料被破壞、塗改、洩漏或濫用的可能性。因此，交易安全是電子商務發展中，急待克服且深受矚目的問題。目前常見的安全措施如資料加密、數位簽章、數位憑證等。

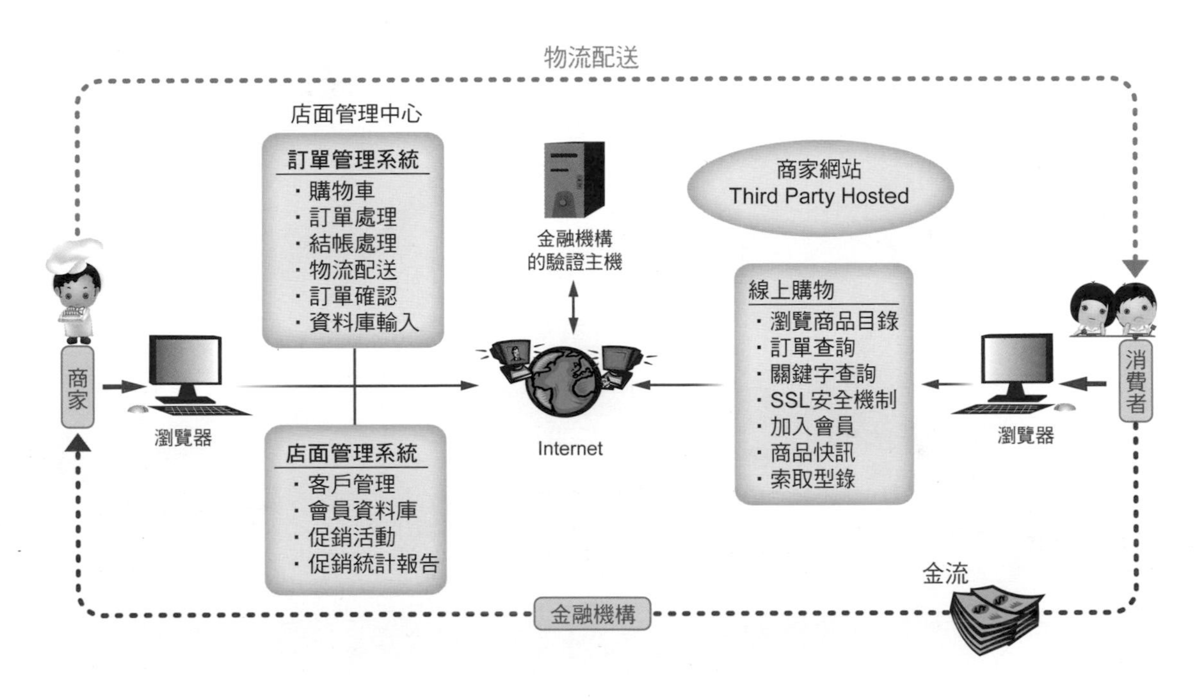


圖 3-37　電子商務 B2C 交易的實體架構圖

## 討論與分享 DISCUSSION AND SHARING

一、想一想，電子書包如果真的在學校實施後，將會有哪些優點和缺點？

二、電腦在傳播科技中扮演著重要的角色，想一想，有哪些功能或應用，是課文內所未提及的，請舉例說明。

**學前練功房**

根據你（妳）所蒐集的資料，如果要你（妳）選出 20 世紀迄今全世界最偉大的七項營建工程，你（妳）會選擇哪些？原因是什麼？同樣的，如果要選出 20 世紀迄今全臺灣最偉大的七項營建工程，你（妳）的選擇是什麼？為什麼？

chapter

# 營建科技

## Construction and planning Technology

大多數人只要一談到營建科技，就會想到各種建築物；不過，營建科技的範圍相當廣闊，包括建築工程、運輸工程、環境工程、水利工程、管路工程、通訊設施工程、特殊工程等，都是營建科技的一環。本章將介紹營建科技的分類、結構、施工程序以及未來的趨勢，帶領大家探索生活中無所不在的營建科技。

# 4-1 認識營建科技

經過學前練功房的資料蒐集和討論之後，同學們一定可以了解，營建科技所指的並不只一般是建築物而已，包括橋梁、公路、隧道、水壩、電塔或河堤等建築物，都屬於營建科技的範圍。

## 壹 營建科技系統模式

究竟什麼是營建科技？以科技系統的觀點來說，營建科技的輸入包括人力、資金、材料、土地、時間、機器設備和相關知識；處理是將輸入轉換成為產品的過程，主要是指營建的各種技術與方法；輸出包括各種形態的營建產物；回饋則是指將所得到的知識、技術、方法等回過頭來去影響輸入、處理以及輸出，以便使營建科技系統更臻完善；綜合如圖 4-1。

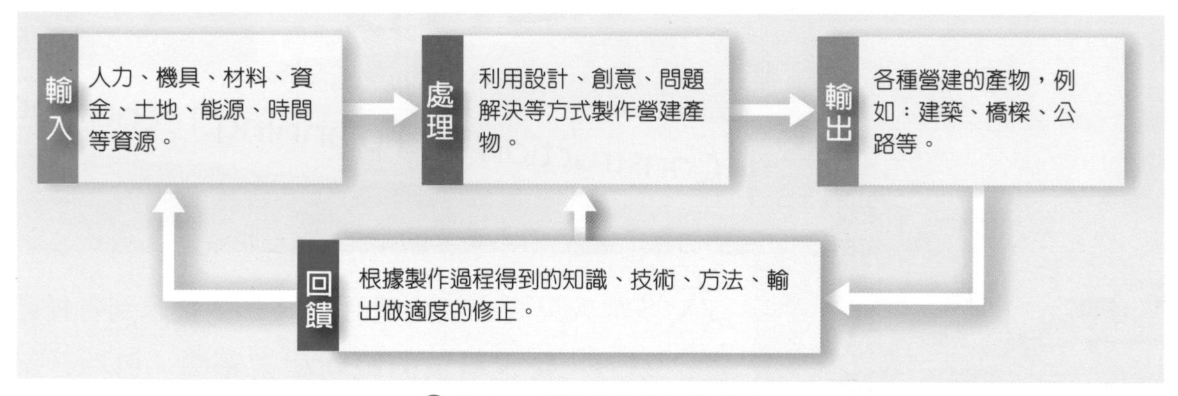


圖 4-1 營建科技系統模式圖

## 貳 營建科技產物的分類

一般營建科技的產物，可以分為以下幾種：

### 建築工程

包括一般住家、商業及工業用建築物，提供人們居住、工作、聚會、休閒娛樂，以及具有紀念性的營建產物。例如：住宅、公司、工廠、醫院、公園、各種展覽場館及紀念碑等。

## 運輸工程

為運輸科技提供運輸通道的工程。例如：隧道、橋梁、公路、鐵路、捷運系統、機場及港灣等。

## 環境工程

為處理人類生活所產生的廢棄物所興建的工程。例如：下水道、焚化爐及資源回收處理廠等。

## 水利工程

整治河川、興建水庫，以防洪、灌溉、發電或蓄水為目的。例如：水壩、灌溉渠道、河堤及攔砂壩等。

## 管路工程

用來運送石油、天然氣、水或電。例如：輸油供油管線、天然氣管線、電塔及地下水道等。

## 通訊設施工程

提供電話、電報、無線電、電視或網路等各種訊號傳輸的基本設施。包括通訊站、基地臺及電塔等。

## 特殊工程

不屬於傳統或是有特殊功能的營建產物。例如：太空站、核能電廠等。

# 參 營建科技之最

## 一、摩天大樓之最

許多國家為了展現其國力，都會在其國內的精華地區建造摩天大樓，例如：美國紐約的曼哈頓區，就是世界著名的摩天大樓聚集區；以及香港、日本東京、韓國首爾、中國上海，甚至臺灣、阿拉伯聯合大公國，也都加入了摩天大樓的競逐行列，向世界第一挑戰。

目前全球每幢摩天大樓的高度是由「高層建築與城市住宅協會」來裁定，這個協會對大樓的定義是「為住宅、商業或是製造目的所設計的建築物」。測量大廈高度的方式，是從大門的人行道量到大廈結構的頂端。尖塔也包含在內，但不包括電視、廣播天線或旗杆。截至目前為止，世界最高的建築物是位於阿拉伯聯合大公國的「哈里發塔」，最高點為 828 公尺（圖 4-2）。超高建築物除了要預防地震所帶來的損害之外，也要能抵抗高空的強風，並且具有自我消防滅火的功能，因為根本沒有雲梯車或是水箱車能進行救援及滅火，所以高樓消防問題，可說是營建科技的一大挑戰。

圖 4-2　世界著名的高層建築物比較圖，從大門前的人行道到頂端附加結構的高度，但不包含天線（數據來源：wiki －摩天大樓列表）

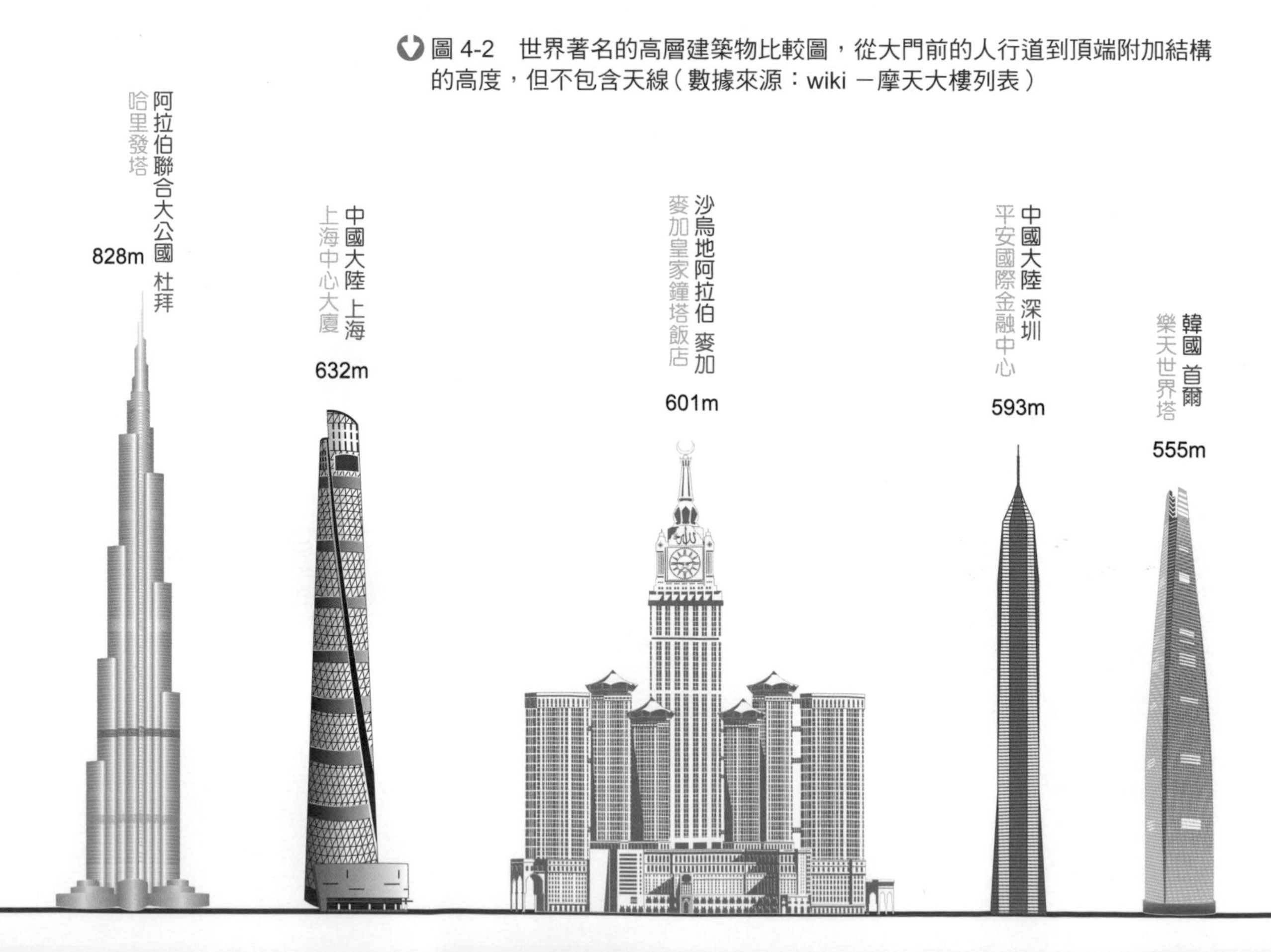

## 二、橋梁之最

橋梁有許多種形式，包括**吊橋**、**斜張橋**、**梁式橋**以及**拱橋**等（圖 4-3）。就結構來說，吊橋所能達到的跨距最長，斜張橋次之，再次為拱橋和梁式橋。目前世界跨距最長的橋梁，是連接日本本州和淡路島的明石海峽大橋，形式為吊橋，全長近 4 公里，跨距則將近二公里，它的主塔高度（300 公尺）和跨距長度（1,990 公尺）都是世界第一。臺灣地區最長的橋梁是民國 59 年完工的澎湖跨海大橋（圖 4-4），橋身全長 5,535 公尺，分為 3,061 公尺的陸上道路、314 公尺的海堤道路、以及 2,160 公尺的橋梁道路，連接澎湖縣的白沙與西嶼（又稱漁翁島）二島嶼，不僅提供當地居民往來便利的交通，也成為澎湖著名的觀光景點。

圖 4-3　各式橋梁：①日本明石大橋（吊橋）；②大直橋（斜張橋）；③法國亞歷山大三世橋（拱橋）；④西螺大橋（梁式橋）

圖 4-4　澎湖跨海大橋

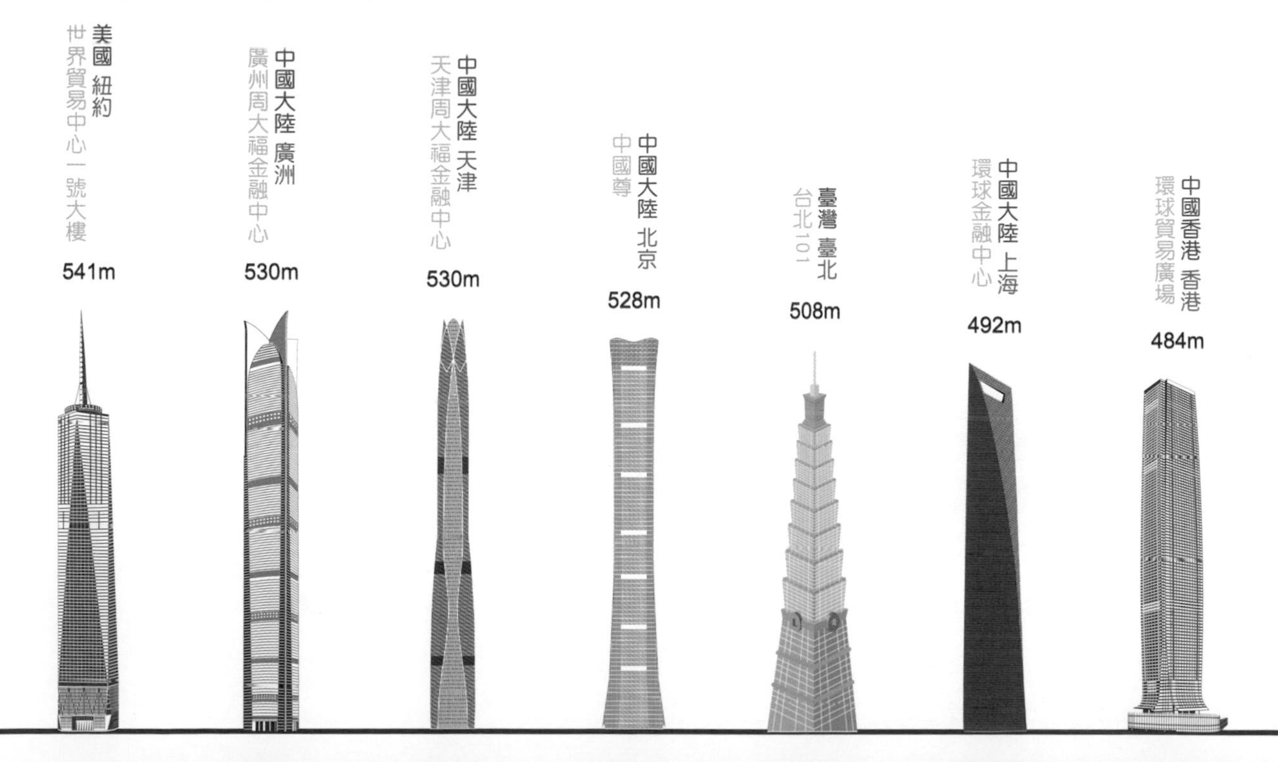

圖 4-5　世界最長的海底隧道日本青函隧道

## 三、隧道之最

隧道可分為水下（海底隧道或河底隧道）、地下（捷運隧道）、山岳隧道等形式。世界最長的海底隧道位於日本的本州與北海道之間的青函隧道（圖 4-5），穿越津輕海峽，長度為 53.9 公里，水下長度為 23.3 公里；世界最長的山岳隧道則是 2000 年啟用，挪威中部的洛達爾公路隧道（Lardal），長度為 24.5 公里（圖 4-6）。以臺灣地區而言，長度最長且唯一的海底隧道為高雄的過港隧道，連接高雄市與旗津地區，長度為 1.55 公里。連接臺北和宜蘭之間的北宜高速公路的雪山隧道，總長度為 12.9 公里，雖然沒有世界第一的長度，但是由於隧道穿越雪山山脈，開挖後湧水情況嚴重，再加上地質複雜堅硬，歷經十四個國家的四十六人次外籍隧道工程師評估，均認為此工程不可行。最後由我國自行承建，歷經九次大出水、二十五次嚴重坍塌，終於在 2004 年 3 月貫穿，2006 年完工通車，其工程難度堪稱世界第一。

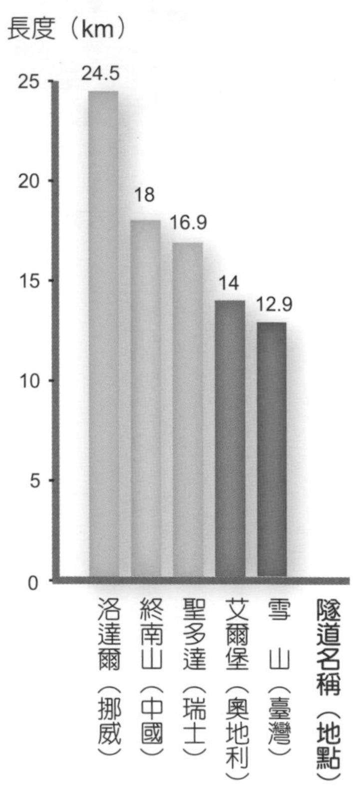

圖 4-6　世界最長的山岳公路隧道比較圖

## 四、水利建設之最

中國的長江三峽水壩工程(圖 4-7)，是世界上最大的水利工程，壩體總長約 2.3 公里，為了行船方便，另設有五段式船閘，採用逐步開關閘門入水的方式讓船隻逐步升高或降低(圖 4-8)。由於長江常有氾濫，所以，興建水壩，以達到防洪、蓄水、發電等功效。但是，也因為水壩的建設，導致原本的景觀改變，許多城鎮與古蹟位於水壩集水區，被淹沒在水下而造成無可彌補的損失。以臺灣地區而言，集水面積最大的水壩是位於南部的曾文水庫。集水面積共有 481 平方公里，總蓄水量約 7.08 億立方公尺，是嘉南平原最重要的水利設施，也是休憩觀光的勝地。

圖 4-7　長江三峽大壩 2003 年試通實景。閘門入水後，使船隻可隨水面升高再逆流而上

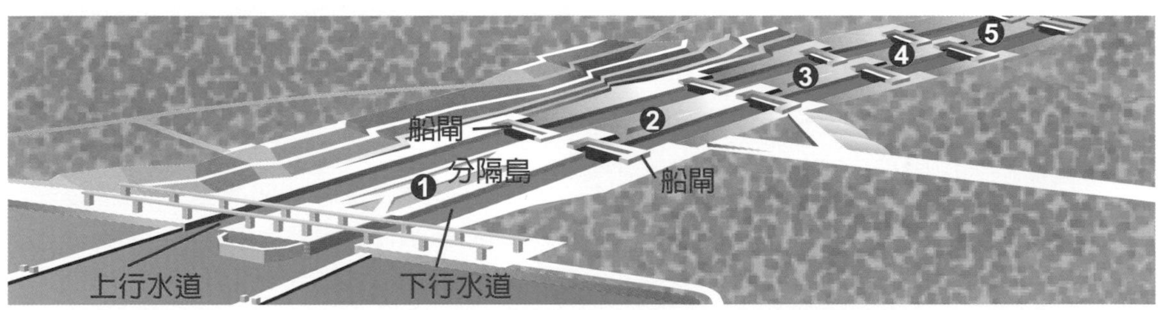


圖 4-8　長江三峽的五段式船閘，中央的分隔島讓上、下行的船隻各有航道可以通行

### 討論與分享 DISCUSSION AND SHARING

一、試利用各種資料來源，蒐集北宜高速公路以及雪山隧道的資料，並針對其工程難度、工程機具、地質環境等，在課堂上進行討論。

二、臺灣地區的第一條高速鐵路，在 2007 年初完工通車，從臺北到高雄的行車時間只要 90 分鐘。試找出臺灣高鐵的施工過程、路線，以及對我們生活的影響，並在課堂上進行討論。

三、請為你(妳)所居住的地方，選擇一項最具有代表性的營建科技，並且說明你(妳)選擇的原因。

科技小故事 *Technology Story*

## 雪山隧道

北宜高速公路連接臺北和宜蘭，全長 31 公里，是政府重大的公共工程，其中的關鍵工程雪山隧道（圖 4-9）長達 12.9 公里，長度為亞洲第二、世界第五的公路隧道。它貫穿了雪山山脈，一共穿越六個地層，其中以四稜砂岩地層最為堅硬，榮民工程公司（原榮民工程處）引進國外最著名的全斷面隧道鑽掘機（Tunnel Boring Machine, 簡稱 TBM）（圖 4-10），取代傳統的鑽炸法，希望能夠在短時間內貫通；不過因為地質太過複雜，四稜砂岩的硬度又太高，常常把鑽掘機前端的刀具都削平了、或是受到崩塌的土石所掩埋；有一次因為意外，將一部 TBM 掩埋在土石之中，最後只得用拆卸的方式將 TBM 運出，機器也因而受損；再加上工程中遭遇大量的湧水，大大增加了工程的危險性。雪山隧道在十幾年的工程期間，曾發生大小不等的坍塌 71 次，因公殉職者有 13 人之多，是臺灣隧道史上最困難的工程。

圖 4-9　雪山隧道行車示意圖

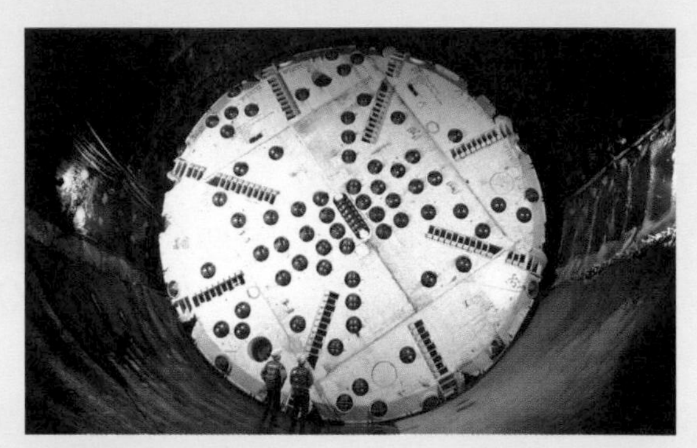

圖 4-10　全斷面隧道鑽掘機，直徑 11.75 公尺

**TBM**　**知識小集合**

全斷面隧道鑽掘機於 1956 年誕生，設計者為 Charles Wilson。但真正的應用直至數十年後的英法海底隧道工程。（1987 年，英法海底隧道開挖；1991 年，臺灣北宜高速公路中的重大工程：雪山隧道開挖。）

雪山隧道是利用導坑來進行施工程序的隧道，導坑會依施工的需求而有不同的設計；雪山隧道的導坑工程，是在兩條主隧道中央之稍下方，布置一條同樣長度的導坑，導坑先行開挖以了解前方之地質，完工通車後，則成為營運維修及緊急事件逃生的輔助坑道。雪山隧道除了三條縱向的長隧道之外，為了行車安全及通風需要，尚有 28 條橫向人行聯絡隧道、8 條車行聯絡隧道、12 座地下通風機房、6 座通風豎井（最高者有 501 公尺）及一條地面水平隧道，一共有 58 座長短不一的坑道，是世界上規模最大的工程。北宜高速公路讓我們從宜蘭到臺北開車只要 40 分鐘，通過雪山隧道的時間也只要十分鐘，但在享受舒適成果的同時，我們也不得不讚嘆偉大的營建工程所帶來的便利，並且向施工人員致上最崇高的敬意。

# 4-2 營建材料的類別

營建的結構大多和材料有關，而且大多是因地制宜、就地取材，以節省成本；以營建結構的材料來說，包括以下幾類：

## 壹 木材

木材質輕、韌性強，在鋼筋混凝土材料被使用之前，大多數的建築都以木材為主；但是木材防火性差，加上自然資源的日漸匱乏，自從鋼筋混凝土發明之後，木材製的房屋也逐漸減少。目前臺灣常見的木造屋子，大多建於遊樂區和休閒觀光地點，其目的是作為旅客休憩的場所(圖4-11、4-12)。

圖 4-11 金門植物園的賞鳥木屋

圖 4-12 九份的日式木造建築——太子賓館

## 貳 石材

石材(圖 4-13)和木材一樣，為較古老的材料，以往常見於鋪石板路、原住民所建的石板屋(圖 4-14)或是石橋，石材成本較高且較重，近代很少使用石材作為整體建築結構，多做為建築物裝潢用材料或做為山間的步道，例如：大理石、花崗石製成的地板或牆面等。

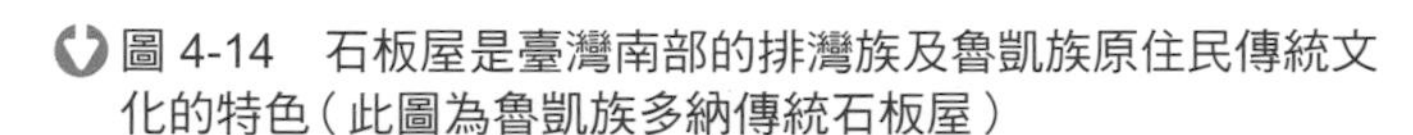

圖 4-14 石板屋是臺灣南部的排灣族及魯凱族原住民傳統文化的特色(此圖為魯凱族多納傳統石板屋)

圖 4-13 石材在營建科技上的使用相當廣泛

## 參 磚材

磚材(圖 4-15)是從古至今使用相當廣泛的營建材料。將黏土經過揉練、成形及燒製之後,製成大小相近的磚塊,再利用黏土或水泥將磚塊堆疊、黏接起來,做成營建物(圖 4-16);磚材較木材耐火,成本也較為低廉,所以,目前的許多建築物仍舊會用到磚塊,像是房子內部的隔間牆,通常就是用寬度為 10 公分的紅磚塊所砌成的。

除了磚塊之外,另有一種空心磚的材料,體積比磚塊大,中間是空心的,常以砂或混凝土為材料製成,和磚塊不同;其隔熱、隔音和禦寒的效果比磚塊好,近年來也有人將空心磚應用在室內設計上,營造不同的居家感覺。

空心磚

紅磚

圖 4-15 各式磚材

圖 4-16 位於臺灣高雄港的打狗英國領事館,因其建築工匠是聘自中國大陸,所以建築用的紅磚是從廈門運來

科技小故事 Technology Story

「磚」業知識

◆ 一皮：每砌一層為一皮，由下往上推算。

◆ 丁式砌法：砌磚完成時，露出面為磚塊平放時之短面 (11cm×6cm)。

◆ 順式砌法：砌磚完成時，露出面為磚塊平放時之長面 (23cm×6cm)。

◆ 英式砌法：於牆轉角處，以半條磚砌築為要件，其上一皮為順磚，一皮為丁磚。

◆ 法式砌法：每皮皆以丁磚及順磚交互排列。

◆ 美式砌法：疊砌時每三～五皮交雜一皮不同方式之疊砌。

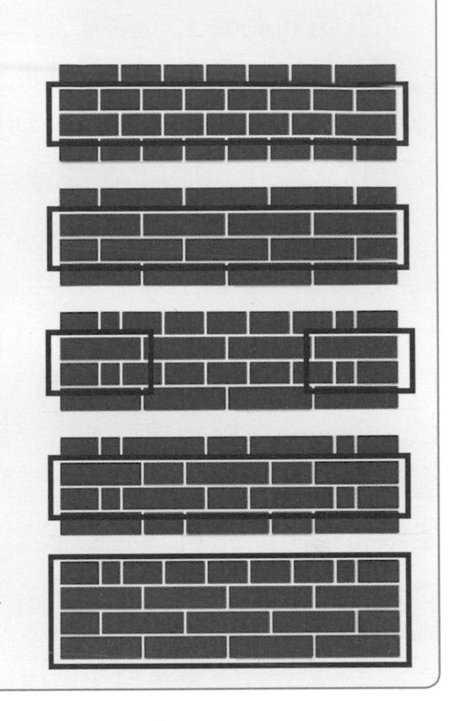

## 肆 鋼筋混凝土

鋼筋混凝土是近代最常見的營建結構，因為鋼筋有一定的張力強度，尤其再加上混凝土成形之後，比磚、石結構更能承受張力，又可模塑出各種所需的形狀，因此廣受營建業的歡迎。施工者會將鋼筋混凝土的結構應用在各個梁、柱、承重牆以及地板結構中，其程序是先綁紮好鋼筋使其固定(圖 4-17)，然後在周圍圍上木製的模板(圖 4-18)，再依據強度需求，進行混凝土的處理。如果直接將混凝土倒入模中，就稱為一般混凝土；如果在倒入混凝土之前，先在鋼筋上面加上一定的張力，等到倒入混凝土待其乾涸之後，再將鋼筋的兩端放鬆，就稱為預力混凝土；如果先行預鑄好鋼筋混凝土塊，再吊放到施工的建築物中，就稱為預鑄混凝土。鋼筋與混凝土的搭配，就如同人體的骨骼與肌肉，大大提高了營建產物的強度與可塑性。

圖 4-17　綁鋼筋柱並固定

圖 4-18　在鋼筋周圍圍上木製模板

## 伍 鋼骨

在鋼筋混凝土的結構之後，人們嘗試去開發更安全、更容易施工、更有力量的營建結構，其中最具有代表性的就是鋼骨結構。鋼骨建築是以各種不同形式的鋼梁（如 I 型鋼、C 型鋼、T 型鋼、H 型鋼等）組合而成，且常是在建築工地中利用螺栓、鉚釘、銲接等方式進行組合。

鋼骨一般常用在較高的營建物上（圖 4-19），它的施工期間較短、防震係數較高，整體的重量也較輕，但比起鋼筋混凝土建築來說，每坪的成本較高。

此外，混合了鋼筋混凝土（Reinforce Concrete Construction, RC）與純鋼骨（Steel Construction, SC）兩者的優點，所形成的鋼骨鋼筋混凝土（Steel Reinforce Concrete Construction, SRC）建築，它利用 RC 的防火性做為鋼骨的防火被覆，並且減低鋼骨的變形量，同時保留鋼骨受外力時抵抗變形的能量。不過 SRC 結構必須同時控管鋼骨技術以及 RC 的施工品質，使得施工變得更為複雜。

## 陸 其它特殊材料

近幾年由於地球暖化等原因，促使人類愈加重視環保。於是在室內室外的建築材料，都已開始使用環保建材。2010 年臺北市舉辦的世界花卉博覽會中，遠東集團所建設展示的「環生方舟」（圖 4-20）就是一個例子，利用回收的寶特瓶再製成可防水防風防火的建材，建造成為一個 21 世紀的新建材示範。

除了以上的各種營建結構材料之外，由於各地的地理環境不同或是需求不同，也有許多較為特殊的營建材料，例如：愛斯基摩人的冰屋、黃土高原的窯洞（圖 4-21）、蒙古草原的蒙古包（圖 4-22）、貨櫃屋、組合屋（圖 4-23）等。

圖 4-19　組合方便，但造價較高的鋼骨建築，常被應用於摩天大樓和高承重橋梁的建造

圖 4-20　利用寶特瓶建造而成的環生方舟

圖 4-21　以土磚砌成的窯洞適合乾燥地區

圖 4-23　活動式組合屋

圖 4-22　蒙古包方便居民隨時遷移

## 科技小故事 Technology Story

### 臺灣的驕傲——台北 101

台北 101 即「臺北國際金融中心」(圖 4-24),是位於臺北市信義區的一幢摩天大樓,高 508 公尺,地上 101 層,地下 5 層,是全世界唯一一棟建在地震活動帶的超高建築,也曾在 2004 年 12 月 31 日至 2010 年 1 月 4 日間是世界最高的大樓。由著名建築師李祖原設計、監造。

台北 101 首創多節式摩天大樓,在外觀設計上結合了傳統中國圖象:竹子象徵堅強與韌性、寶塔造型代表沉穩、花朵盛開的完美形狀以及代表好運與發達的數字「8」,從 27 層～ 90 層共 64 層中,每 8 層樓為一節,共 8 節,使大樓造型宛若勁竹節節高升,加上處處可見的傳統風格裝飾物,使它透露出生生不息的中國傳統建築涵意。每層外牆均外斜 7 度,層層往上遞增,並使用了無反射光害的透明省能隔熱帷幕玻璃,讓它既亮眼又不刺眼。

圖 4-24　台北 101

由於台北101表面積太大，不止強風及颱風吹襲會搖晃，連微風也會對大樓產生重大的影響，又因大樓離休眠地震帶只有200公尺，因此該如何防震及抗風呢？

防震措施方面，在大樓的四個外側分別有2根巨柱，一共有8根，每根截面3公尺、寬2.4公尺，從地下5樓貫通到地上90樓，巨大的支柱內灌入高密度混凝土，再用鋼板包覆；大樓中心以水平的巨型懸臂桁架，連接外側這八根超級堅固的巨柱，使這「巨型結構」像有彈性的脊椎，讓大樓有彈性在必要時會擺動而不會斷裂。

在抗風設計上，台北101有兩個重要的設計：一是從大樓外部著手，利用鋸齒狀的角讓大樓周圍的風力大幅減少30%到40%，二是為了消除能量的累積，設置了「調質阻尼器」（圖4-25），是一顆掛置在88樓到92樓重達660噸的巨大鋼球，藉由球體往風的反方向擺動，來抵消能量的累積，減緩建築物的晃動幅度。

台北101的「巨型結構」、鋸齒狀的角與阻尼器讓大樓宣稱可以承受超大型地震，也可以承受相當於17級風，每秒達60公尺以上的強烈颱風吹襲，成為21世紀建築師及地質學家公認的防震防風新建築。

圖4-25　台北101的調質阻尼器

圖4-26　台北101跨年煙火秀

## 討論與分享 Discussion And Sharing

臺灣地區曾經發生幾次有名的高樓火災，造成嚴重的生命財產損失。究竟摩天大樓要如何防火和滅火？建築物本身有哪些因應之道呢？

# 4-3 營建的施工程序與方法

各種建物的營建都有一定的程序，通常包括規劃、設計、建造及維護四個步驟。

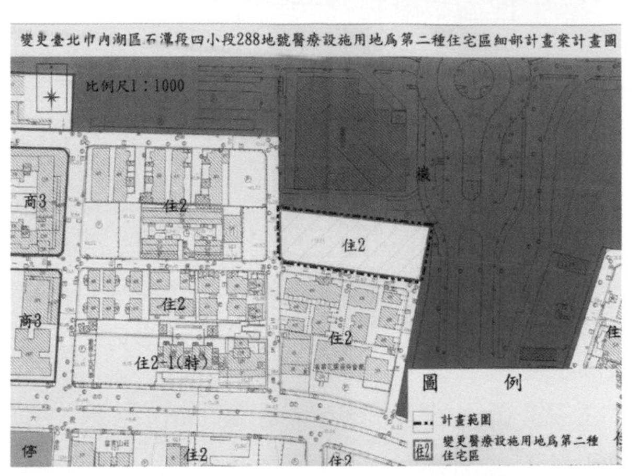


圖 4-27 臺北市內湖區石潭段都市計畫圖（2009 年 03 月 10 日公告）

## 壹 規劃

在營建工程進行之前，必須對工程整體進行規劃，包括工程的地點、目的、景觀的影響、環境的評估、使用的對象及工程的經費等。以我們居住的建築物來說，必須考慮土地座落位置、都市計畫的分區（圖 4-27）、**建蔽率**、**容積率**與工程經費等。有了完整的規劃，除了有利於之後設計工作的進行之外，也能讓建物符合建築法規，並且對完工的未來有更清晰的了解。

> **建蔽率**　知識小集合
>
> 建蔽率是指「建築面積」占「基地面積」的比率，其計算以建築物的主建物投影面積為準，並未計算陽臺、雨遮或騎樓等。以臺灣土地使用分區建蔽率限制而言，農業區、住宅區、工業區、商業區的建蔽率分別為 10%、60%、70% 及 80%。
>
> **容積率**
>
> 容積率則是指「建築物地面以上各層樓地板面積之和」與「基地面積」之比例。建蔽率屬平面管制；容積率則屬立體管制。例如：某住宅區基地面積為 100 坪，建蔽率為 60%，容積率為 300%，則建築物每一樓的樓地板面積最多為 60 坪，總樓地板面積不得超過 300 坪。

## 貳 設計

根據規劃所得的結果，聘請專業的建築師、結構技師、土木技師及室內設計師等提出設計圖（圖 4-28），確認所使用的材料、施工方法、程序以及建築物的外觀。根據設計結果做成詳細的計畫，依法向各地方政府提出建築執照申請。

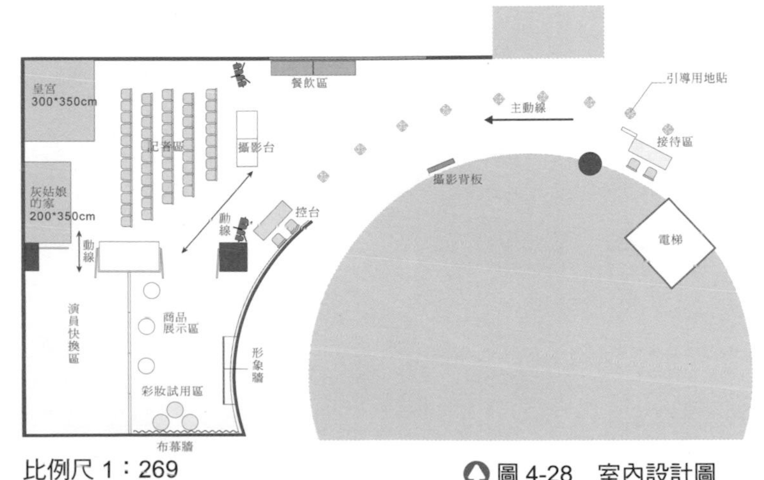


比例尺 1：269

圖 4-28 室內設計圖

## 參 建造

工程施工的程序包括：

1. **假設工程**：指為配合工程進行所需的臨時性設施工程，如工務所、圍籬、施工架、臨時電力設施、臨時道路等。
2. **基礎工程**：包括場地平整、地基、打樁、模板組立、配置鋼筋、在鋼筋中間配置給水、排水、配電、排泄物、空調管路等，並作水試驗，檢驗配管是否漏水、核對鋼筋數量及位置是否正確、灌注混凝土等待水泥硬化後繼續往上層施工等。
3. **結構工程**：即為該建築物的承重力與耐震力，設計出最佳的主體結構。建築結構物除了應計算本身重量、樓板重量及風雪壓力外，並應一併計算建築物可能承受的其他外力，做各種承重力測試，設計出最適合該建築物的承重力結構。為保護該結構物於地震時，只承受較小的地震能量，可以基礎隔震方式或增設其他的消能減震裝置，做各種耐震力的測試實驗，以設計出最適合該建築物的耐震結構。
4. **裝修工程**：主要是對於內外牆及地板進行防水、防潮、隔熱、裝飾等工程，包括內牆、外牆、油漆、磁磚、水電、瓦斯、通訊、衛生、消防等設備安裝。
5. **剩餘工程**：清理現場剩餘材料、拆除鷹架、移除施工機具、平整四周場地，同時將建築物四周環境美化等。

完工之後必須再向各縣、市政府申請使用執照，以便引進水、電，才能開始使用。

## 肆 維護

建築物完工開始使用之後，就進入了維護階段，針對建築物的外表（圖 4-29）、內部裝潢、各種設施等進行維護與管理，以增加安全性，並延長建築物的使用壽命。

圖 4-29　洗窗工人

討論與分享 DISCUSSION AND SHARING

一、找找看建築法規中的建蔽率、容積率，分別指的是什麼？如何計算？都市分區計畫又是如何進行呢？

二、根據法規的規定，什麼是違建？違建的處罰規定有哪些？違建會對生命財產造成什麼樣的損害？

三、你(妳)知道房屋買賣要經過哪些流程嗎？如果是委託仲介商進行買賣，又要經過哪些流程？

四、你(妳)聽過海砂屋、輻射屋嗎？試著找出相關的資料，看看它們造成了什麼樣的影響？

五、買賣土地和房屋的時候，是以「坪」或是「公頃」為單位，但是，土地權狀 和房屋權狀上記載的卻是「平方公尺」或是「平方公里」，這兩者之間如何換算呢？

## 4-4 營建科技的未來

營建科技的發展對人類的生活品質有著決定性的影響。未來的營建科技，將結合新的材料科技與資訊科技，追求更堅固、更舒適、更經濟與更環保。

### 壹 更堅固

建築物如果設計不良，或是偷工減料，大多耐不住強烈地震的考驗，因而造成許多生命財產的損失(圖 4-30)，所以，未來的營建科技勢必朝向更堅固、更安全的角度出發。例如：利用鋼骨建築來增強建築物的強度，或在設計過程中加上各種防震的裝置，並且在建築物中加裝安全感測器，對房屋的安全狀況做隨時的監測及適時的警告；更重要的是，在建造的過程中加強監督與管理，以避免發生偷工減料的情形。

圖 4-30　921 大地震中，「博士的家」因未按圖施工，建築安全係數未達一半標準，而導致 3 棟大樓倒塌。

## 貳 更舒適

不管是居住環境、道路、橋梁等公共建築物，人們都從原來對營建的基本需求，進展到要求更為舒適、更高品質的營建工程。道路變得更為平整、橋梁變得更加美觀、水壩的蓄水量變得更大、機場的興建可以填海造地；建築物除了追求外部的造形美觀之外，更追求內部設計的美觀和生活機能的加強，例如：加上智慧性的功能，透過資訊科技的協助，讓建築物本身具有保全、網路化等功能。

## 參 更經濟

未來在設計和建造建物時，將強調降低成本、縮短工時、增加安全性、提高價值，以達到更經濟的要求；此處所指的「價值」，並非僅指經濟上的價值，還包括精神上的價值（如某些建築物，會有特定的象徵意義和歷史傳承）；希望能用最少成本，於最短時間內，建造出高安全性、高價值的營建產物。

## 肆 更環保

由於地球資源的匱乏，加上環境生態屢遭破壞，科技便成了頗受爭議的主角之一，因為科技既能帶給人們舒適的環境，卻又有破壞環境之虞，因此，在營建科技系統中，除了求進步之外，更要求環保概念的實現（圖 4-31），希望未來的建

圖 4-31　在劇院等級會場所使用共鳴結構設計，減少音響設備及電力的使用

築物，一方面能夠透過各種智慧型設施，達到節約能源的目的，另一方面能夠儘量採用各種可再生、永續利用的材料，不僅達到或超越原有的功能，更能直接或間接減少汙染的產生。例如：「**綠建築**」是指在建築生命週期中（建材生產到建築物規劃、設計、施工、使用、管理及拆除之一系列過程）消耗最少地球資源、使用最少能源，以及製造最少廢棄物的建築。內政部 建築研究所為鼓勵興建能符合「生態、節能、減廢、健康」四大指標的綠建築，建立了綠建築九大指標評估系統，作為頒發「綠建材標章」的依據（如圖 4-32）。綠建築九項指標評估內容如下：

圖 4-32 綠建材標章

| | | |
|---|---|---|
| 1 | 生物多樣化指標 | 包括表土保存技術、生態水池、生態水域、生態邊坡、生態圍籬設計和多孔隙環境等。 |
| 2 | 綠化指標 | 包括生態綠化、牆面綠化、牆面綠化澆灌、人工地盤綠化技術、綠化防排水技術和綠化防風技術等。 |
| 3 | 基地保水指標 | 包括透水鋪面、景觀貯留滲透水池、貯留滲透空地、滲透井與滲透管、人工地盤貯留等。 |
| 4 | 日常節能指標 | 1. 相關技術：建築配置節能、適當的開口率、外遮陽、開口部玻璃、開口部隔熱與氣密性、外殼構造及材料、屋頂構造與材料、帷幕牆等。<br>2. 風向與氣流之運用：包括善用地形風、季風通風配置、善用中庭風、善用植栽控制氣流、開窗通風性能、大樓風的防治等。<br>3. 能源與光源之管理運用：包括建築能源管理系統、照明光源、照明方式、照明開關控制、開窗面導光、屋頂導光與善用戶外式簾幕等。<br>4. 太陽能之運用：包括太陽能熱水系統與太陽能電池等。 |
| 5 | 二氧化碳減量指標 | 包括簡樸的建築造型與室內裝修、結構輕量化與木構造等。 |
| 6 | 廢棄物減量指標 | 再生建材利用、營建空氣汙染防制等。 |
| 7 | 水資源指標 | 包括省水器材、雨水再利用與植栽澆灌節水等。 |
| 8 | 汙水與垃圾改善指標 | 包括雨汙水分流、垃圾集中場改善、生態溼地汙水處理與廚餘堆肥等。 |
| 9 | 室內健康與環境指標 | 包括室內汙染控制、室內空氣淨化設備、生態塗料與生態接著劑、生態建材、地面與地下室防潮、調溼材料、噪音防制與振動音防制等。 |

科技小故事 *Technology Story*

## 臺灣建築大師－漢寶德

漢寶德（1934.08.19 ～ 2014.11.20），臺灣現代建築思想的啟蒙者。1934 年生於中國山東，1949 年來臺，畢業於成功大學建築系，獲美國 哈佛大學建築碩士、普林斯頓大學藝術碩士。曾任國立自然科學博物館籌備主任及館長、國立臺南藝術學院籌備主任及校長、中華民國博物館學會理事長、世界宗教博物館館長、文建會委員、臺北市 文化局顧問等。

在回國初期，漢寶德參與設計了洛韶山莊、天祥青年活動中心等作品，呈現強烈的現代建築立體派風格，之後漢寶德轉念為大眾而設計，產生融合當地地貌情境的溪頭青年活動中心，此後包括墾丁青年活動中心（圖 4-33）、南園等案例，更結合他長年從事古蹟修復工作經驗，以現代技術來詮釋民族與鄉土形式建築。

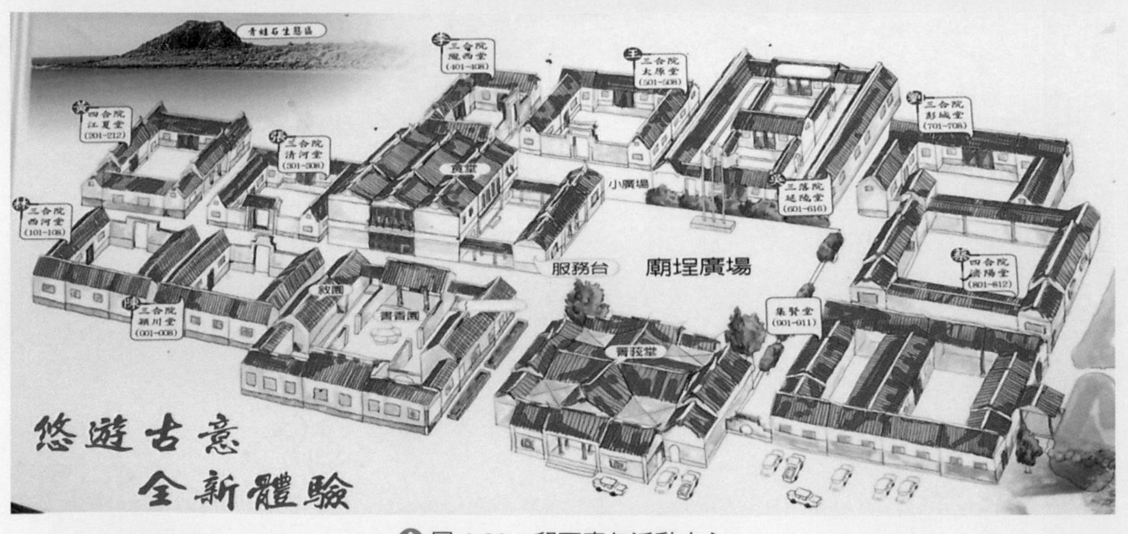


圖 4-33　墾丁青年活動中心

科技小故事 Technology Story

## 智慧型建築

由於建築的科技化與環保化，因此臺灣出現了智慧型建築、環保綠建築（圖 4-34）的評估標準與標章（圖 4-35、4-36）。近年來，資訊與通訊科技的發達，使得傳播科技與其他科技系統的結合成為必然的趨勢，我們在各處都可以見到「電腦」的痕跡（當然，這裡指的電腦，未必是桌上型電腦或筆記型電腦，也許只是一個有特定功能的晶片，都可以稱為電腦）。以營建科技來說，在和資訊科技結合之後，就產生了所謂的智慧型建築。

圖 4-34　綠建築的代表—臺大綠房子

圖 4-35　智慧建築標章

圖 4-36　綠建築標章

智慧型建築的應用有許多項目，例如：在建築物中裝設各種感知器（Sensor），偵測環境變化（如溫度、溼度、壓力、流量、電力或瓦斯等），進一步調整相關設備，以達到舒適、安全及環保的要求；利用各種個人辨識系統（指紋、虹膜、聲紋等），以及數位化的監看攝影機，提高進出建築物的人身安全，也避免宵小闖入，達到保全的功效；利用無遠弗屆的網路功能，加上第三代行動通訊的威力，我們即使出門在外，也能夠透過手機、電腦等，看到家中和社區附近的影像，達到保全或是居家老人與小孩照護的功能，或是控制家中的電器，在回到家之前，先行為我們煮飯、開冷氣或解凍肉品等；居家社區的管理服務也更為進步，除了一般的門禁管制及保全事項之外，在我們外出但又有朋友來訪時，可以將朋友的影像和聲音直接傳輸到我們的手機中，或寄發附有影音的電子文件檔案給我們；此外，社區的有線、無線寬頻網路，更是必備的設施。

討論與分享 DISCUSSION AND SHARING

現代的都市建築大多強調兩個趨向，一是科技化，一是環保化，因此出現智慧型建築與環保綠建築兩大類的建築物，有人說，經濟和環保是對立的，你的意見如何呢？請蒐集相關的資料，針對智慧型建築和環保綠建築兩者，以及科技和環保在營建科技上的分與合，進行分享與討論。

**學前練功房**

一、想一想，在生活中使用的杯子、眼鏡、衣服及球拍等，有多少種不同的材料呢？根據你（妳）蒐集到的資料，分析看看它們是如何製造加工出來的？

二、請說出你（妳）所知道的機車行、腳踏車店、汽車修理廠、鋁門窗工廠內的維修保養以及加工等作業情形。

chapter 5

# 製造科技

## Manufacture Technology

你(妳)知道手錶、眼鏡、原子筆、衣物及課桌椅，是經過哪些製造生產過程、行銷及配送，才到達我們消費者手中的嗎？它們又是使用哪些材料來製造呢？讓我們一起來了解製造科技，並探索相關材料的特性、加工方式、產品和我們日常生活之間的關係吧！

# 5-1 製造科技概述

製造科技開啟了人類文明的扉頁，更造就了今日物質文明的繁榮與進步，它包含各種材料、機具設備、產品及所衍生出來的相關活動。以下將針對製造科技系統模式、製造業的管理與自動化加以介紹：

## 壹 製造科技系統模式

製造科技系統模式包括輸入、處理（程序）、輸出及回饋。輸入包括了人力、資訊、材料、工具及機器等；處理包括生產加工方法（切削、成形、鑄造與模塑、調質、接合組裝、表面塗裝）及製造管理程序（企業五管）；而輸出則有產品、廢料、垃圾及汙染等；回饋則是用來改善整個製造系統模式，以滿足消費者的需要（圖 5-1）。

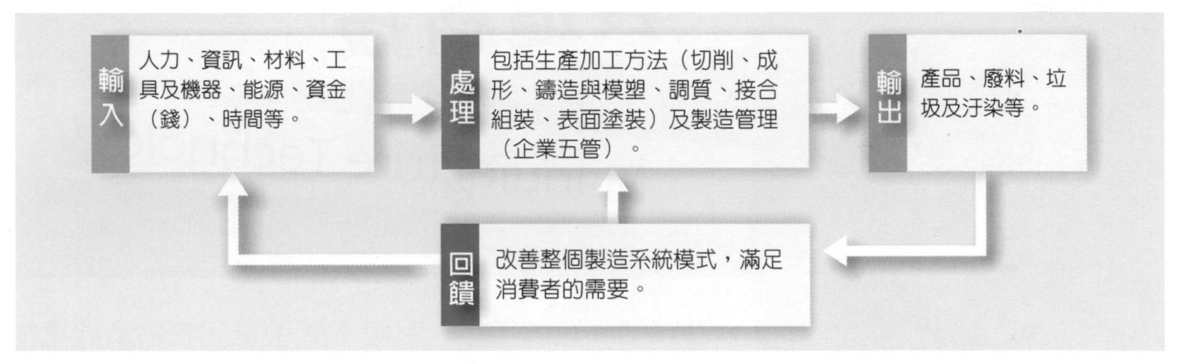


圖 5-1　製造系統模式

## 貳 製造業的管理與自動化

製造業泛指把原料加工製成產品的行業，涵蓋範圍極為廣泛。製造業採用各類有機或無機物質為加工原料，以人力、獸力或機械為動力，並運用機器設備以物理或化學轉變的方式來加工製作產品。近年來，除了少量藝品仍以傳統方式手工製作外，多數工廠都已引進自動化加工機具及有效率的管理模式，以降低製作成本，增加產品的競爭力。

**知識小集合**

企業五管

此五管指的是：生產管理、行銷管理、研究發展管理、財務管理，以及人力資源管理。

製造管理包括產品的市場調查、研發設計、生產規劃、製程管理、工廠布置與規劃、品質管理、物料管理、資金管理、市場管理及產品行銷服務等，唯有進行有效的管理，才能提高產品品質、降低生產成本及風險、增加產能及利潤，以滿足消費者的需求。

運用電腦輔助設計與製造（CAD / CAM）軟硬體，製造業能以快速及彈性的加工方式，設計製作較傳統加工更精密、更高品質的產品。此外，在整合運用電腦數值控制機械、機械手臂（圖 5-2）、輸送帶、自動導引搬運車（Automatic Guided Vehicle, AGV）等元件的製造系統中，加工機械可擔負起多數危險或繁複的工作，大幅降低製造業對基礎人力的倚賴程度。目前，製造業在成本分析、作業流程、工作分派與客戶服務上，亦多已開始進行數位化統整，這些都受到生產設備自動化（Equipment Automation, EA）趨勢的影響，也成為產業競爭力的比較重點了。

**福特汽車的量產模式** **知識小集合**

1913 年 10 月，福特汽車設置了全世界第一條流動式的生產線，他們安排大量員工和零件，大幅縮減汽車製造時程及成本。這種提高效率且降低成本的生產方式，對當時美國製造業來說，是極大的改革與創新。

圖 5-2 機械手臂

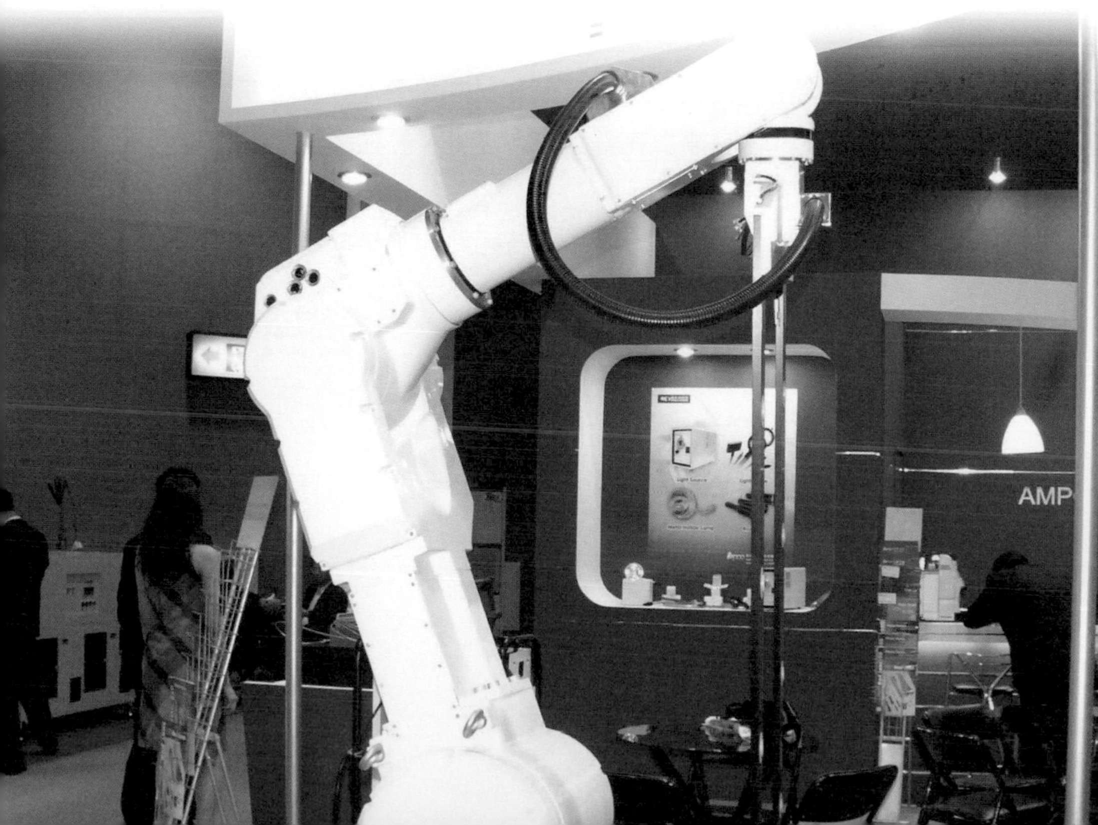

科技小故事 Technology Story

## 臺灣半導體教父——張忠謀

被喻為「臺灣半導體教父」的張忠謀(圖 5-3),他所領導的「臺灣積體電路製造股份有限公司」員工人數高達一萬四千餘人,企業廠房遍及臺灣 新竹科學園區、臺南科學園區、美國 華盛頓州以及新加坡等地,並且在美國 加州 聖荷西、荷蘭 阿姆斯特丹以及日本橫濱等處,都設有行銷及工程支援辦公室。

圖 5-3　臺積電董事長張忠謀

從張忠謀年輕時遠赴哈佛大學與麻省理工學院求學、德州儀器公司工作、史丹佛大學進修,一直到擔任工研院院長,均可見其努力不懈的精神,尤其他以「知識管理」的理念經營臺積電,成為臺積電的核心優勢,打破了管理者壟斷資源的偏狹心態,使企業不會因人員流動而造成經驗流失,並造就了特有的企業文化。

討論與分享 Discussion And Sharing

一、請閱讀國內外知名企業管理領袖(如美國比爾蓋茲、日本經營之神松下幸之助、臺灣 臺塑 王永慶、宏碁 施振榮、中信 辜振甫等人)的傳記,並在課堂上分享他們成長奮鬥以及企業經營理念的感想。

二、就你(妳)所了解製造業的生產自動化應用的領域有哪些呢?可否舉例說明,並與同學分享?

# 5-2 材料特性及加工應用

自古以來，人類的生活與文化都和材料的利用息息相關，本節將介紹不同材料的特性及加工，讓我們了解材料世界的奧祕。

## 壹 材料的特性

材料是製造科技的主角，一般依照其性質將之分為金屬材料（包括鐵金屬及非鐵金屬材料）（圖 5-4）、非金屬材料（天然材料〔圖 5-5〕及非天然材料）、複合材料（圖 5-6）以及電子材料四大類（表 5-1）。以下我們將針對這四類材料加以說明：

表 5-1 材料分類表

| | | |
|---|---|---|
| 材料 | 金屬材料 | 鐵金屬材料 |
| | | 非鐵金屬材料，例如：金、銀、銅等 |
| | 非金屬材料 | 天然材料，例如：木材、皮革等 |
| | | 非天然材料，例如：塑膠、陶瓷、玻璃等 |
| | 複合材料 | 例如：玻璃纖維、強化樹脂等 |
| | 電子材料 | 半導體材料等 |

圖 5-4 使用鈦金屬可以大幅減輕相機重量，低調的霧銀色也能同時帶給消費者奢華感受，增加商品的價值

圖 5-5 使用竹子纖維層層交疊所製成的安全帽外殼

圖 5-6 使用強化碳纖維與強化樹脂的複合材料所製造的車體結構，使汽車愈來愈輕量化，更節能且不占空間

圖 5-7　輪船及貨櫃大多使用金屬材料

## 一、金屬材料

金屬材料(圖 5-7)多具有光澤、熔點及沸點高、密度及硬度大、延展性高、傳導性佳且為電熱良導體，以及經過高溫加熱後可塑性會增加等特性。但是因為抗酸、鹼及抗腐蝕性略差，所以常利用表面塗裝、電鍍或者加入其他元素製成合金，來改善這些弱點。例如：在鐵中加入鉻、鎢及釩所鑄成的合金鋼，就具有高硬度且耐磨耗的特性，常用來製造切削刀具。

圖 5-8　太空船須使用抗高溫、輕盈又堅固的材料製造

銅是人類極早就開始使用的金屬之一，具有抗蝕性、可塑性及延展性，用途較廣。鋁因質地輕、延展性佳，多用於電纜、鋁箔以及飛行材料上(圖 5-8)。鉛則因比重大，常用於防彈、防護及防放射材料的製作。其他如高溫超導體材料等，則是現今金屬材料應用的新領域。

## 二、非金屬材料

非金屬材料包括木材、竹材等天然材料，以及塑膠、陶瓷、玻璃等非天然材料。由於非金屬材料種類繁多，也各具有其不同材料特性，應用範圍極為廣大。

### (一) 木竹材料

木竹材料因質地輕盈、取得容易且方便加工，一直是人類在建築土木工程、家具製造及藝術品創作上最常運用的材料之一。竹材廣泛生長於臺灣山區，質地硬脆，加工容易但強度較弱，常用於小型家用品或藝術品的創造。木材紋路優美且容易加工或組裝，廣受設計人員青睞，常見於日常用品及家具的製造。

圖 5-9　各種人造木材加工品的剖面圖

夾板(合板)

木心板

塑合板

纖維板

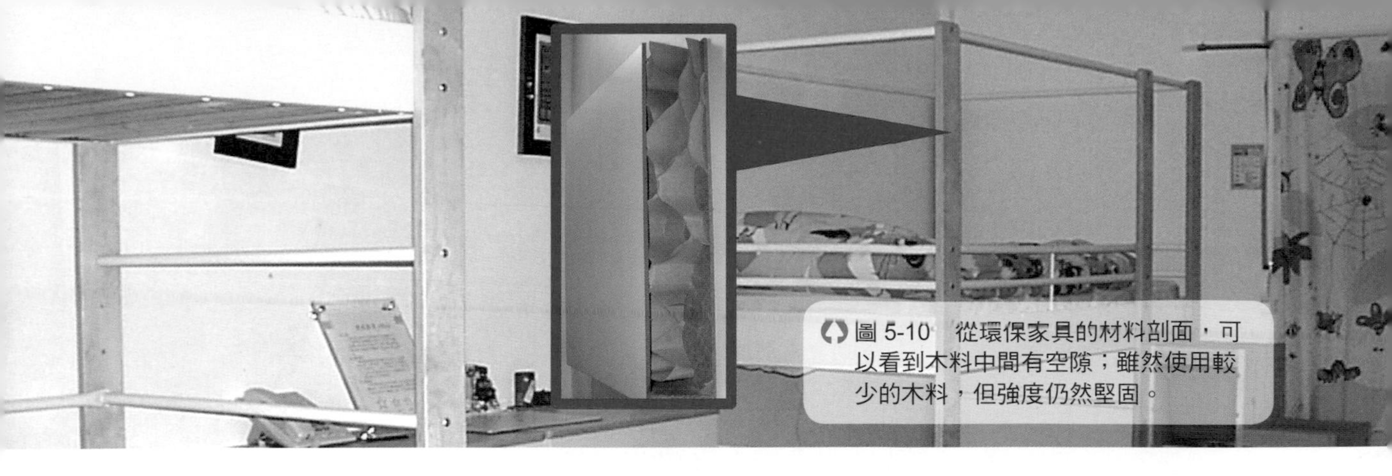
圖 5-10　從環保家具的材料剖面，可以看到木料中間有空隙；雖然使用較少的木料，但強度仍然堅固。

原木材料有易燃、易受潮、易變形乾裂等缺點，以原木薄片加壓黏合而成的合板，即可改善變形乾裂的問題。以薄片為面、角材為裏加工製成的木心板，則可兼具原木強度及合板不易變形的優點。塑合板及纖維板(圖 5-9)以再生的木材纖維及塑料合成，兼具木材及塑膠的特性。現今許多「環保家具」(圖 5-10)則強調強度、硬度及材質皆與天然木料相似，製造時更大幅降低天然木料的使用，對材料的再利用，提供了更好的解決模式。

## (二) 塑膠材料

塑膠因質地輕韌、性質安定、可塑性高、價格低廉以及方便維護等特性，而成為日常用品製造的主要原料。我們常依成型後的特性將它區分成熱塑型塑膠及熱固型塑膠。

### 1. 熱塑型塑膠

此類塑膠於加熱後軟化或熔化，經加壓定型成預定的形狀，冷卻到室溫即成固體，固化後的物品仍可重複加熱及塑形。常見的熱塑型塑膠(圖 5-11)及其製品包括：

(1)聚氯乙烯(PVC)：電線外殼、雨衣等。
(2)聚乙烯(PE)：塑膠瓶、塑膠袋及玩具等。
(3)聚丙烯(PP)：醫療器材、繩索及漁網等。
(4)聚苯乙烯(PS)：電子零件、電器外殼及容器等，加入發泡劑可製成硬質泡棉(如保麗龍)。

圖 5-11　常見的熱塑性塑膠產品

聚氯乙烯－雨衣

聚苯乙烯－杯蓋

聚丙烯－離心管

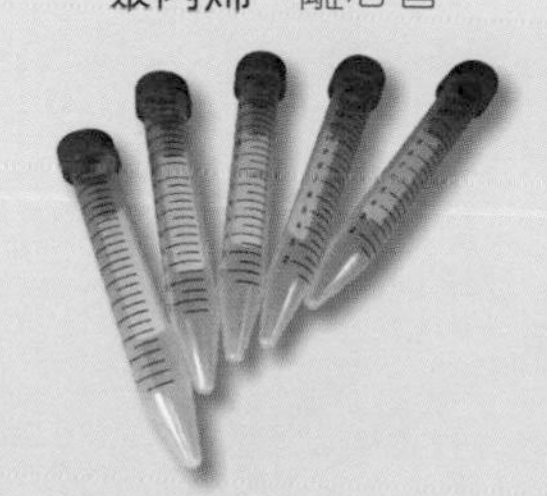

聚醯胺－背包

(5)聚甲基丙烯酸甲酯（俗稱壓克力 , Acrylic）：廣告招牌、照明燈具等。

(6)聚醯胺（俗稱尼龍，Nylon）：雨刷、降落傘及紡織品原料等。

(7)聚四氟乙烯（俗稱鐵氟龍，Teflon）：電線絕緣材料及軸承等。

(8)合成樹脂（俗稱賽璐珞，Celluloid）：底片、方向盤及眼鏡框等。

2. 熱固型塑膠

此類塑膠在受熱及加壓後，可塑造成預定的形狀，固化後不能再加熱軟化或熔化，因此無法重新塑形。常見的熱固性塑膠（圖 5-12）及其製品有：

(1)酚醛塑膠（PF）：俗稱電木，熨斗、炊具把手及洗衣機迴轉盤等。

(2)尿素塑膠（UF）：電話機、收音機外殼及塗料等。

(3)三聚氰胺 - 甲醛塑膠：即密胺塑料，俗稱美耐皿（Melamine），餐具及塗料等。

(4)聚酯塑膠（PET）：鈕扣、澆鑄仿古藝品，以及以玻璃纖維補強製成水塔、浴缸及遊艇等。

(5)環氧塑膠（EPX）：具高黏著性，常用於接著劑及高級塗料等。

(6)聚胺基甲酸乙酯（PU）：主要用於製造塗料，並可製成泡棉用於床墊及椅墊等。

塑膠材料由於無法自然分解，常被稱為千年公害。因此塑膠的回收為環保作業的主要項目之一。近年來廠商積極研發環保塑膠，以可被生物分解的合成聚酯為原料，製造出餐盤、廚餘袋、垃圾袋、購物袋及包裝用緩衝材料等用品，未來如能廣泛應用，應可大幅改善塑膠材料多年來的汙染問題。

## (三) 陶瓷與玻璃材料

陶瓷是人類最早運用的材料之一，包含餐具、瓶罐、磚瓦、磁磚、水泥、玻璃及耐火材料等製品，都屬於傳統陶瓷的範疇。傳統陶瓷多採用天然材料，而現代精密陶瓷則以人工精確合成的原料，精確控制原料成分及溫度燒結而成，具有特殊的機械性、磁性、電性、光學及熱學性質，以及耐高溫和抗腐蝕的能力，應用範圍涵蓋電子、結構及生醫領域，如感應器、引擎、燃燒器噴嘴、人工骨骼、人造牙齒等。

圖 5-12　常見的熱固型塑膠產品

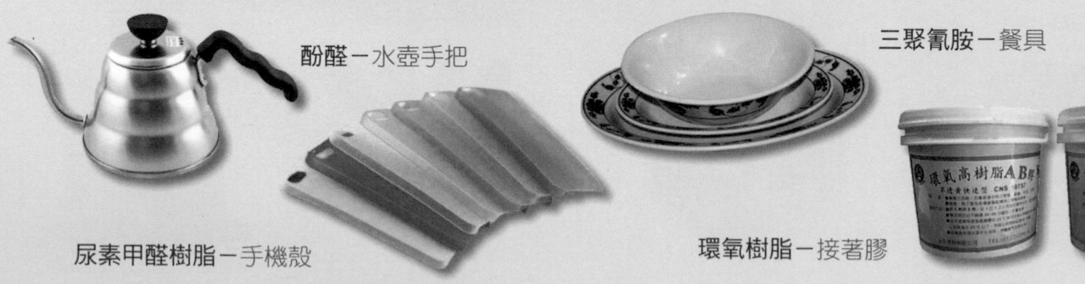

酚醛－水壺手把

三聚氰胺－餐具

尿素甲醛樹脂－手機殼

環氧樹脂－接著膠

玻璃是以矽砂、蘇打及石灰石為原料，於高溫爐混合燒結而成。燒製過程的控制或加入碳酸鈉、碳酸鉀或其他金屬氧化物，可得不同性質與色澤的玻璃。由於主要原料矽砂數量大且取得容易，玻璃容器又可百分之百回收再利用，完全符合現代環保的需求。

玻璃可壓製為平板形或模製為實心形體，中空的玻璃器具則使用模具以人工或機械吹製而成。玻璃藝品的創作者，則多於火燄上直接燒熔條形材料，配合純熟的手工黏拉搓揉技術來進行創作。

玻璃會因種類繁多，性質各異，加上延展性高、容易加工的特性，用途極廣。一般家用窗戶玻璃屬鈉玻璃，遇熱容易破裂。鉀玻璃熱膨脹係數較小，用來製作玻璃水壺、燒杯。含鉛量約為 20% 的鉛玻璃，則因折射率與散射率高，又稱為水晶玻璃。鉛玻璃質地軟容易加工，外觀又近似水晶，多用來製作雕花藝品及光學鏡片。

**光纖** **知識小集合**

光纖是以石英玻璃等材料所製成的細微纖維，具有質量輕、易彎曲、不導電、不輻射、不感應等優點。由於光電科技的發展，光電纜及高性能光電元件的開發均已趨成熟，現今的光纖網路已經能夠提供穩定而高速的傳輸效率。由於網路影音應用日趨頻繁，為因應高頻寬影音的應用，光纖被看好將取代傳統的纜線技術成為未來應用的主流。

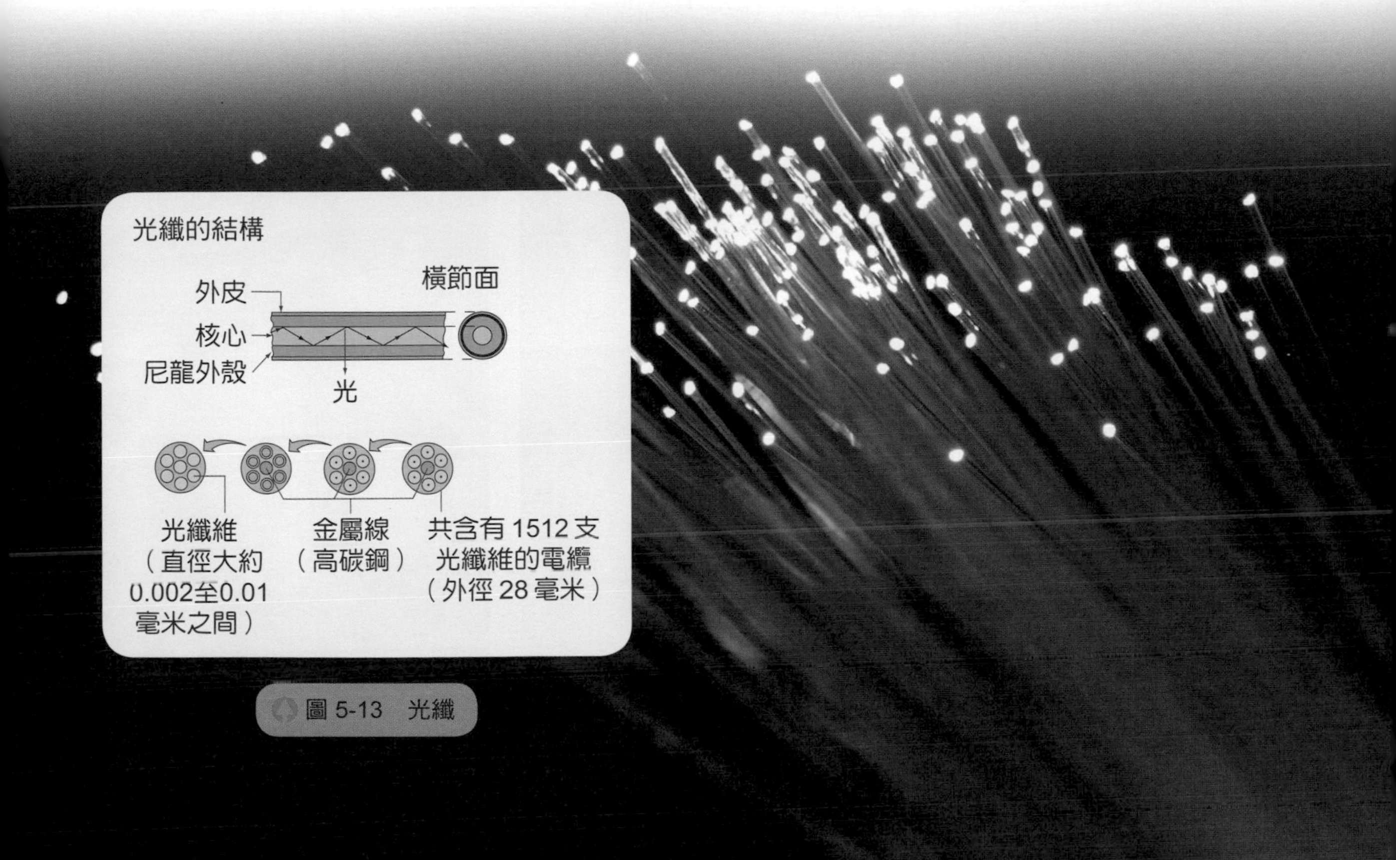


圖 5-13 光纖

## 三、複合材料

複合材料是指兩種以上材料的合成，但性質與原有材料不同的新材料，通常以基材來區分為高分子複合材料、金屬基複合材料與陶瓷複合材料等。配合人類對環保、舒適、性能等需求的提高，複合材料以「截長補短」的概念，提供產業高強度、高韌性、質量輕、耐腐蝕以及耐磨耗等特性的合成原料，現已普遍應用於電機、電子、航太、運輸、醫療、營建及休閒等產業，與人類生活已密不可分。

高分子複合材料常見於日常生活中，如碳纖維製成的球拍、球具、釣竿、腳踏車等運動器材，以及利用玻璃纖維複合材料（Fiberglass Reinforced Plastic, FRP）所製成的遊艇、浴缸、服裝（圖 5-14）及眼鏡鏡框等產品（圖 5-15）。近年來國內機車業界開發出的「陶瓷汽缸」，則是金屬與陶瓷的複合材料。它是在鑄鋁汽缸表面電鍍一層極薄的陶瓷鍍層，以強化汽缸耐磨的程度。由於兼具陶瓷硬度高及耐熱的特性，陶瓷汽缸引擎散熱快、冷卻佳、不易磨損，充分展現複合材料的競爭優勢。

## 四、電子材料

電子元件（Electronic Component）是電子電路中的基本元素，通常是個別封裝，並具有兩個或以上的引線或金屬接點。將電子元件互連接可以構成一個具有特定功能的電子電路，如放大器、無線電接收機、震盪器等，連接電子元件常見的方式之一是焊接到印刷電路板上。

**科技動動腦**

你（妳）知道眼鏡、泳衣、球拍及腳踏車等，目前使用了哪些較先進且特別的材料？

圖 5-14　以玻璃纖維紡織成雪紡紗布料，製成禮服後質地相當輕盈

圖 5-15　以玻璃纖維製成，即使拉成直角也不易斷裂的眼鏡鏡框

電子材料可分為：

(一) **主動元件**：半導體、電子管、顯示器。

(二) **被動元件**：電阻器、電容器、震盪器、濾波器。

(三) **功能元件**：感測器、讀寫器、熱感應印字頭，記錄媒體、電池、電源供源器。

(四) **機構元件**：印刷電路板、連接器、繼電器、開關、精密小馬達。

> **半導體** 知識小集合
>
> 是指一種導電性可受控制，範圍可從絕緣體至導體之間的材料。無論從科技或經濟發展的角度來看，其重要性都是非常巨大的。今日大部分的電子產品，如電腦、行動電話或是數位錄放音機裡的核心單元，都和半導體有著極為密切的關連。常見的半導體材料有矽、鍺、砷化鎵等，而矽更是各種半導體材料中，在商業應用上最具有影響力的一種。

## 貳 材料的加工處理

材料的加工處理主要是為了改變材料本身的大小、外形及特性，以便能夠符合使用者的需求。因材料特有的物理、化學及機械性質，而發展出不同的加工方法及程序。常用的加工方法如下：

### 一、切削

切削是指由工具與工作物的相對運動，將材料多餘的部分去除，以符合所需要的大小、形狀及精密度。傳統的切削加工方法包含車、鉗、銑、鉋、磨等，多針對一般材料半成品零組件的加工，使用設備包括手動或電動工具及工作母機，如鋸子、鉋刀、銼刀、鑿刀、圓鋸機（圖 5-16）、鋸床、鑽床、車床（圖 5-17）、銑床及電腦數值控制加工機（Computer Numerical Control, CNC）等。切削刀具的演變也極為快速，從傳統的高碳鋼及高速鋼刀具，到以微量元素來增加硬度和耐磨度的碳化鎢、陶瓷、鑽石等刀具，大幅提高切削加工的效能。

圖 5-16 木工用圓鋸機

圖 5-17 利用車床切削工件

當工件外形、材質及有特殊的加工需求時，也可考慮使用非傳統切削加工，如放電加工、線切割、雷射切割等（圖 5-18 ～ 20）。放電加工及線切割控制切割材料及工作物的間隙，使產生電弧放電，以熱熔的方式進行加工。雷射切割以高能量的雷射光束聚焦生熱的方式切削工作物。非傳統切削加工因設備或材料特性，加工成本多較傳統加工高，但因可達相對較高的品質，其應用已漸趨普遍。

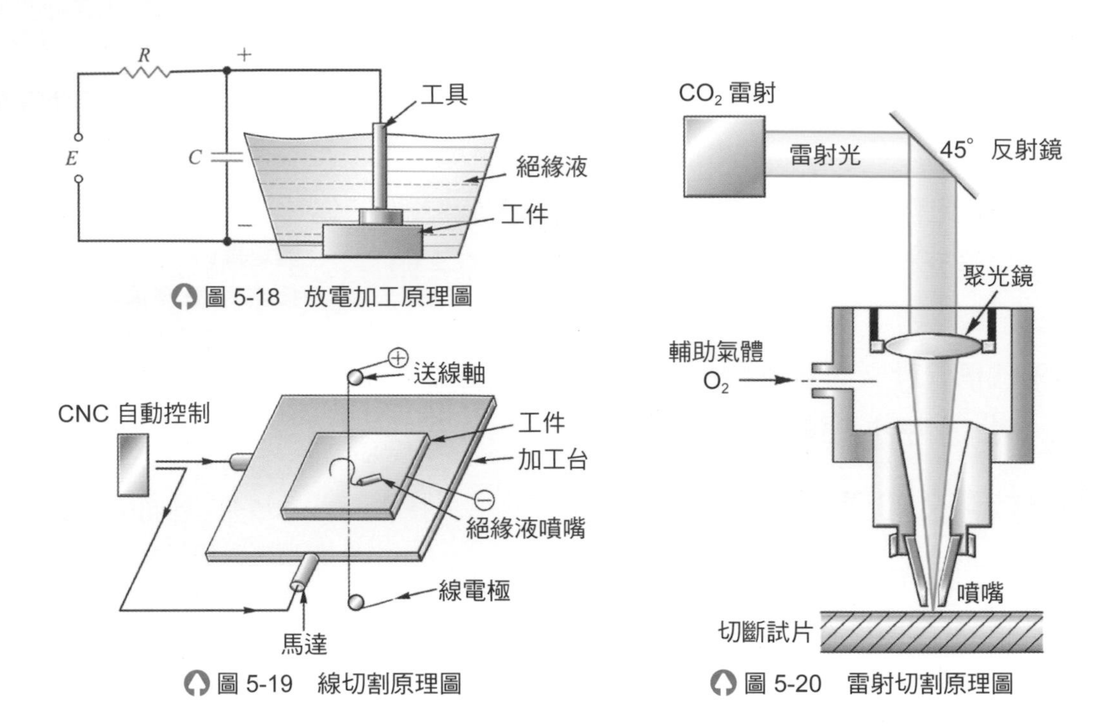

圖 5-18　放電加工原理圖

圖 5-19　線切割原理圖

圖 5-20　雷射切割原理圖

## 二、成形

成形是施外力於具延展性的材料，讓它在塑性限度內改變外形及尺寸的加工方式，加工前需配合工件外型製作模具。常見的有板金折摺(圖 5-21)、壓克力加熱造形(圖 5-22)、金屬線材彎曲折摺、陶瓷拉坏成形等。成形可以手工或成型機具加工，加工時常因需施加外力，造成材料性質的變化(如金屬材料晶粒結構改變)。因此，考慮加工時所需壓力、動力及工作程序，才能生產出良好的成形產品。

## 三、鑄造及模塑

鑄造及模塑都使用模具讓材料在模具中成形，常用以製造外型複雜、不易加工的產品。鑄造是將金屬熔解為液態，再將熔液倒入鑄模內直接成形(圖 5-23)；模塑多指以熔融的非金屬材料於模具內固化成形的加工方式。

圖 5-21　板金折摺成形

圖 5-22　局部直線加熱壓克力物料，就可將材料彎曲成形

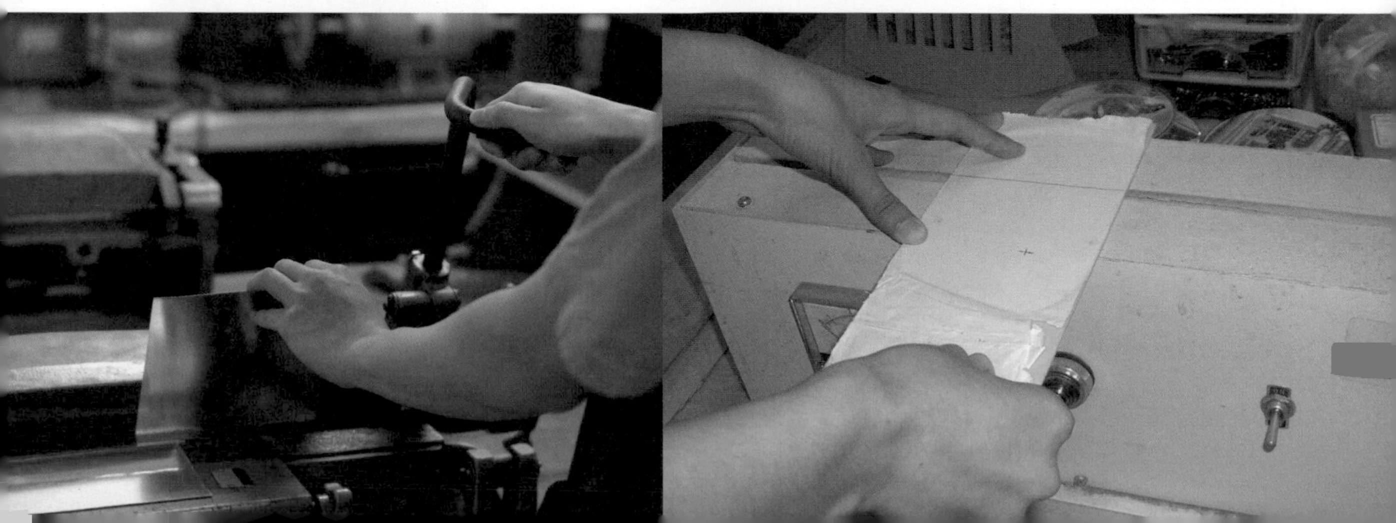

鑄模可用金屬材料、石膏、鑄砂、矽膠製造，塑膠射出模具多為金屬材質，以射出成形（圖 5-24）方式製造一般家用塑膠製品。加工機具底座或外殼、船槳、金屬藝品等製品，可採砂模或石膏模製作。矽膠模用於低熔點金屬或非金屬材料製品的鑄造或模塑，因屬軟質模具容易脫模，可用於較精密的產品製造。

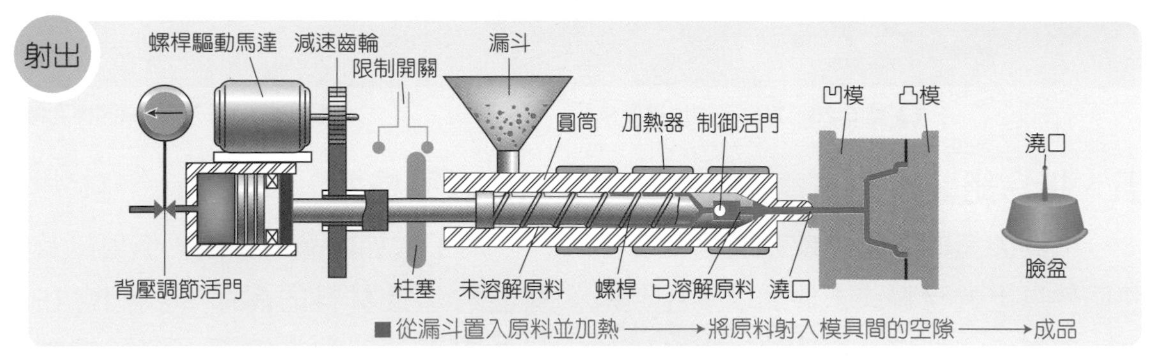


圖 5-24　射出成形

## 四、調質

調質是指經由加熱（圖 5-25）、化學反應或利用外力機械作用改變材料的性質，以符合應用上的需求，金屬熱處理、陶瓷燒製均屬調質的作法。

常見的熱處理方式有淬火、退火、回火三種，其原理是利用不同高溫控制金屬內部晶粒結構變化，來得到機件所需的質性。淬火可以得到硬化的效果，方法是將碳鋼、合金鋼等材料做成之機件適度加熱到高溫，再放到油或水中讓它急速冷卻。退火的方式正好相反，將機件加溫後以常溫自然冷卻，即會得到較軟的性質。由於淬火過的機件硬而脆，受力時較容易斷裂，處理時可在淬火後再加熱適度回溫，之後再放到冷卻液中，就可得到韌性高的性質，這種處理方式就稱為「回火」。

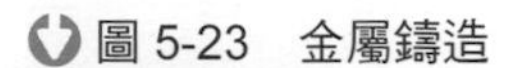
圖 5-23　金屬鑄造

圖 5-25　金屬熱處理（回火）

圖 5-26　電銲工的熔接操作

圖 5-27　製作榫頭榫孔接合

## 五、接合組裝

機具製造的過程中或完成時，常需將兩件以上的材料或工件加以接合，其方式包括結合件接合、熔接、膠接等。結合件種類繁多，常見的有鉸鏈、螺栓、螺釘、鐵釘、插銷等，現今木工則以氣動工具射出排釘的方式，加速接合的操作。熔接工作如金屬材料的電銲（圖 5-26），以及塑膠的超音波熔接，二者都是以熱融合的方式接合。膠接所用的接著劑有白膠、強力膠、熱熔膠、矽膠、環氧樹脂等，使用時需考量加工物表面性質及接著劑特性，例如熱熔膠凝固速度快，多用於小面積的接合工作，反之，白膠需經數小時才能硬化成形，於大面積的接合工作時仍保有調整的空間。

除了上述以外物或外力進行的接合外，也可以工件形狀相互配合的方式來組裝，例如板金材料折邊或木工的榫接（圖 5-27）及槽縫搭接。傳統建築中梁柱的結構，常以槽縫及梁柱的交互作用方式來設計，成為傳統建築除了精美雕刻之外的另一特色。

## 六、表面塗裝

為了增加產品的美觀、價值以及希望能夠延長材料的壽命，我們會在材料的表面進行加工處理，例如鋼鐵材料電鍍或噴漆、汽車烤漆、陶瓷製品上釉（圖 5-28）以及木器表面塗裝（圖 5-29、5-30、5-31）等。電鍍是利用電極通過電流，使金屬鍍層附著於物體表面上，不同材質鍍層可以有美觀、防鏽、防止磨耗、提高強度等作用。汽車烤漆是以加壓噴槍噴塗調和溶劑的噴漆於板金表面，經過烘烤將漆料燒結硬化，比傳統噴漆更耐磨及耐候。

圖 5-28　陶瓷浸釉燒結後，將形成美麗的花紋及色澤

圖 5-29　木質表面彩繪，不僅美觀也增加保護作用

圖 5-30　為防木材受到蟲蛀，須先以藥劑在木材表面進行塗裝，延長壽命

圖 5-31　油漆匠以桐油在木料上打底、防潮溼

在電鍍、烤漆的作業過程中，由於需要用到清洗或調和用的酸性物質，如果處理不當，常會造成對人員、土壤、河川及空氣的汙染。因此，改善作業環境、控制工作流程中汙染物的傳布以及環保媒材的研發，都是業界努力的目標。

**討論與分享** DISCUSSION AND SHARING

一、請簡單說出家中各種物品、器具、家具的材料屬性、加工及組裝方法。

二、請上網搜尋你認為比較特別的非傳統加工方式，列出材料、能源、動力及加工程序等資訊，來和同學分享。

# 5-3 製造科技的未來

製造科技開啟了人類物質文明的扉頁，而材料科學與新製程、新加工技術的創新研發，更是製造科技未來發展的關鍵因素。

## 壹 材料的未來發展

材料科技是製造業發展的基礎，為了掌握關鍵材料技術，強化製造業的競爭力，各國都投入大量人力物力於特殊材料的研發，其中最引人注目的當屬奈米材料、環保材料以及智慧材料。

### 一、奈米材料

由於材料在奈米化情況下，特殊之奈米結構會改變物質之基本物理化學性質，如力學、光學、電、磁、熱等，這些特性突破原有材料的應用限制，發展出許多特殊的材料和產品。因此，材料的微小化處理已成為 21 世紀主流趨勢。

奈米材料的應用已日趨普遍，例如：奈米化陶瓷複合材料所發射的遠紅外線波長有食物保鮮功能，可用來製成食品容器，市面上所謂的「奈米冰箱」，就是添加了奈米陶瓷複合材料。奈米鈦塗料的奈米結構不易附著汙垢，用於容器、衛浴設備表面，可減少結垢之發生（圖 5-32）。奈米化建材或塗料可具有防水、防火、自潔、質輕、環保、耐震及高強度等特性。應用奈米光觸媒（圖 5-33）的涼風扇、冷氣機及空氣清淨機等電器，由於奈米化顆粒的高化學活性，可增強光分解反應之效益，因此有淨化空氣、除臭、殺菌或抑菌等清潔功效。奈米碳管的低導通電場、高發射電流密度及高穩定性等特質，可作為省能高效率之照明設備。

## 二、環保材料

環保材料又可稱為「綠色」材料，是指具有優良性能、與自然環境能夠互相協調、又有利於保護環境的材料。綠色材料的需求正隨著環保意識的提高而與日俱增，所研究的範圍包含了低汙染材料的開發與設計，低汙染製程的創新及改善，以及廢料處理低汙染與再利用率的提高。

隨著環保相關法規的制定及推動，使得電子相關產品面臨了材料及製程方式的改變，因此各材料廠商紛紛提出無鉛環保材料的訴求，例如日本的家用電器回收利用法（2001）、歐盟的廢電機電子產品回收（WEEE, 2006）及電機電子產品有害物質限用（ROHS, 2006）環保法規，都禁止電子和電器產品中使用鉛、汞、鎘等有害物質，這股綠色材料發展的新趨勢，也是全球各製造業界所關注的焦點。

**光觸媒** **知識小集合**

光觸媒指的是能夠加速光化學反應的催化劑。常用的光觸媒有二氧化鈦（$TiO_2$）、磷化鎵（GdP）、砷化鎵（GdAs）等。最廣泛使用的是二氧化鈦，它能靠光的能量來進行消毒、殺菌。由於光觸媒環保又實用，所以全世界已開始實行光觸媒的開發試驗，同時有許多光觸媒相關應用產品問世。

**WEEE**

廢棄電子電機設備指令（Waste Electrical and Electronic Equipment Directive 2002/96/EC，縮寫 WEEE）是歐洲聯盟在 2003 年 2 月所通過的一項環保指令，制訂所有廢棄電子電機設備收集、回收、再生的目標。

**ROHS**

是《電氣、電子設備中限制使用某些有害物質指令》（the Restriction of the use of certain hazardous substances in electrical and electronic equipment）的英文簡稱。

圖 5-32
（左）一般陶瓷馬桶的釉面參差，汙垢不容易清除；
（右）表面經過奈米化處理的馬桶，表面平整光滑，沖洗時即可清除汙垢

圖 5-33 SARS 期間利用奈米光觸媒的噴塗來消毒和抗菌

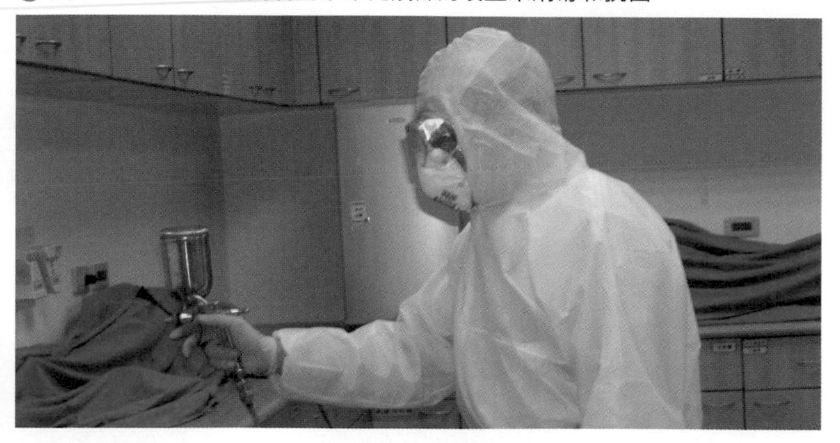

### 三、智慧材料

智慧材料是一種能隨著周圍環境的變化而改變性能的材料，它可以滿足人類的特定要求，達到自我診斷、自我適應，甚至自我修復的目的。

鎳鈦（Ni-Ti）系的形狀記憶智慧磁性材料，不管材料如何變形，都能夠在達到設定的溫度時回復原狀，已被試驗在宇宙飛船的無線電通信天線上。紡織市場上更成功的開發出「可穿式電子產品」，其中包括了可洗式滑雪電子衣、電子地毯、無線識別晶片等智慧型紡織材料產品，未來若將這類特殊感應裝置，裝設在建築物結構中，便可以在地震、火災等意外災害發生時，立即檢查出建築物結構的安全狀況了！

## 貳 製造技術及加工的趨勢

臺灣產業發展大體經歷了農業、輕工業、重化工業、現代服務業、資訊產業的演進過程，隨著材料科技的進步，相關製造技術將會朝向精密化、智慧化及環保化等方向發展，以更高的效能，製造兼顧環境保護與人類需求的產品。

### 一、精密化製造

現今對於產品、零件的加工精度要求已經愈來愈高，例如：基因操作機械之移動距離都是奈米級，它們在移動時的精度均須到達 0.1 奈米；其他如細微加工、奈米加工技術，皆須達到奈米以下的要求。各種產品更日漸走向輕、薄、短、小的時代潮流，如果沒有先進的製造技術，就不可能有先進的電子技術及設備，更別談先進的製造設備了！（圖 5-34）。

## 二、智慧化製造

現代的製造系統被要求能具備彈性，以處理多樣化的生產需求，以應付市場競爭激烈的環境。彈性製造系統（Flexible Manufacturing System, FMS）即運用高效能的電腦數值控制（Computer Numerical Control, CNC）加工機（圖 5-35），配合規劃完整的生產模組及自動化設備，來達到上述的需求。而因人工智慧及控制元件的快速發展，人們開始嘗試加入人工智慧於製造系統，在加工過程中對材料、產品進行同步監控，並以取得的資訊，即時微調製造程序或方式。這種借助電腦來模擬專業人員，自動進行分析、判斷、推理、構思和決策的先進製造系統，才能符合未來製造產業微型化、高品質的趨勢。

## 三、環保化製造

製造產業是環境汙染的元兇之一，它會大量消耗有限的天然資源（如森林、石油）（圖 5-36），產出影響土地、水源、空氣的汙染物質。綠色製程（Green Process）的概念即因此而生，它採用環保材料，利用創新的科技及有效的管理來簡化製程並節約能源，製造過程中無鉛、鹵或汞等汙染物，期盼將世界導向無汙染的未來。

# 參 製造產業未來發展的方向

未來如何結合新材料、新技術及新製程，以迎合人類文明發展的夢想，將成為製造科技最重要的課題。臺灣傳統產業製造力雖強，但是研發能力較為貧乏，未來應轉向「創新、研發」的趨勢，若能藉著奈米技術，加上「研發導向」、「創意導向」以及「產品升級」等持續開發產品的創意，就能展露出新風貌。

圖 5-34　隨著機械及製程的進步，製造產業要求精密化

圖 5-35　CNC 工具機

圖 5-36　石油平台，用於鑽井提取石油和天然氣

臺灣製造業未來的發展，應兼顧產量擴張、品質提升與結構的調整，將以往僅注重成本的競爭，轉為品質與服務的競爭，並導入全球運籌管理的觀念，加速推動以高科技與高附加價值為核心的產業。藉由產、官、學、研的共同努力，讓知識密集與技術密集產業成為產業發展主流，重視生態平衡及永續發展，全面拓展國內外新興市場，並加強國際性的經濟合作機會，使臺灣成為亞太製造及研發中心。

**知識小集合**

### 工業 4.0

工業 4.0(Industry 4.0、Industrie 4.0)，或稱第四次工業革命 (Fourth industrial revolution)、生產力 4.0，是一個德國政府提出的高科技計劃，為結合物聯網、雲端、大數據、自動化生產所創造的智慧型製造。工業 4.0 並不是以機器人取代人力，而是運用人機協同走向智慧生產。在未來的智慧工廠中，製造端上的每個機器都能夠透過物聯網相互對話，甚至能和上游的供應原料單位資料連結，讓企業團隊成員能夠輕鬆了解原物料供應狀況並即時因應。簡單來說，在生產製造的過程中，經過計算、通訊與控制的虛實化系統 (Cyber-Physical System，簡稱 CPS) 連結物聯網，以智慧生產、智慧製造建置出智慧工廠，形成智慧製造與服務的全新商機與商業模式，這就是工業 4.0 的概念。

### 討論與分享 DISCUSSION AND SHARING

一、上網蒐集國內與材料科學及製造科技相關的大學科系資料，在課堂上與同學分享及討論自己未來可能選讀的科系。

二、蒐集資料，並説出目前市面上利用奈米科技所製成的商品種類及其特性。加工程序等資訊，來和同學分享。

**學前練功房**

一、想一想，我們生活中所接觸的運輸科技，有哪些形式？又是如何分類呢？這些運輸科技有哪些共同的特徵？

二、想一想，運輸科技史上最重要的發明是什麼？答案是「輪子」。雖然已經不知道是哪一個人、什麼時候發明的，但是，如果沒有輪子，所有的運輸工具都不能運作。試著從生活中的各種運輸載具上找找看，輪子的種類有哪些呢？

chapter

# 運輸科技

## Transportation Technology

臺灣地狹人稠，天然資源短絀，對外貿易的經濟活動是臺灣的命脈，而「運輸」正是經濟活動的重心之一，它可以將人或物送到目的地，以滿足我們的各種需求，其所依賴的載具和方法，則有水、陸、空運等，運用各種車輛、鐵路、船舶、飛機，來完成運輸的目的。

# 6-1 認識運輸科技

運輸科技是指將人或物品，由甲地運送到乙地的過程中，所要採用的各種科技方法。從古至今，人類為了尋找更適合生存的環境，就不停的遷徙，除了最原始的步行之外，也利用獸力協助搬運，後來又發明了各種車輛，幫助人類節省力氣、載運更多的人和東西。時至今日，交通運輸已經成為人類日常生活中不可或缺的一部分。運輸的目的不僅在滿足人類的基本生活需求，更能擴展活動範圍與視野，以實現更完美的生活。

## 壹 運輸科技系統模式

究竟什麼是運輸科技？以科技系統的觀點來說，運輸科技的輸入包括人力、資金、材料、時間、機器設備、相關知識以及各種能源；處理是指運輸所使用的各種載具；輸出是指因為運輸科技的便利，所帶來的利潤增加、時間和精力的節省及擴展活動範圍等；回饋則是指將所得到的知識、技術、方法等回過頭來去影響輸入、處理以及輸出，以便使運輸科技系統更臻完善；綜合如圖 6-1。

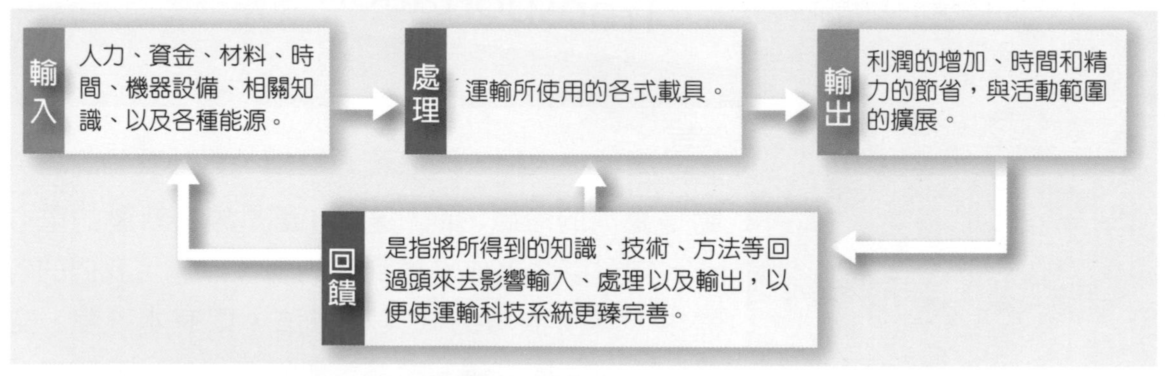


圖 6-1 運輸科技系統模式

## 貳 運輸科技和其他科技系統的相關性

和其他科技系統比較起來，運輸科技需要藉助其他科技系統的支援較多，屬於較為後端（輸出端）的科技系統。它必須利用製造科技所產出的各種載具作為處理的元件；利用能源與動力科技作為載具所需的能源；及利用營建科技所產出的各種交通運輸工程建設，才能夠產出想要的結果。運輸科技系統與其他科技系統之間的關連如圖 6-2。

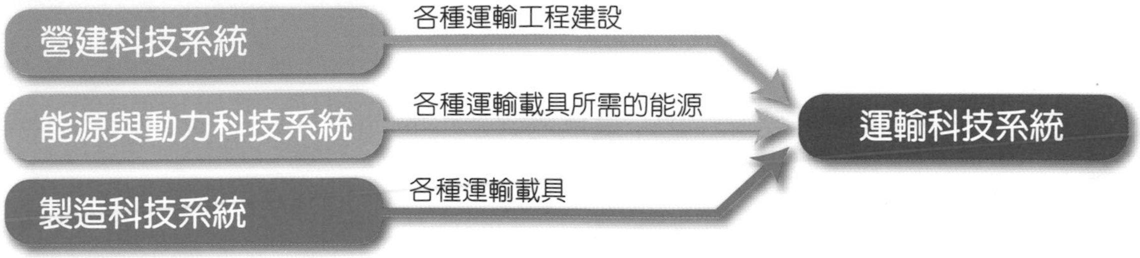

營建科技系統 —各種運輸工程建設→ 運輸科技系統

能源與動力科技系統 —各種運輸載具所需的能源→ 運輸科技系統

製造科技系統 —各種運輸載具→ 運輸科技系統

圖 6-2 運輸科技系統與其他科技系統之間的關連

## 參 運輸科技的概況

運輸系統的分類可依據「運輸方式」、「運輸地域」、「載運對象」、「服務性質」與「扮演角色」等不同方式分類。依「運輸方式」，可概分為公路運輸、軌道運輸（又分成傳統鐵路、高速鐵路、捷運系統）、水路運輸、航空運輸等四種方式；依「運輸地域」可分為國際運輸、城際運輸、都市運輸、離／外島與觀光地區運輸等五類地域；依「載運對象」則可分為客運與貨運兩類；依「服務性質」可分為非受雇服務與受雇服務等兩類；依「扮演角色」則將運輸系統相關的族群分為使用者、經營者、政府與非使用者四類。

就運輸產業的角度而言，最常見的是以「運輸方式」、「運輸地域」等兩種分類。以下分別針對這兩種分類方式，簡要說明運輸產業的概況：

### 一、以運輸方式分類

可概分為公路、軌道、水路與航空等四大類；軌道運輸又包括火車、捷運、高速鐵路等。就臺灣地區而言，依據交通部運輸研究所出版之第三期臺灣地區整體運輸規劃指出，自民國 71 年至今，公路客運量有降低的趨勢，公路貨運量則有增加的趨勢，鐵路則是和公路相反，客運量增加，貨運量減少。水路運輸與航空運輸均以國際航路為主，近年來水路運輸運量持平，航空運輸則因國際航線與國內航線不同而有差異，國際航線略呈成長趨勢，國內航線則呈下降趨勢。

### 二、以運輸地域分類

可概分為國際運輸、城際運輸、都市運輸、離／外島地區運輸與觀光地區運輸等五類。就臺灣地區而言，國際運輸及離／外島之形式為水路及航空運輸；城際運輸、都市運輸與觀光地區運輸等，則以軌道運輸與公路運輸為主。近年來政府在各項交通政策上，都竭力兼顧各項運輸地域的均衡發展，包括發展國際運輸與離／外島運輸等各項設施（機場、港口等）；城際運輸的高速鐵路、一般鐵路、高速公路等擴建與維護；都市運輸的公路與大眾運輸系統建置；觀光地區運輸的聯外道路擴建與維護、新型運輸工具的開發與設置（例如纜車）。

## 肆 運輸科技之最

自從工業革命以來，運輸科技的重要性就日益增加，大家無不希望在每一次運輸的過程中將載客或載貨量提到最高，以節省成本，達到最高的效益。

### 一、陸路運輸之最

在陸地上所見最大的車輛，除了火車之外，就是大型的貨櫃車、拖板車、砂石車、以及各種重型機具車輛（像是挖土機、吊車）等，以載客量來說，還是以火車為最多，因為一節火車頭就可以推或拉動許多節車廂，載運許多乘客，充分發揮其經濟效益。臺灣地區的鐵路早已完成環島系統，並且有幾條支線相當有名，例如：平溪支線、集集支線、阿里山鐵路（圖 6-3）等，提供我們交通運輸的便捷需求。

政府以 BOT（Build-Operate-Transfer，即**建設—經營—轉讓**）的方式在臺灣西部建設高速鐵路系統，引進日本與歐洲的機具和經驗，希望能大幅縮短南北行車的時間，在民國 97 年通車營運後，從臺北到高雄僅需 90 分鐘，每日滿載的載客量可以達到 30 萬人次以上，是中山高速公路的 3.7 倍，第二高速公路的 2.5 倍（圖 6-4）。

圖 6-3　阿里山鐵路

圖 6-4　臺灣高速鐵路

## 二、水路運輸之最

目前運輸量最大的船舶，是用來載運原油的油輪（圖 6-5）。油輪往往要載運許多原油到世界各國，所以，要儘量裝滿最多的量，才能符合經濟效益，它的大小比航空母艦、貨櫃輪都要來得大，長度超過 300 公尺，寬度則超過 60 公尺，上面甚至可以起降小型飛機，而不需要像航空母艦般用鋼索拉住飛機。

圖 6-5　超級油輪能裝載幾十萬噸的石油

## 三、空中運輸之最

以空運來說，載運量最大的是前蘇聯生產的「安托諾夫 225 型運輸機」（圖 6-6），它原先的設計是用來載運太空梭的，當時總共製造了兩架，其中一架從來沒有飛行過；在蘇聯解體之後，安托諾夫公司與烏克蘭合作，嘗試生產該型飛機並改裝成客機以增加營收；它擁有 6 具引擎，可以載運 250 噸的貨物，機翼寬度將近 90 公尺，機艙內可以容納 80 輛小型汽車。

由於全球經濟活動的快速增加，美國的波音公司與法國的空中巴士集團，都傾向於製造超大型的飛機。以波音公司為例，就計畫要製造名為「塘鵝」（Pelican）的巨型貨機，它的機翼總長超過 160 公尺，可以載運超過 800 公噸的貨物；再以空中巴士集團為例，他們所建造的 A380 客機翼長為 80 公尺，可以載運 550 名以上的乘客。

圖 6-6　安托諾夫 225 型運輸機

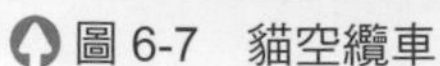

圖 6-7　貓空纜車

圖 6-8　高雄旗津壹號

圖 6-9　太空梭可穿越大氣層，自由穿梭於外太空與地球之間

## 伍 運輸科技的分類——以運輸環境為區分標準

通常將運輸科技分類時，都是依據運輸環境作為分類的標準，將其分為陸路運輸、水路運輸、空中運輸和太空運輸等四大類。

陸路運輸在我們的生活中最常見，所有的車輛都包括在內，利用這些陸路運輸的工具，我們可以快速、省力、便捷的到達目的地。陸路運輸包括汽機車、火車及捷運等以**輪子**為主的運輸工具，以及電扶梯、電梯、纜車（圖 6-7）及輸送帶等不採用輪子的運輸工具。水路運輸包括各式的船舶，像是沒有動力系統的舢舨、救生艇、獨木舟等不採用輪子的運輸工具，以及包含各種動力系統的大、小船艦（圖 6-8）；空中運輸則是指各種飛行器，像是飛機；太空梭（圖 6-9）、火箭等，則是太空運輸的例子。

## 陸 運輸科技對社會與生活的影響

要達到便捷的運輸，必須要有良好的支援與管理系統。所謂的支援系統，指的是公路、鐵路、港口及機場等建設，有了更寬廣平穩的公路和鐵路、四通八達的公路與鐵路網；深度夠、寬闊的港灣；足夠的跑道、停機坪以及機場和市區之間的交通建設，才有便捷的交通運輸；這些支援系統都是營建科技的產物，由於在營建科技中已經提過，在此不再贅述。管理系統則是指各種號誌、標示、規則、機場塔臺、燈塔（圖 6-10）等用來控制與管理運輸載具的機制，如果將運輸的載具以及支援系統當作是運輸科技的硬體，那麼管理系統就是運輸科技的軟體，也是運輸科技的核心，有了這些管理的機制，才能夠達到安全、迅速、有效率的運輸。

圖 6-10　松山機場塔臺與鵝鑾鼻燈塔

## 柒 運輸科技未來發展的方向

人類從古以來，就不斷在追求科技進步，改善人類的生活。以運輸科技而言，未來將朝以下六個方向發展：

### 一、更安全

不論運輸科技如何發展，安全絕對是第一要務。運輸科技的各種改進措施，都會將安全放在首要考量，例如：在汽車設計上就增加了各種與安全有關的系統，包括遇撞擊時會自動拉緊的安全帶、自動啟動的安全氣囊、緊急煞車時防止方向盤鎖死的防鎖死煞車系統（Anti-lock Braking System, ABS）、路滑時可啟動循跡防滑系統（Traction Control System, TCS）等；在船舶上加裝了各種**導航系統**（Navigation System）、**定位系統**（Positioning System）、救生船隻及通信設施；飛機上也增加了各項智慧型的導航、通信設施。這些設施都是為了提高運輸的安全性，試想，如果有最先進的車子、船隻或飛機，卻告訴你沒有安全防護措施，你敢坐嗎？

### 二、更舒適

在安全的前提之下，我們追求的是更舒適的運輸過程，有舒適、寬敞的座位，可以舒適的欣賞周遭的景色，甚至可以自由的行動，一樣可以到達目的地。汽車、火車增加了空調設施，妝點得美輪美奐；汽車的避震系統使汽車在急速轉彎時不會甩尾晃動，行經凹凸路面時變得更平穩、安全；船舶、飛機在裝潢上加強舒適感，能讓旅客充分的休息。

**防鎖死煞車系統** **知識小集合**

由羅伯特．博世有限公司所開發的一種供摩托車和汽車使用，以提高車輛安全性的技術。採用電子機械來控制煞車油壓的收放，達到防止輪胎鎖死，使車輛在緊急煞車的狀況下能兼顧煞車及轉向能力。



有無 ABS 煞車系統，車輛急煞車的行進軌跡比較圖

圖 6-11　中山高速公路使臺灣南北交通更加便捷（中清交流道）

圖 6-12　香港電車歷史悠久，緩慢的行車速度與節奏快的香港形成對比，是適合遊港的良好交通工具

**科技動動腦**

著名的卡通「哆啦 A 夢（又名小叮噹）」中有一項最吸引人的運輸工具，就是「任意門」！想一想，如果我們真的有任意門，我們的生活會有哪些改變？有哪些正面和負面的影響呢？

## 三、更便捷

在現代的社會中，時間就是金錢，所以，運輸科技將以安全為前提，追求更快的速度，以便在最短時間內將人或貨物送到目的地。例如：用國際航線的客機取代跨越海洋的客貨輪、以高速鐵路取代原本的鐵路運輸、以高速公路（圖 6-11）取代原本的公路運輸等，都是希望達到最便捷的運輸。

## 四、更省能

沒有適當的能源，運輸科技根本無法運作。能源用得愈多，運輸的成本就愈高，所以未來的運輸科技，必然朝提高能源轉換率、更節省能源的方向邁進。我們在平日生活中，就可以從自身做起，例如：選購燃油效率高、汽缸容量小的車輛，開車前詳細計畫行車路線，儘量利用大眾運輸工具（圖 6-12），減輕車輛載物的負荷、清除不必要的物品，定時進行適當的車輛保養等，都可以達到節能的目的。

## 五、更環保

運輸科技在運送過程中，容易產生一些環境汙染的問題，尤其是廢氣的排放，造成了嚴重的環保問題。未來的運輸科技，勢必要能減少廢氣排放、儘量利用可回收的材料製作運輸載具，以及回收各式運輸載具再利用等，這些都是相當環保的作法。

## 六、更聰明

未來的運輸科技，將充分整合運輸、通訊、資訊、電子等科技，進行現有運輸系統的改善或更新，透過即時訊息的傳輸與連結，改善人、車、路之間的互動關係，進而增進整體運輸系統的安全、便利與效能，也減少交通運輸對環境所帶來的衝擊。這樣的系統稱為**智慧**

型運輸系統（Intelligent Transportation System, ITS），其主要目標有四項：增進交通安全、降低環境衝擊、改善運輸效率、提升經濟生產力。常見的 ITS 包括交通控制與監控、車輛定位導航系統、大眾運輸系統監控與管理、電子付費服務、車輛緊急救援管理等，它不僅是運輸科技未來的趨勢，也已經在生活中逐步落實，成為不可或缺的一部分。

科技小故事 Technology Story

## 「屎」力全開

「便便」變環保油料不是夢。英國第一部以人類排泄物及食物廢棄物處理後而成的生質油料公車，於 2014 年 11 月首次上路，這輛生質油公車是由巴斯（Bath）公共汽車公司經營，主要載送乘客往返巴斯及布里斯托（Bristol）機場。

圖 6-13　生質油料公車

利用汙水道裡的人體排泄物及廢棄的食物，經過處理後，製造出生物甲烷油（biomethane gas），5 個成人每年的排泄物約可製造一個油箱的生物甲烷油，這個容量可以讓「便便」公車行駛約 186 英里的距離。

科技小故事 Technology Story

圖 6-14　eTag

## 從 E 通機到 eTag

我國自 2006 年 2 月起，正式啟用國道高速公路電子收費系統（Electronic Toll Collection, ETC），從原先的收費車道中，挪出一到數個車道，作為電子收費使用。2011 年 9 月起，國道高速公路局針對基隆地區居民，試辦 eTag（電子標籤）系統；它採用的是 RFID（Radio Frequency Identification）無線射頻技術，不含電池，價格低廉且體積小巧（圖 6-14），車輛通過車道速度不用減緩，由於具有上述的優點，至 2012 年 2 月起，交通部已經在所有國道收費站加裝了 eTag 系統。交通部並規劃，在 2012 年底，完成國道高速公路計程收費機制，未來用路人在使用國道高速公路時，將依據進入與離開高速公路所使用的總里程數計費，以避免短程車輛壅塞在國道上的現象，提高高速公路的利用率，並依據使用者付費的原則，維護用路人的公平性。

科技小故事 Technology Story

## 臺灣的高速鐵路

臺灣的高速鐵路系統，採用的是日本新幹線的技術。日本的新幹線有相當悠久的歷史，自 1964 年通車以來，到 41 年後的 2005 年才因人為疏失造成第一次事故，40 年之間不但沒有事故、沒有因為地震而脫軌（僅有因為天然災害而停駛過），每年平均每次班車的誤點時間不到 24 秒鐘。

臺灣高速鐵路自 2007 年開始營運，由臺北至高雄目前設置 12 個車站，包括南港、臺北、板橋、桃園、新竹、苗栗、臺中、彰化、雲林、嘉義、臺南、左營站，其餘車站尚在增建中，全線都沒有平交道，總長 349.5 公里（圖 6-15），它有以下的幾個特性：

### 一、高運能

在營運成熟期時，每日載客量可達 30 萬人以上，是中山高速公路的 3.7 倍，為第二高速公路的 2.5 倍。

### 二、高速

行駛速率每小時高達 300 公里以上，可將臺灣南北交通時間縮短為 90 分鐘以內，臺北到臺中也只要 40 分鐘。

### 三、準點

擁有先進的行車控制系統，可確保高度準時。

### 四、安全

除了行駛專用路權，以中央行車控制中心集中調度車輛之外，並且配備自動行車控制系統及緊急自動駕駛裝置，路線沿線均設有地震、強風、落石、豪雨及溫度等偵測器，可防範各種緊急狀況。

### 五、土地使用效率高

就國外陸上運具的使用經驗而言，小汽車的土地使用為鐵路的 4 倍；巴士的土地使用為鐵路的 2 倍。相較之下，鐵路的土地使用效率較高。以臺灣高速鐵路來說，用地僅為中山高速公路的三分之一。

### 六、能源消耗少

小汽車每公里所消耗的能源約為高鐵的 2.5 倍；飛機每公里所消耗的能源約為高鐵的 4 倍。

## 七、空氣汙染低

高速鐵路以電力為能源，所以，汙染較低。根據德國的統計分析，鐵路所造成的空氣汙染遠低於公路與航空，符合綠色環保概念。

資料來源：交通部全球資訊網

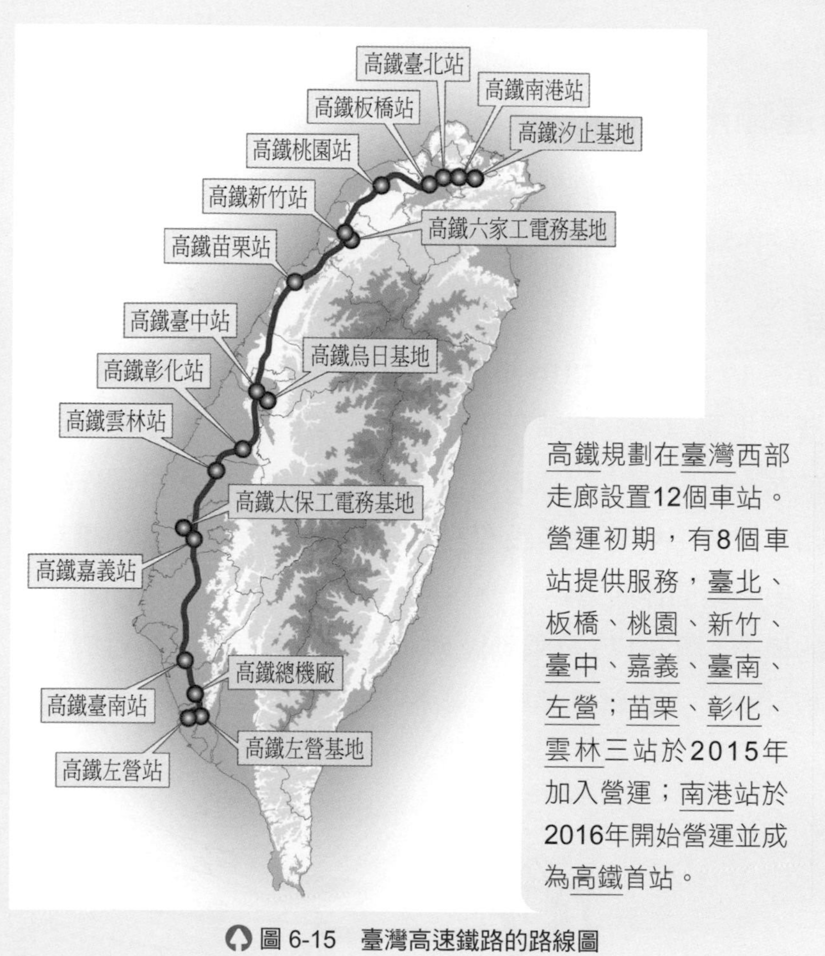


高鐵規劃在臺灣西部走廊設置12個車站。營運初期，有8個車站提供服務，臺北、板橋、桃園、新竹、臺中、嘉義、臺南、左營；苗栗、彰化、雲林三站於2015年加入營運；南港站於2016年開始營運並成為高鐵首站。

圖 6-15 臺灣高速鐵路的路線圖

## 討論與分享 Discussion And Sharing

一、試著在網路上尋找有關運輸科技之最的資料，和課本的資料作比較，有沒有什麼新的改變？並設法搜尋更詳細的資料，與同學討論和分享。

二、運用在汽車上的安全措施有哪些？試找出各種安全措施的名稱及其功能的說明，與同學討論和分享。

三、臺灣地區的觀光資源相當豐富，如果以你居住的城市為起點，請你設計一次環島旅行，你會採用哪一種運輸工具？為什麼？試討論並說明其理由。

# 6-2 陸路運輸

陸路運輸是生活中最常見、歷史最悠久的運輸形式。發展至今日，已經使我們的生活澈底改觀。以下將針對各種常見的陸路運輸形式，以及相關的管理系統簡要加以介紹。

## 壹 陸路運輸形式介紹

陸路運輸除了各種車輛以外，還包括電梯、手扶梯、輸送帶等。以下分別針對這些運輸系統作簡要的說明。

### 一、自行車

自行車是在 19 世紀初（1816 年）由法國人所發明的，剛開始的自行車沒有踏板，是利用雙腳推動車輛向前滑行，車輪是木製的，後來才裝上踏板，並且逐漸改良成現在的樣子。騎乘自行車時建議戴上安全帽，以避免意外傷害；目前在臺灣的各大城市、風景名勝區大多設有自行車專用道（圖 6-16），讓自行車從交通工具轉型成為一項輕鬆的休閒運動。

自行車的構造（圖 6-17）及驅動原理：常見的自行車為後輪驅動，前輪控制方向，利用踏板踩動的力量轉動齒輪，齒輪帶動鍊條後，再帶動後輪的齒輪，使得

圖 6-17 自行車構造圖

圖 6-16 自行車專用道，休閒時更添安全

自行車得以前進。通常前齒輪的齒數會比後齒輪的齒數多，前齒輪和後齒輪的比例愈大的話，踩踏愈費力，前進的速度也愈快；反之的話，踩踏愈省力，但前進的速度也愈慢。

自行車藉以前進最主要的動力系統，是來自於前後齒輪和鍊條所組成的**齒輪系統**；齒輪系統分為「固定齒輪比」與「變速齒輪比」等兩種，若是固定齒輪比，代表前後齒輪的比值是固定的，無法調整，遇到上坡時較為費力，想要加速時也較為不利；若為「變速齒輪比」，也就是裝置了變速齒輪系統，在後輪上會有直徑大小不同的齒輪，此時自行車騎士可以藉由變速系統調整前後齒輪比的不同，改變踩踏的費力程度與前進速度，較為省時省力。除了齒輪系統之外，自行車也運用了許多物理上的原理，例如煞車把手就是利用槓桿原理所製成的裝置；輪子中央所裝置的滾珠軸承就是用來減少摩擦力、提高傳動效率的；自行車踏板則是輪軸機械的一種應用。

## 二、汽機車

19 世紀末（1876 年），德國人鄂圖（Nicolaus August Otto）發明了內燃機，另一位德國人戴姆樂（Daimler）則將內燃機裝在自行車上，成為世界第一輛機車（圖 6-18）。機車目前是臺灣地區最常見的交通工具，數量超過 1 千 100 萬輛，為我們的生活帶來許多便利，但是，也帶來了空氣汙染、交通安全等問題，政府除了加強機車排氣檢測，也積極補助電動汽車的研發，以控制廢氣汙染的狀況外，也訂定騎乘機車要配戴安全帽的強制規定，以保障行車安全。

汽車和機車發展的時間差不多，剛開始汽車是有錢人獨享的產品，直到亨利．福特（Henry Ford）將大量生產的觀念引進之後，它的價格才降低到一般百姓也負擔得起的水準。目前汽車已經成為最主要的交通工具，型式也有許多種。目前臺灣地區的汽、機車總數已經超過 2 千 200 萬輛，雖然提供我們便捷的交通運輸，但也帶來擁擠、停車不易和空氣汙染的問題，亟待大家共同來克服。

圖 6-18 戴姆樂機車

汽機車的構造及驅動原理（圖 6-19）：傳統的汽車與機車都是**內燃機**，作為動力的來源；所謂的內燃機，就是將燃料填充於汽缸內加以燃燒或爆炸，進一步產生機械動力的裝置。汽機車上所裝置的內燃機，通常屬於往復活塞式的運動，是藉由「進氣」、「壓縮」、「爆炸」、「排氣」等四個步驟為一個循環，使得活塞在最高與最低點之間來回二或四次，兩次的稱為「二行程引擎」，四次的話則稱為「四行程引擎」。二行程引擎空氣汙染較為嚴重，現今多採用四行程引擎；除了傳統的汽柴油引擎之外，近年來因應環境保護需求，也有「油電混合車」與「電動汽車」的研發與創新。電動汽車是蓄電量高的電池，作為汽車前進的動力，世界各先進國家都投入許多經費在這方面進行研究；油電混合車則是將汽油引擎與電動馬達都裝置在同一部車上，作為前進動力的車輛；在汽車靜止狀況下（並未熄火時），或者是低速行駛狀況下，動力會從汽油引擎轉為電動引擎，這樣就不會一直燃燒汽油；平時汽車用較高速前進時，則是利用汽油引擎的動力，同時為電

**知識小集合　綠能科技－電動車**

電動車是指使用電動機或牽引電動機推動而在路面上行駛的電動載具。因環保意識抬頭，許多消費者也開始關注這項產業。

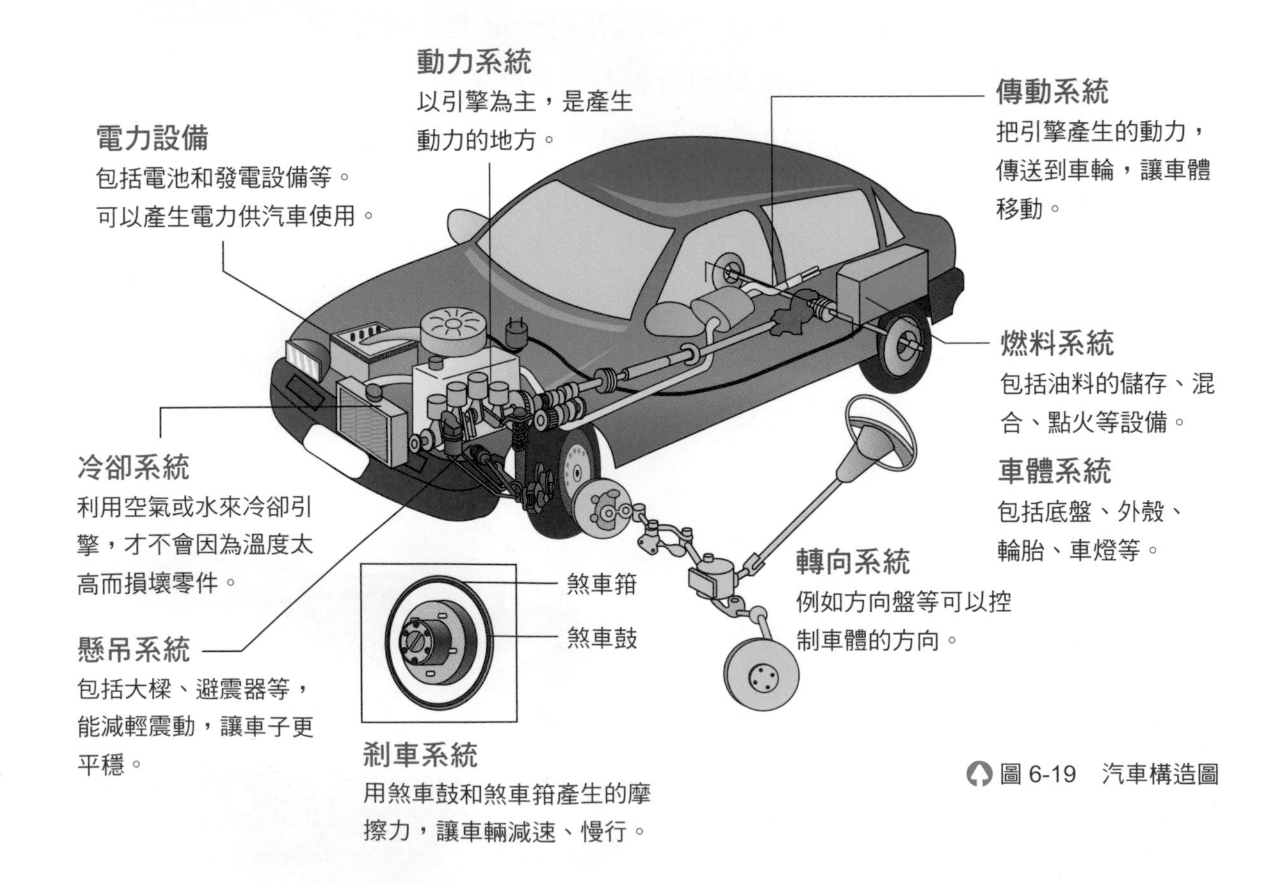


圖 6-19　汽車構造圖

動引擎充電，保持電動引擎的動力飽滿，煞車及下坡時，還可以將動能轉成電能為電池充電。

由於油電混合車比一般汽油引擎車要更省油，汙染也較為減少，也避免了像純電動車那樣，電池轉換效率不高、需要額外充電等較不方便的狀況，因此頗受歡迎與好評。

除了引擎（動力系統）之外，汽車常見的主要構造還包括車體、燃料系統、傳動系統（含變速箱、傳動軸、離合器在內）、轉向系統、煞車系統、冷卻系統、冷氣空調系統、懸吊系統、電力系統等。

## 三、火車

火車的概念早在 1671 年就有人提出，只是當時的火車沒有動力系統，要靠人力來推動，運送距離也很短，甚至連軌道都只是木製的，後來才改良成鐵軌，並且將蒸汽動力設備加裝到火車頭上，可以一次將許多人和貨物送到遙遠的地方。從蒸汽動力進步到柴油引擎動力、電力，火車的速度加快、運量增加、時間減短、汙染也日漸減少，是許多人長途旅運的第一選擇。臺灣地區由於高速鐵路的興建，加上原有的環島鐵路網，使得整體的鐵路系統更加完整（圖 6-20）。

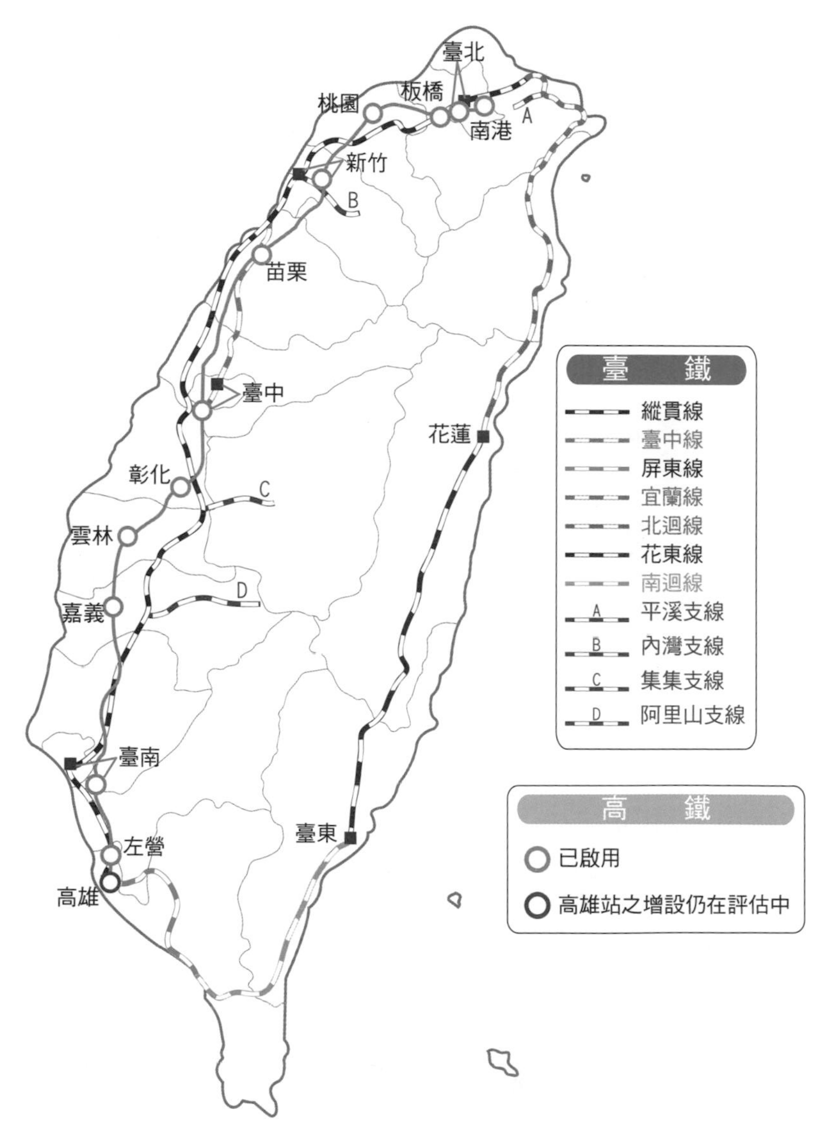


圖 6-20 臺灣地區的環島鐵路系統及高鐵路線圖

現今常見的火車則通常是利用柴油引擎或電氣引擎，裝置在機車頭上（通常是第一節車廂或最後一節車廂），利用拉或推的方式，帶動整列列車前進。新一代的火車除了有高速鐵路的進展之外（時速達到每小時 200 公里以上，就稱為高速鐵路；臺灣高鐵每組列車有 9 節動力車廂及 3 節無動力車廂可提高加速效率），也朝向磁浮列車（圖 6-21）發展；因為傳統的火車一直到高速鐵路，都還是會有車輪和鐵軌間摩擦力的問題，速度仍舊有限，但磁浮列車是利用電磁感應以及磁場中同性相斥的原理，使磁浮列車能懸浮在軌道之上，減小摩擦力，以提高速度。磁浮列車除了速度快之外，音量也相對減小，但造價昂貴，目前真正能進入商業運轉的軌道長度遠不及傳統火車。

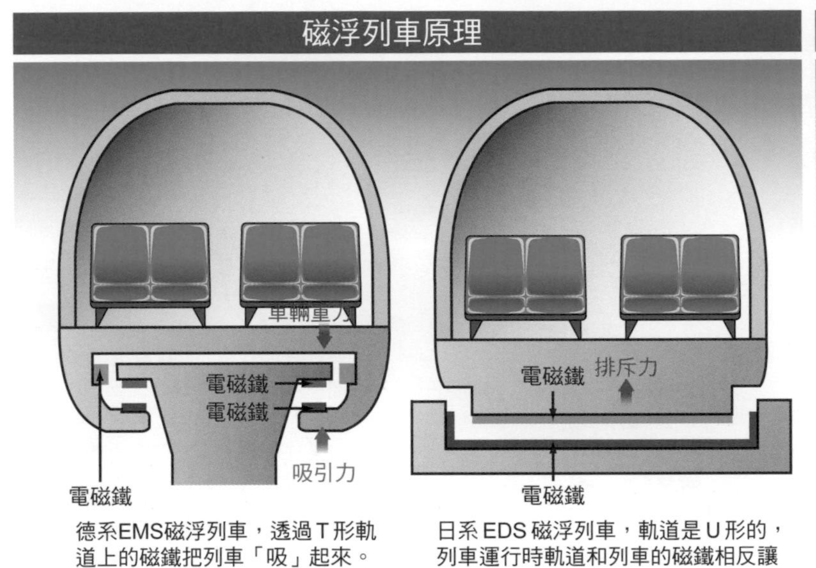


德系EMS磁浮列車，透過T形軌道上的磁鐵把列車「吸」起來。

日系 EDS 磁浮列車，軌道是 U 形的，列車運行時軌道和列車的磁鐵相反讓列車浮起。

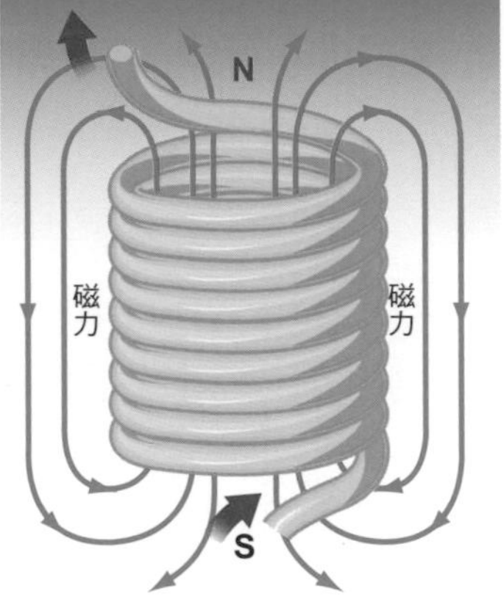


「磁浮列車」要有強大的磁力產生，才能運作，最方便有效的方式就是以電磁鐵作為磁力來源。所謂電磁鐵，就是一個金屬線圈，通入交流電後，來達成能量轉換，即「電力」轉為「磁力」，因而產生相斥相吸的磁性變化。

圖 6-21　磁浮列車原理圖

## 四、捷運

在都會區裡由於汽、機車太多，造成嚴重的壅塞和空氣汙染問題，所以，先進國家早在 19 世紀中（1863 年）就興建了地下鐵系統，做為主要的大眾交通運輸工具。臺灣地區也從 1986 年開始規劃，並在 1996 年完成第一條捷運線——臺北木柵線，之後，臺北地區已陸續完成淡水信義線、松山新店線、板南線、中和新蘆線等，構成大臺北地區的路網（圖 6-22），已經成為臺北都會區重要的交通工具；高雄地區的捷運系統也已通車（圖 6-23）；桃園地區的捷運系統機場線、臺中地區的捷運系統綠線則於近年陸續通車，其餘各路線正依規畫興建中。

捷運系統是在都會區域主要的運輸區域，以特別設計的電聯車行駛在具有專用路權的軌道上，建造方式則可分為**地下**、**地面**及**高架**三種。由於軌道路權專用，不會受到各種可能的交通干擾（包括常見的紅綠燈），因此可以大量節省時間，再加上高科技的行車控制系統，為都市地區提供班次密集、運輸量大、速度快捷、班次準點且安全舒適的運輸服務。

圖 6-23 高雄捷運路線圖

圖 6-22 臺北捷運路線圖 / 淡海輕軌路線圖

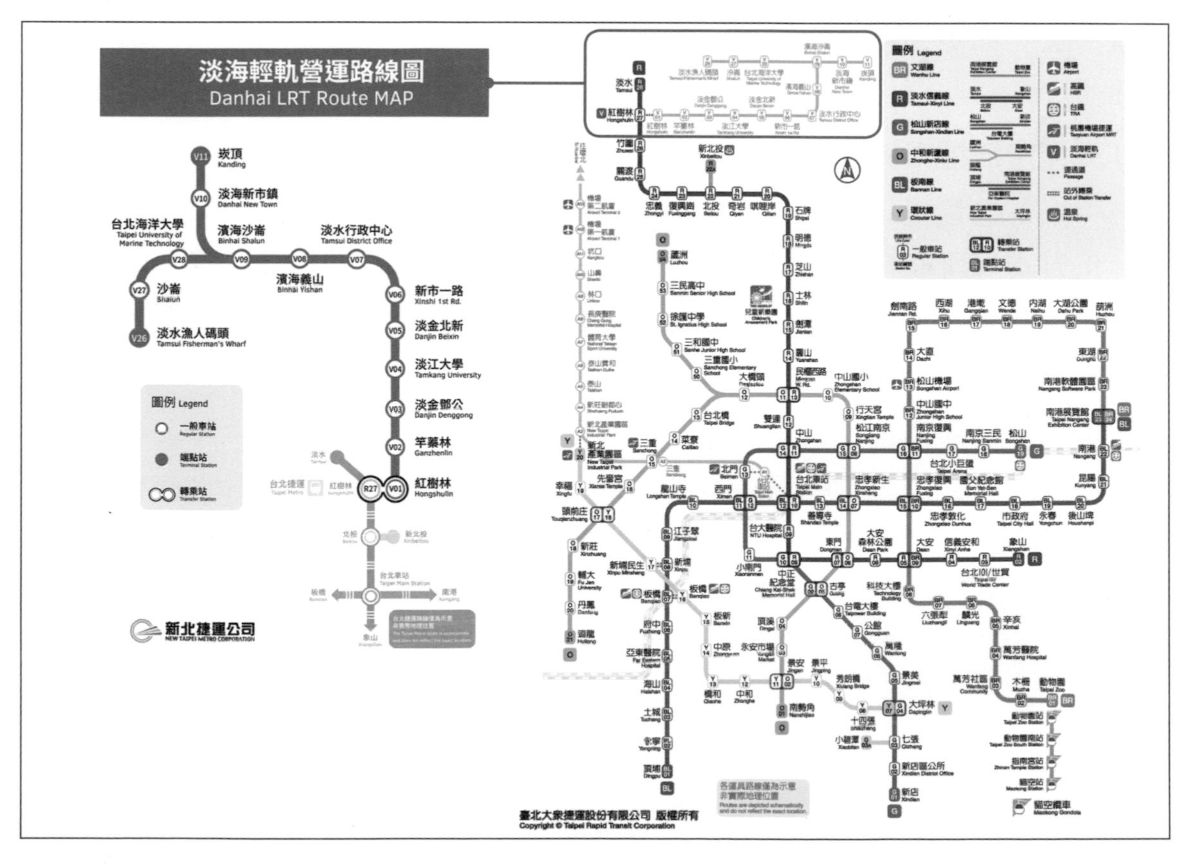

捷運列車原理

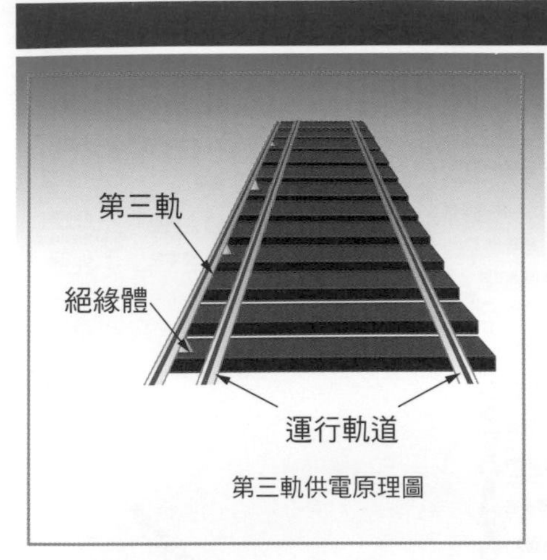


發動機（以臺北捷運來說，發動機在1、3、4、6車廂）

自動列車運行裝置-訊號接收器（接受訊號）

自動列車運行裝置-軌道電路（發射訊號）

- 臺北捷運列車皆為動力分散式的電聯車，以第三軌供電方式推進，並搭載自動列車運轉裝置（ATO）
- 自動列車運行裝置（Automatic Train Operation）：ATO系統自動根據訊號系統調節速度，為現時鐵路安全保障裝置中，最遲出現的裝置。臺北捷運列車，自動駕駛是由軌道電路發射訊號，在車頭的車底有接收器。
- 動力分散式列車：特點是動力來源分散在列車各個車廂上的發動機，而不是集中在機車上。臺北捷運列車一般是六節車廂，但事實上是由兩個三車(三節)組組合而成。一個三車組為一個單位，在第一個和第三個有動力發動機。

圖 6-24　捷運構造圖

以目前國內來說，臺北的捷運系統（圖 6-24）包括高運量（松山新店線、淡水信義線、中和新蘆線及板南線）與中運量（文湖線、環狀線）兩種，高雄為高運量捷運系統，臺中則為中運量捷運系統；此外，高雄舊臨港線正規劃轉換為國內第一個輕軌捷運系統。以下針對高運量、中運量、輕軌及捷運系統之分類，作簡要的介紹：

## (一) 高運量捷運系統

高運量捷運系統（Mass Rapid Transportation, MRT）多採地下化與高架化方式，列車的車廂較寬敞，車廂節數較多，因此運輸能量很高，俗稱為地鐵或重運量捷運，例如臺北捷運的淡水信義線、松山新店線、高雄捷運的紅線、橘線等，均屬高運量捷運系統。

## (二) 中運量捷運系統

中運量捷運系統（Middle Capacity Transportation, MCT）則定義較為廣泛，通常單方向運輸能量介於每小時 5,000 至 25,000 人次，均可稱為中運量捷運系統。例如臺北捷運的文湖線、臺中捷運的綠線，即屬中運量捷運系統的一種。

## (三) 輕軌系統

輕軌系統包括輕軌捷運系統（Light Rail Rapid Transit, LRRT）與輕軌運輸系統（Light Rail Transit, LRT）（高雄環狀輕軌、淡海輕軌）兩種。LRRT 有專用路權，行車速率較高，且可完全自動控制；LRT 的路權需與一般車輛共用，行車速率較低，且需要由人工進行控制。輕軌系統是都市公共運輸中最具有彈性的運輸型式，因為車輛的內裝設計、列車的型式與組成、行車控制系統、路權型式等彈性較大，可依據地方實際環境與交通需求特性，做適當的設計，再者造價比中運量、高運量捷運系統都低很多，歐、美各國均公認為一種具有成本效益與空間效用的大眾運輸系統。輕軌電車大多為三節車廂，最高載客量約為 200 人，最高時速不超過每小時 70 公里，平均時速僅為 30 公里，其運量雖較「高運量捷運系統」低，但仍比一般公車來得高。

## 貳 陸路運輸的管理系統

陸路運輸的管理系統係指道路管理、車輛管理及交通管理等，包括公路局對道路的養護及規劃、監理站對車輛的管理、交通員警以及各種號誌對交通狀況的疏導與指揮等。透過這些管理系統，各種車輛才能井然有序的、依據規定達成運輸的目的，維護所有大眾行的權利。行駛相關的號誌都由鐵路局或捷運公司負責管制，不論列車是否在行駛，都有嚴密的監控及安全措施(圖 6-25)，以避免發生危險。

圖 6-25 臺北捷運高運量行車控制中心

### 科技小故事 Technology Story

#### 臺中市快捷巴士 (BRT)

BRT (Bus Rapid Transit) 是發源於南美城市的一種新型大容量快速交通方式。利用現代公車技術，在城市道路上設置專用道，再配合智慧型運輸系統，採用軌道運輸的營運管理模式。

目前營運的藍線優先路段是由臺中快捷巴士公司與臺中客運、統聯客運及巨業交通聯營，是臺灣第一個採站外收費與使用雙節巴士的 BRT 系統。

圖 6-26 臺中市快捷巴士

知識小集合

## 全球定位系統

（Global Positioning System，簡稱 GPS）全球定位系統也稱為衛星導航，可以用在各種不同的交通運輸工具上；在地球上空約 36,000 公里處平均分布了 24 顆同步衛星，只要利用接收器，就可以收到這些同步衛星發射出來的信號，再經由 3 顆以上同步衛星的定位後，就能確定目前所在的位置，精確度能達到 10 公尺以內。

## 衛星導航

衛星導航原本是美國軍方所開發的功能，但後來開放給民間使用。一般常見的是車用導航裝置，將導航機裝在擋風玻璃前方，可以接收衛星定位訊號，偵測到機動車輛目前的位置，再輸入目的地，即可經由機器的運算，找出最佳行車路徑，以語音及圖像引導駕駛抵達目的地。隨著資訊科技的進步，衛星導航軟體也可以安裝在智慧型手機、平板電腦上，提供開車族、機車族、自行車騎乘者以及行人等路線的導引，近年來已成為用路人不可或缺的裝置之一。

## 行車紀錄器

由於資訊科技的進步，近年來各型車輛紛紛加裝行車紀錄器（圖 6-27），以避免發生事故時的爭議，確保行車安全。行車紀錄器通常包括攝影鏡頭、小型螢幕、固定支架、記憶裝置以及電源裝置等五大部分，並且與車輛電源連動，在車輛發動之後，可以直接啟動行車紀錄器，開始進行影音攝錄功能，直到車輛熄火為止。在進行檔案紀錄的時候，通常將每個錄影檔案設定為固定的時間，例如每 5 分鐘錄製一段檔案，這樣在事後查詢時較為方便；且記憶裝置大多可以重複利用，當記憶卡滿載時，會將最早的檔案消除，作為新檔案儲存的空間。目前法令雖未強制規定車輛裝設行車紀錄器，但由於行車紀錄器的價格低廉，加上媒體常常報導行車紀錄器的各個案例優點，它已經成為開車者的最佳行車伙伴。

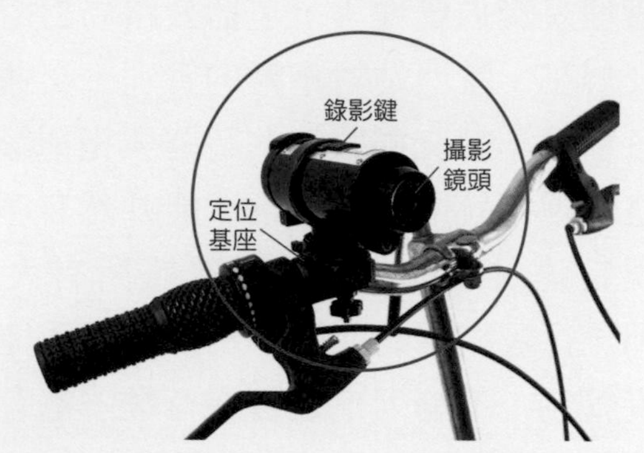


圖 6-27　腳踏車行車紀錄器

## Google 地圖

Google 在 2006 年，發表了 Google Maps for Mobile，即為現在我們熟悉的 Google 地圖（Google Maps）服務的前身。隨著 Google 的發展，地圖服務也成為人們常用的工具。Google 地圖能提供向量地圖（一般常見的區域地理街道圖）、衛星照片以及等高線圖，在後續加入的街景服務中，甚至可以提供主要街道的照片，讓人們有身歷其境的感受。更重要的是，Google 地圖目前仍是提供使用者無償使用，且加入了導航服務（可提供行走、搭乘大眾交通工具及開車等三種規劃）以及路況壅塞與否的顯示功能，讓使用者可以透過一般電腦或行動裝置（手機、平板電腦等）連結網路與全球衛星定位系統（GPS），達到導航的功能，讓用路人不再容易迷路，也能適時避開塞車路線，減少浪費時間。

科技小故事 Technology Story

## 臺北地區的捷運系統及悠遊卡

悠遊卡誕生於2006年6月，是一張整合了公車、捷運以及臺北市公立停車場費用的卡片，換句話說，在臺北地區只要有了一張悠遊卡，就可以乘坐公車、捷運，並且在公立停車場停車時用來繳付停車費。使用時只需在感應器上通過，不需碰觸，就可以感應出該卡片有效與否及餘額多少，使用卡片時不但享有八折優惠，在公車和捷運互相轉乘時，也享有折扣，目前已經成為臺北市、新北市居民主要的通勤付費方式之一。

## RFID 在運輸科技上的應用

RFID意為「無線射頻辨識技術（Radio Frequency IDentification, RFID）」，常見於商店防盜、員工出缺勤查核、產品防偽、門禁系統等處。在運輸科技上，常見的應用包括悠遊卡、臺灣通、一卡通、高速公路ETC與eTag系統、物流管理、機場行李分揀等，使用者不需實際接觸到辨識裝置，就可讓裝置讀取到晶片中所儲存的資料，可說相當方便，其使用的範圍也越來越廣泛（圖6-28）。但也由於使用者不需直接接觸到辨識裝置，因此有可能被「隔空」讀取到使用者的晶片資料，因此其防駭的設計變得更為重要。

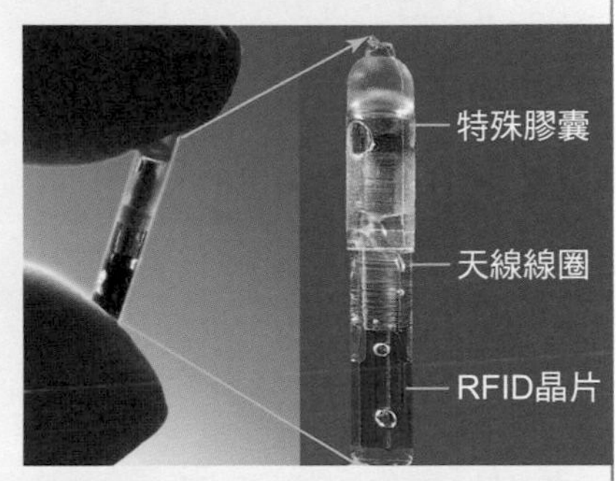


圖6-28　RFID技術未來也可應用至健康管理，例如圖中晶片可植入皮下記錄健康狀況，並能直接連結到醫院的個人病歷資料庫

討論與分享 Discussion And Sharing

一、除了臺北捷運系統外，桃園、臺中、臺南及高雄地區也陸續在興建與規劃當中。試著找到相關的資料，到課堂上來做報告。如果你正好居住在這些區域當中，試著討論捷運系統的完成前、後，對你居住的地方有哪些正面或負面的影響。

二、如果你不居住在這三個區域內，試著就你居住的地方的角度，來看看哪一種大眾運輸工具最適合建設在你的居住地。

三、都市中的大眾運輸，除了公車和捷運系統之外，還包括輕軌電車、陸上電車等。試著蒐集世界各國其他城市的主要大眾交通運輸工具，就其優缺點在課堂進行討論。

# 6-3 水路運輸

臺灣地區四面環海，遍布海灣港口，使得水路運輸成為我國重要的經濟命脈。以下針對各種常見的水路運輸型式，以及相關的管理系統簡要加以介紹。

## 壹 水路運輸型式介紹

各類常見船舶構造：依據船舶的動力來源，可概分為以下幾類：

一、**櫓槳船**：通常為木船，以人力划槳為推進方式（圖6-29）。

二、**帆船**：利用風帆為推進器（圖6-30）。

圖 6-29　利用人力行進的船隻

圖 6-30　現代帆船競賽

三、**機帆船**：同時擁有推進機器和風帆。

四、**動力船**：

有各種不同的動力來源，包括輪船（圖 6-31）、螺旋槳船、噴射引擎推進船（例如水翼船）（圖 6-32 ～ 6-33）、氣墊船（圖 6-34 ～ 6-35）、核子動力船等。輪船是以人力、蒸氣機、柴油引擎等動力來源，使得推進裝置轉動產生推進力，讓輪船得以前進；就推進裝置而言，以往的輪船是以船身左右兩側的輪子作為推進裝置，現代的輪船則是以**螺旋槳**推進器為推進裝置。螺旋槳船則是在船尾裝上螺旋槳，利用柴油引擎推動螺旋槳旋轉前進。噴射引擎推進船是利用噴射引擎所釋放的強大推力，讓船隻得以快速前進，最有名的例子就是水翼船；水翼船是一種高速船，船身底部有支架，在船首及船尾部分裝上水翼。當船的速度逐漸增加，水翼提供的浮力會把船身抬離水面（稱為水翼飛航或水翼航行），因此能大大增加航行速度。氣墊船則是利用船艇內連續不斷鼓風所形成之空氣墊，對其下方水面所產生有效反作用力，使船身自水面升起，藉噴氣、空氣螺旋槳、水下螺旋槳或其他推進方式在水面航行之船舶。氣墊船是一種以空氣在底部襯墊承托的工具，除了在水上行走外，還可以在某些陸上地形行駛。行走時船身因為升離水面，因此水的阻力相當小，但一般來說，速度不及水翼船。核子動力船則是利用核反應爐作為動力的來源，目前用在少數先進國家的軍事用途船隻上。

**推進器示意圖**

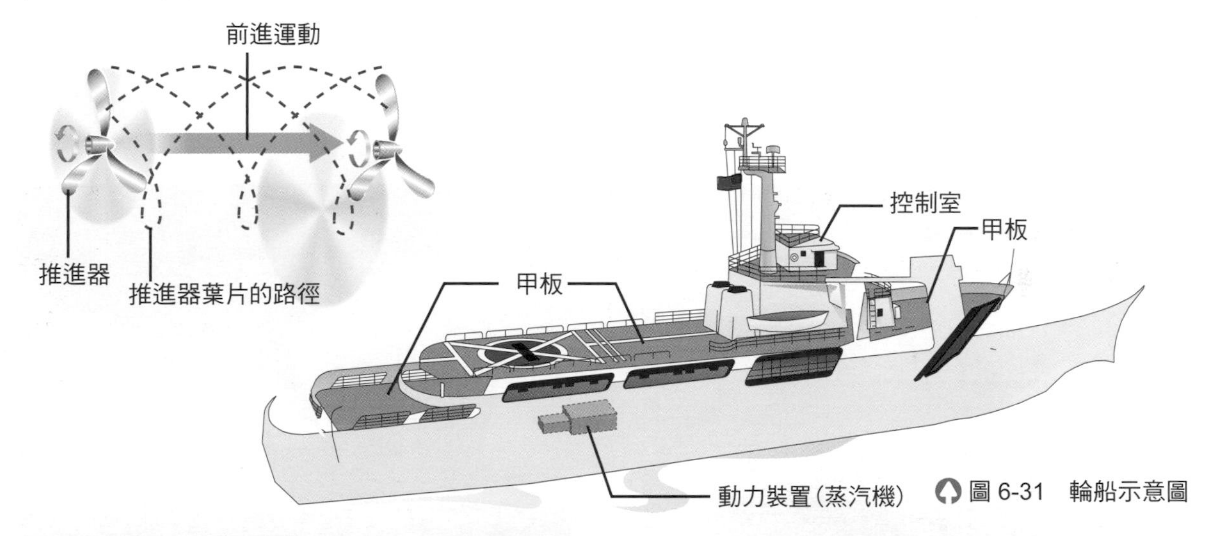


圖 6-31 輪船示意圖

圖 6-32 噴射飛航「木星」號 Jetfoil 929 型水翼船

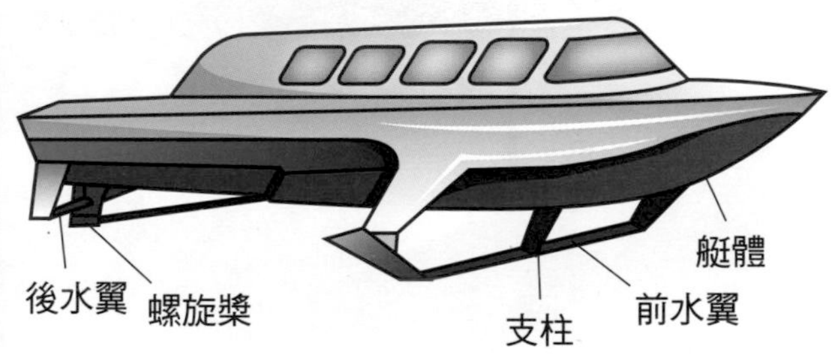


圖 6-33 水翼船構造圖

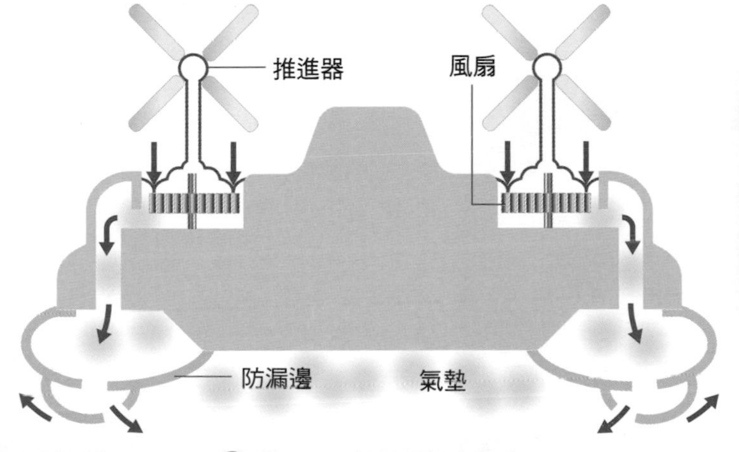


圖 6-34 氣墊船基本構造

圖 6-35 可水、陸兩用行駛的氣墊船是救難利器

## 貳 水路運輸的管理系統

船隻在抵達目的地之後，就會停泊在港灣之中，為了適當的管理及引導船隻的進出，所以，設置了燈塔、領港船等。燈塔可以在視線不明時指引船隻方向，尤其在天氣變壞時，可以指引船隻安全返回港灣中；領港船大多見於大型灣，因為大型船隻吃水深，體積又龐大，在港灣中如果稍有不慎造成碰撞，就會造成嚴重的生命財產損失，所以，必須要由引水人(也稱為領港人)乘坐領港船帶領大型船隻進出。

現代的船隻也會裝載導航系統及各式通訊設備，可以利用衛星定位(圖 6-36)的方式來偵測所在的位置，並且接收大範圍的氣象資料，以維護航行的安全。

圖 6-36　GPS 衛星

**船舶導航系統**　**知識小集合**

以往船隻的導航系統多依賴星象以及羅盤，也就是利用北極星的位置來定方位，或是利用地磁特性來找出方向。現代船隻的導航設備包括中高頻電臺、衛星通訊設備(如衛星電話)、導航雷達、全球定位系統(GPS)、雷達應答器(START)、氣象傳真接收器等。

科技小故事 Technology Story

## 引水人的工作

你聽過「引水人」嗎？引水人又稱為「領港人」，他們的工作是在船隻進出港口時，負責導引船隻進出港灣或在規定的位置停泊（圖 6-37）。引水人的收入相當令人羨慕，年薪高達五、六百萬元，但是，要如何才能當上引水人呢？想要當引水人，在學校畢業後必須先上船實習一年，接著擔任三副、二副、大副都至少各要二年，升上船長後也要有三年以上資歷，所以，至少要有十年的海上工作經驗，而且限定必須取得我國船長執照，才有資格報考。即使夠資格報考引水人，通常各港口招考的錄取率只有 5 ～ 7%，有些船長考了好幾年也不見得考得上。

圖 6-37 「航領輪號」由兩艘拖船一前一後的拖進高雄港

引水人是一份不分日夜、沒有年節的工作，除了輪休以外，除非是風浪太大，連搭載小艇都無法出港時，才能放下工作休息。雖然收入很高，但是年終時，必須繳交 40%的所得稅，而且到了 65 歲就會強迫退休，沒有任何退休金或退休後的保障制度。其中最具有挑戰性的，是這份工作必須承受極大的壓力。引水人不僅要從天氣與地理環境的角度了解當地港口水道的洋流、潮汐、水深、氣象等，也要從船舶機械的角度了解輪機的知識以及相關的泊船技術，更要從行政的角度了解相關的引水法規、商港法等，所要了解的事務相當複雜，這份表面上看起來簡單的工作，其實蘊含了許多經驗和學問在內。

## 討論與分享 Discussion And Sharing

一、一般的概念裡，帆船必須順風而行，但如果在水面上，遇到的風向與前進的方向不一致時，就必須要適當地調整風帆的方向，讓船隻仍舊能夠朝著既定的方向前進。請同學上網蒐集有關的資料，看看如何讓不同方向的風，藉由調整風帆方向，讓船隻朝同一個方向前進（備註：可以在陸地上利用風帆車進行實驗）。

二、臺灣地區的經濟繁榮，國民所得高，人們除了辛勤的工作之外，也逐漸重視休閒活動。例如：許多地區性的小型漁港以及湖泊，除了捕魚之外，也兼做觀光休閒之用，提供遊艇出海、賞鯨、釣魚等活動。試著以你居住的地區，看看有哪些水路運輸的資源，可以發展成為觀光休閒產業？又以哪些觀光的形態較為合適？

# 6-4 空中運輸

空中運輸的歷史雖然不長，但是由於經濟的發展、全球化時代的來臨，世界各國對空中運輸的需求日益殷切。以下針對各種常見的空中運輸型式，以及相關的管理系統簡要加以介紹。

## 壹 空中運輸型式介紹

在空中像鳥兒一樣的飛行，一直是人類的夢想。1903 年，萊特兄弟（Wright Brothers）（圖 6-38）成功的在滑翔機上裝載了引擎，飛行了 59 秒，成為發明動力飛機（圖 6-39）的人。百年以來，空中運輸的進步真是一日千里，從最開始的螺旋槳動力飛機，到直升機、噴射引擎飛機、火箭、太空梭等，人類不但飛上了天空，更進一步向宇宙進行探索。空中運輸有許多形式，大致上以空氣為標準，分為比空氣輕和比空氣重的兩種。比空氣輕的包括熱氣球以及飛行船；比空氣重的包括滑翔機、滑翔翼、直升機以及各種形式的飛機。

### 一、熱氣球

熱氣球（圖 6-40）的飛行原理很簡單，就是利用一個大氣球裝滿空氣，加熱使空氣膨脹，讓比重減低，就可以升空了。熱氣球由球體、吊籃、燃燒系統等三部分組成，目前最常使用的熱氣球採用兩層氣囊，裡面的氣囊是一個氦氣氣球，兩層氣囊之間填充空氣，下方安置燃燒器。在飛行過程中，氦氣氣囊能夠保持一定的浮力。此外，白天可以利用太陽光對兩層氣囊的空氣進行加熱，產生浮力；晚上再打開燃燒器加熱空氣。這樣可

圖 6-40 熱氣球基本構造，圖中為 2011 年臺灣熱氣球嘉年華會的參展熱氣球

圖 6-39 史上第一架動力引擎飛機

圖 6-38 萊特兄弟

圖 6-41　飛行船基本構造，圖中為德國齊柏林公司（Zeppelin NT）為日本打造的觀光用飛行船

圖 6-42　飛機所受到的四種力量，圖中為波音 787 夢幻客機（Dreamliner），也是使用複合材料建造的首款客機

以節省燃料，適合長距離飛行。天燈飛行的原理與熱氣球的原理相同，同學們可以藉由觀察天燈的相關影片或圖片，對熱氣球有更深入的認識。

## 二、飛行船

飛行船（圖 6-41）是利用橢圓形的球體，充滿氫氣或氦氣，利用氫氣和氦氣比重較輕的原理，使飛行船能升空；橢圓球體下方裝置了船艙，利用螺旋槳與方向舵來操控飛行船的前進速度與方向。目前飛行船通常填充的是氦氣，以避免氫氣易燃的危險性，並且大多作為廣告、空中拍攝等功能。

## 三、飛機

飛機是利用白努利定律，機翼下方與上方的壓力差，使得飛機能順利抬升。就飛行而言，飛機會受到四種力量的影響（圖 6-42），分別說明如下：

1. **推力**：由引擎產生的推力，是使飛機前進的力量，例如螺旋槳或噴射引擎，方向幾乎與飛機前進方向相同。
2. **阻力**：飛機的表面並非是完全光滑，飛機的外型也並非完全流線型，因此空氣會對飛機產生阻力。方向與飛行方向相反。速度越快，阻力就越大。
3. **升力**：空氣流過機翼時，機翼的設計使通過機翼上緣與下緣的氣體速度不同，流過上緣的速度比下緣快。根據白努利定律，速度越快壓力越小，因此機翼產生壓力差，就是升力，是讓飛機往上移動的主要力量。速度越快，升力越大。
4. **重力**：根據牛頓萬有引力定律，每個物體都受到重力影響，產生方向對地面的力。

綜合以上所述，在跑道上準備起飛時，引擎產生推力以增加速度，使飛機對空氣的相對速度增加，此時機翼產生升力，抵抗地球對飛機的重力，而向上起飛。但阻力同時產生，所以飛機的速度與爬升高度都有一定的極限。

飛機可分為軍用與民用兩種。軍用飛機的型式包括戰鬥機、運輸機、偵察機（有人或無人駕駛）、預警機、攻擊機、轟炸機、教練機等；民用飛機的型式則包括客機與貨機兩大類。我國目前使用的民用客機有兩大系統，分別為歐洲的空中巴士（Airbus）系列以及美國的波音（Boeing）系列。空中巴士公司在 2005 年推出 A380 客機（圖 6-43），形式為雙層客艙四引擎，2007 年開始正式交機及載客，載客量最高可達 835 人，採用三艙等（頭等艙、商務艙、經濟艙）配置時也可載客高達 555 人，是目前全世界載客量最大的民用客機。2007 年推出新的波音 787 客機（2011 年正式交機），具有以下特點：

1. **更輕**：大量採用更輕、更堅固的複合材料，大大減輕飛機重量，運輸成本也大幅下降。
2. **更節能**：比其他同類飛機節省 20%的燃料，釋放更少的溫室氣體。
3. **噪音更低**：起飛和降落時的噪音比其他同類飛機低 60%。
4. **更衛生**：波音 787 型飛機具有更好的氣體過濾設施，可讓機內空氣品質更好。
5. **更耐用**：與其他同類飛機相比，使用期更長，檢修率低 30%。

因此，波音 787 客機也有綠色節能客機之稱，相當符合時代的潮流，但載客量最高僅有 330 人，比起空中巴士以及波音 747 系列客機（最高可載客 524 人）都要少。

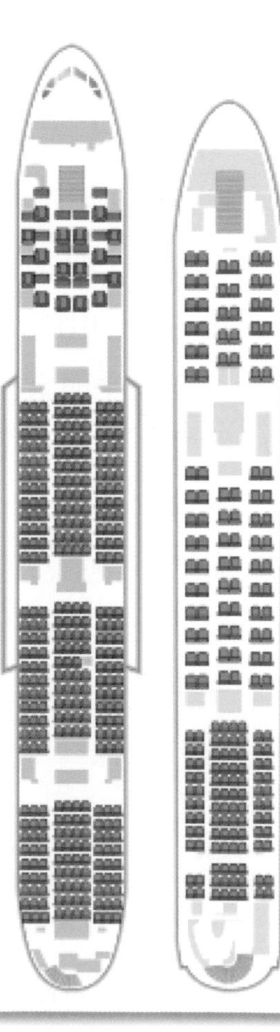

圖 6-43　空中巴士 A380 及最普遍 550 座位佈局

## 四、直升機

直升機(圖 6-44)和一般飛機一樣，會受到推力、阻力、升力、重力等四種力量的影響。只是直升機的推力和升力，都是來自於主螺旋槳旋轉後所產生的力量。而且直升機除了主螺旋槳之外，必須裝設有機尾的側向螺旋槳，以便與主螺旋槳產生的旋轉力量平衡，避免機身打轉。直升機要前進時，是將機體傾斜，利用主螺旋槳的力量前進，方向控制則靠機尾的側向螺旋槳以及方向舵來操控。

圖 6-44 直升機基本構造，圖中為國軍 EC-225 Mk-2「超級美洲獅」(Super Puma) 直升機，2012 年 7 月開始服役，執行戰備與各項搜救任務

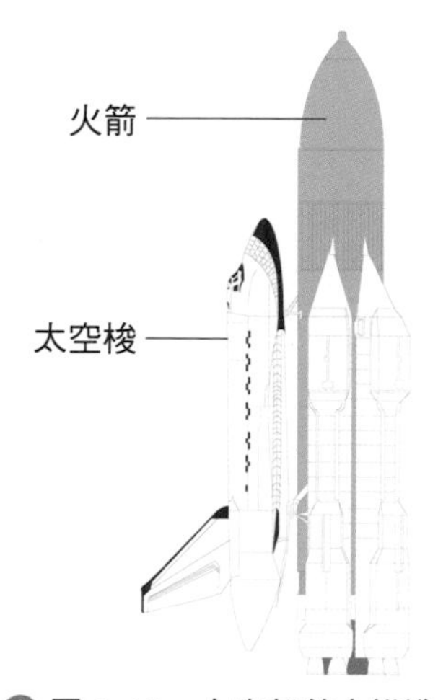


圖 6-45 太空船基本構造

## 五、太空船

常見的太空船又稱為太空梭(圖 6-45)，太空梭在起飛時，是藉由火箭垂直向上升的推力，將太空梭送入地球軌道，進行太空任務(包括衛星修繕、天文觀測、各項科學實驗等)。太空梭返航時，會啟動本身的引擎，進入地球後就能夠像一般飛機一樣的飛行，降落在特定的地點。

### 科技小故事 Technology Story

**美太空船飛 50 億公里 花 9 年接近冥王星**

美國太空總署於 2006 年發射的無人太空船「新視野號」(New Horizons)，經過 9 年約 50 億公里的飛行後，終於接近終點冥王星，並開始為這個人類從未探索的神祕冰封矮行星 (dwarf planet) 拍攝照片。

圖 6-46 新視野號於冥王星上空之藝術想像圖

## 貳 空中運輸的管理系統

飛航管制系統是利用各種科技方法，對飛行活動進行監視和控制，以保證安全和有秩序的飛行(圖 6-47)。飛航管制系統包括**導航**、**通信**、**監視**與**數據處理**等自動化系統組成。它能提供準確的飛行動態，實施飛行的調配，保證空中交通安全和暢通，提高航路和機場的交通量。飛航管制程序分為進港、離港和航線等三個程序。進港程序包括塔臺接受進港要求，提供著陸所需的有關資訊，指示飛機進入等待方式，發出著陸許可和指揮進場，著陸與泊機。離港程序則與進港程序類似，包括塔臺接受離港要求，提供起飛所需的有關資訊，指示飛機進入指定跑道，發出起飛許可和指揮離場。航線程序主要包括監視飛機在航線上的飛行，在飛行進程中不斷把對飛機的控制信息「移交」給下一段航線交通控制中心或終端交通控制中心，指示飛機作上升、下降或橫向運動以避免空中撞機，指引駕駛員避開惡劣氣候空域等。

圖 6-47 松山機場塔臺管理人員工作狀況

### 討論與分享 DISCUSSION AND SHARING

一、蒐集九一一事件的相關資料，在這不幸的事件發生之後，美國與我國採取了哪些方法，來防止類似的悲劇再度發生？對我國的航空業者與旅行業者又有多大的影響？

二、市面上目前有販售一種小型的直升機，利用小型的馬達和充電電池，就能做數分鐘的低空遙控飛行。請同學蒐集相關的資料，看看這樣的遙控直升機，跟一般直升機的飛行情況有何不同？

科技小故事 Technology Story

## 什麼是物流？

物流是指「物體實際流通活動」的行為，狹義的物流過程包括運輸、倉儲、裝卸、包裝、流通加工及資訊等相關活動。這些活動必須以管理的手段進行有效的結合，以創造價值、滿足需求。簡單的說，物流就是從生產地到消費者的整個流動過程。

以往製造業所生產的產品，大多是透過企業自己的運輸工具，將物品送到各個經銷商進行販售，然而，時至今日，企業自行負擔物流活動已經不敷成本，因此，許多企業將物流交給專業的「物流公司」進行，除了節約成本，也讓更專業的管理人力介入，達到省時和精確的目的。以常見的統一超商為例：統一集團在 2002 年，將旗下的子公司依據不同的策略需求，分為食品製造、流通、商流貿易以及投資等四個子集團，其中流通次集團即以統一超商為首，將所有流通相關的上下游子公司匯集起來，包括店舖販賣（7-ELEVEN、康是美、星巴克、聖娜多堡、21 世紀、統一皇帽、統一多拿滋、無印良品以及海外事業上海 星巴克、菲律賓 7-ELEVEN、加拿大 大統華超市、山東銀座超市等）、物流（捷盟行銷、統昶行銷、大智通、宅急便）、製造（統一武藏野）、無店舖銷售（統一型錄與博客來網路書店）以及各式後勤支援產業（統一資訊、首阜企管）等。透過這些子公司的整合，可以產生綜效，減少重複投資的浪費，發揮經營的效果，此外，各公司可利用統一超商的資源，在人力、財務、採購、稽核、法務與資訊系統上共同合作，減少各公司的資源浪費，節省許多後勤成本。若將焦點集中在統一超商來看，其中陳列的商品可以少量多樣化，便當等生鮮食品也可以控制在極低的庫存浪費量；當工廠生產出產品後，首先運到物流中心進行倉儲，再依據需求進行裝卸、包裝、流通加工、資訊處理，以及運輸等，透過專業管理及電腦化的技術，可以使庫存降到最低，又能保持產品的新鮮程度，及時將產品送達銷售點，供消費者選購。甚至可以跨足電信業、洗衣業、網路購物、餐點服務等領域，開拓市場客源，擴大企業營收。

學前練功房

一、想一想，在居家生活中你（妳）使用過的電器，例如：烘衣（碗）機、微波爐、電磁爐及吹風機等家電產品，它們能源轉換的形式有哪幾種呢？

二、根據你（妳）所蒐集的資料，請說說看腳踏車、機車、汽車、火車及磁浮列車，它們轉換的能源及傳動的原理為何？

chapter

# 7

# 能源與動力科技

## Energy resources and power Technology

電燈為什麼會亮？風扇為什麼會轉動？各種電器使用的電力是從哪兒來的呢？我們所搭乘的捷運、公車，或是所騎的腳踏車，它們的輪子運轉時所需要的能源與動力是怎麼來的呢？讓我們一起來了解能源的類別、開發及其應用，並體驗動力裝置的安裝、原理和日常生活之間的關係！

# 7-1 能源與動力概述

能源的開發滿足了人類對物質文明的渴望，而動力機械的應用，造就了現代科技社會的繁榮與進步。因為傳統能源已日趨短缺耗竭，如何尋求新的替代能源，以及設計出具有高效能及節能的動力裝置，已經成為當前全球各國面臨的最大挑戰與難題了！

## 壹 能源與動力的意義

「能源」即「作功的能力」，是指提供人類克服自然、維持生存的原動力。能源提供人類產生動力的來源，動力則是指把能源轉換作功的整個歷程，其中包含了轉換的大小及速率等觀念在內。那究竟什麼是能源與動力？以科技系統的觀點來看，其輸入同樣須包括人力、資金、材料、時間、機具設備、相關知識，以及各種未經轉化利用的能源，例如：風力、水力、化石燃料及鈾礦等；處理是藉由能源轉化技術、機械動作等，將輸入要項轉換成為各種產出或作功形式的過程；輸出是指系統運作後，所帶來的各種正、負面產物，包括電力輸出儲存、機械動作、資源消耗、環境汙染等；回饋則是藉由不斷改善或增強輸入、處理的要項或內容物，來使輸出結果更符合期待與大眾利益，以使整個科技系統運作能更加完善妥適；綜合如圖 7-1。

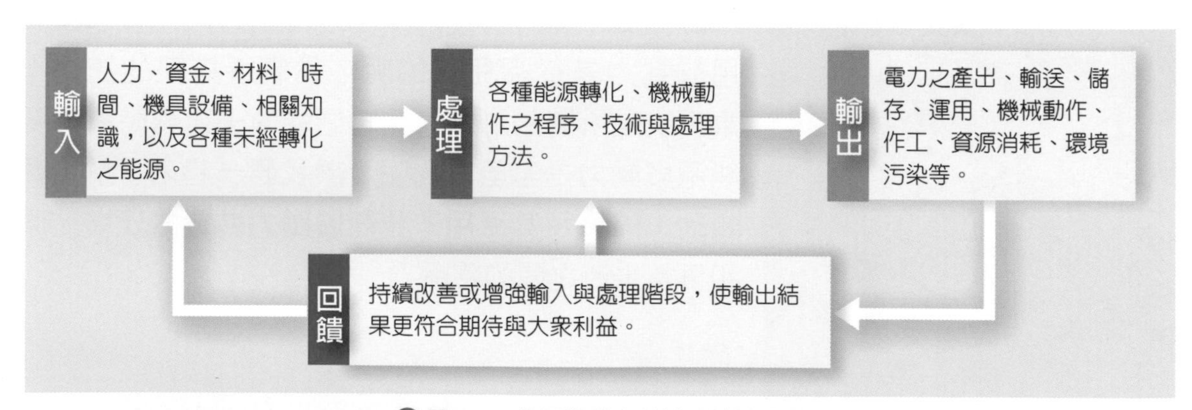


圖 7-1　能源與動力科技系統模式圖

## 貳 能源與動力對人類生活的影響

能源科技是現代科技文明的原動力，直接影響人類生活及工、商業等經濟活動。能源包含人力、獸力、火力、水力、風力、核能（圖 7-2）、太陽能與實驗中的水電池及燃料電池等，當人類開發出的能源種類及數量愈多，能量轉換及應用機制也愈來愈多，相對更能精準熟練的掌控動力。

**核能** **知識小集合**

核能是透過原子核質量轉化產生的大量能量，多應用於發電、國防及醫療，核能因放射性汙染問題引發爭議，近因較低的空氣汙染特質，再度獲得許多國家及學者的青睞。

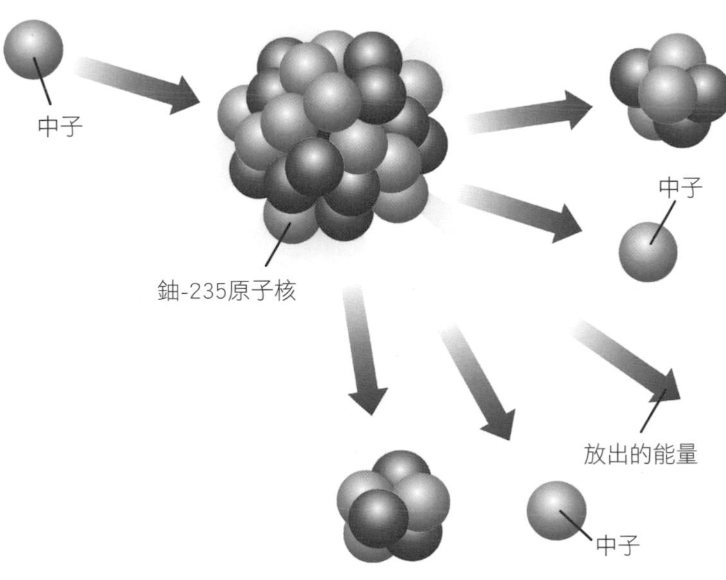


圖 7-2 「核能」是鈾 -235 原子核的核分裂、產生能量

圖 7-3 架設於海上的鑽油平臺，採出的石油仍是現今人類最倚賴的能源

目前全球依賴最重、使用最多的是煤、石油和天然氣（圖 7-3）等化石燃料。占今日能源供應市場的 90 % 以上。然而，根據估算，煤大約可再維持二百年左右；石油、天然氣則只剩數十年的存量。面對化石燃料的漸漸枯竭，且會對生態環境造成汙染與破壞，以及永續經營地球的觀念，如何兼顧經濟、社會、環境及生態等層面，提供文明發展所需穩定、安全的能源，致力各種再生能源開發，以及改良動力轉換與應用技術，就成為當前必須深入探討的課題，更是人類物質文明能否持續發展的重要關鍵因素了！

## 討論與分享 Discussion And Sharing

一、蒐集及閱讀國內外最新能源開發及使用情形的資料，並帶到課堂上和同學一起討論。

二、請記錄停電日沒有電力可供使用時的心情及感想，並與同學分享。

# 7-2 能量的類別與轉換

能源和我們的生活密不可分，不論是食、衣、住、行、育、樂等各層面，皆無法脫離能源的使用，因此，了解能源的種類形態與轉換方式，是國民必備的基本常識。

## 壹 能源的種類與應用

一般將能源分為初級能源和次級能源，初級能源是指存在自然界中之能源，例如煤、石油、太陽能、天然氣、核能等。其他必須經過轉換處理後所形成的能源，則稱為「次級能源」，例如：汽油、電能、電磁能及瓦斯（煤氣、沼氣）等（表7-1）。初級能源可依能否重覆使用，再分為再生能源和非再生能源。如從大自然如太陽、風、水、植物等得來的能源，因為都可隨著自然的運轉生息而永不枯竭，即屬於再生能源。石油、天然氣、煤和核燃料等能源，則因為蘊藏量有限，消耗後不易立即再生，被稱為「非再生」能源。

表 7-1　能源的分類表

| 能源 | 初級能源 | 再生能源 | 太陽能、風力、水力、生質能、海洋能、地熱能 |
|---|---|---|---|
| | | 非再生能源 | 煤、石油、天然氣、核能 |
| | 次級能源 | 汽油、電能、電磁能、瓦斯（煤氣、沼氣） | |

圖 7-4　2003 年，中華太陽能聯誼會發表研究成果，展示全世界最小的太陽能車，車體僅 3 公分；不僅車速極快，壽命更可長達 10 年

### 一、太陽能

地球上的能源絕大部分是來自於太陽，每年照射到地球表面的太陽能，約為目前全世界每年所需能量的一、兩萬倍，不過由於轉換效率低和儲能不易等問題，多數不能直接運用。我們可以利用太陽能電池將太陽能直接轉換為電能，如太陽能車（圖 7-4）及太陽能計算機。利用平曲面反射鏡，可將太陽光聚集到鍋爐再轉換成熱能，也可利用建築物樓頂或牆面裝設的平板集熱器，來加熱及供應熱水（圖 7-5）。未來的太陽能應用，應朝向提升轉換效率及環保的概念，擴大太陽能發電的應用。

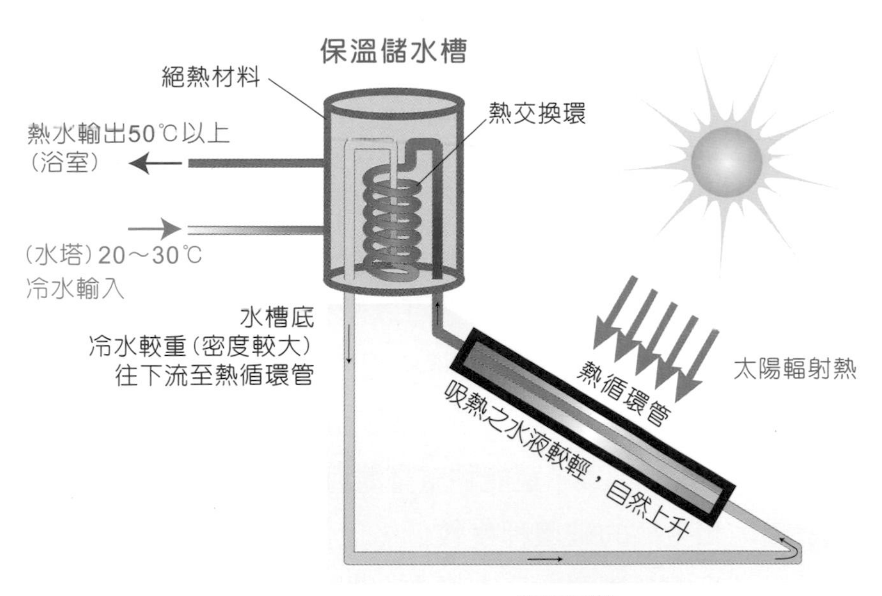


圖 7-5　太陽能熱水器的儲熱原理

## 二、水力

水力（圖 7-6）是人類開發利用最多的再生能源，發電過程不會產生汙染性廢物，是極為理想的潔淨能源。其發電原理，主要是利用水位落差的能量，來帶動渦輪發電機產生電力。水力開發具有廉價電力、管制洪水氾濫、提供灌溉、河流航運，以及提供尖峰時段電力調度等優點。但是，水力發電在築壩蓄水的過程，可能對集水區生態環境造成重大的影響。如中國長江三峽水利工程的興建，就引發了極大的爭議。

## 三、風力

利用風力轉動風車的裝置，在 18、19 世紀極為盛行，自從工業革命以後卻日漸沒落。近來能源危機問題逐漸突顯後，風能的利用又再度受到人們的重視（圖 7-7）。利用風能的方法包括間斷式使用（如抽水灌溉、水產養殖）、儲存式使用（利

圖 7-6　水力發電的示意圖

圖 7-7　風力發電機利用風推動扇葉發電（丹麥風力發電廠）

用電池、飛輪等儲能方式）及並聯式使用（將風力機、太陽能、水力及火力發電系統並聯配合）。目前在屏東恆春的核三廠、澎湖七美、雲林麥寮臺塑重工廠，以及竹北天隆造紙廠，都設有風力動力廠，未來應該對風力機技術研發、風力電廠的構建與維運技術作策略性規劃及研究，方能有效利用此項乾淨的天然能源，以減低對傳統化石能源的依賴。

風力發電不僅能帶來乾淨的能源，還可以配合風車特殊的建築，帶來觀光旅遊的附加經濟效益。如苗栗縣後龍鎮好望角因位處濱海山丘制高點，風向與風量穩定，適合發展風力發電；近年來，外商在鄰近區域設置了 21 座高 100 公尺的風力發電機，形成美不勝收的景致，還能眺望臺灣海峽。

風能雖然對陸地和生態的破壞程度較低，但仍有可能會干擾鳥類的生態，因此在考慮設置地點時應盡量周詳。而在風力有間歇性的地區，風力發電量仍不敷使用，如臺灣在電力需求量較高的白天、夏季，是風力較少的時間，必須等待壓縮空氣等儲能技術發展。風力發電雖然沒有大型發電設施過於集中的缺點，但相對需要大量的土地興建發電場；而且發電機會發出龐大的噪音，必須要找一些空曠地點興建，或等待低噪音機種上市，來克服目前的問題。

## 四、地熱能

地熱能的能量密度極低，必須依賴岩石的導熱性，或藉由熔岩和水向上移動來傳導至地球表面。在開發技術上，主要須透過水作為傳送媒介，也就是利用高溫的地熱，將水轉換成蒸汽，以推動渦輪發電機來發電（圖 7-8）。1904 年世界第一座地熱發電廠在義大利運轉發電，臺灣曾經在宜蘭縣清水及土場地區進行小型地熱發電試驗，完成階段性任務後，已停止運轉。目前，宜蘭縣政府正進行清水地區溫泉水發電及利用計畫，建立「清水地區自然養生及觀光遊憩園區」這項計畫第一階段發電容量目標暫訂為 5,000 瓩，配合溫泉浴及其他觀光設施，可望成為多目標利用的示範計畫區。

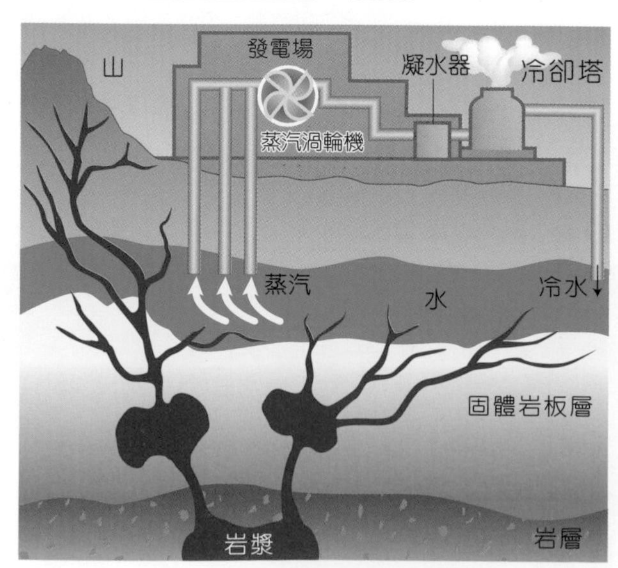


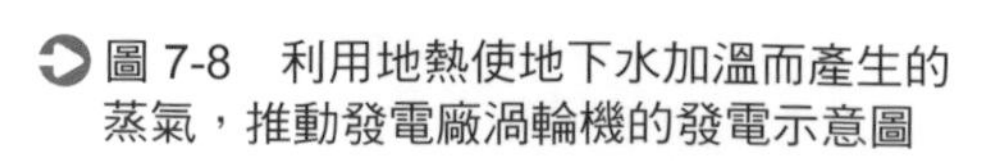
圖 7-8　利用地熱使地下水加溫而產生的蒸氣，推動發電廠渦輪機的發電示意圖

## 五、海洋能

海洋能種類繁多，包括潮汐能、波浪能、溫差能、鹽差能、生質能及洋流能等，利用的方式以發電（圖 7-9）為主。1930 年，法國成功建造第一座海洋溫差能電廠。1964 年，日本設計出第一座波浪能發電機，後來又建造出波浪能發電船，挪威則在克瓦內爾灣（Kvarner）設有波浪能示範電廠。1967 年，法國蘭斯（Rance）潮汐發電廠成功運轉，成為全球第一座具有商業實用價值的潮汐發電廠。

臺灣四面環海，黑潮流經東部海域，東北部秋冬季風強、海浪大，離島潮差高，南部及東部海域夏季溫差較大，這些都是發展海洋能的有利條件。不過由於海洋能轉換效率較差，工程施工不易，大型零組件的製造、搬運與安裝，都會遭受風浪及海流的挑戰，設備材料也容易腐蝕，因此我國的海洋能發電仍僅處於研究試驗階段。未來如能提高能源轉換效率、降低設置及維護成本，應可有效運用這用之不竭的環保能源。

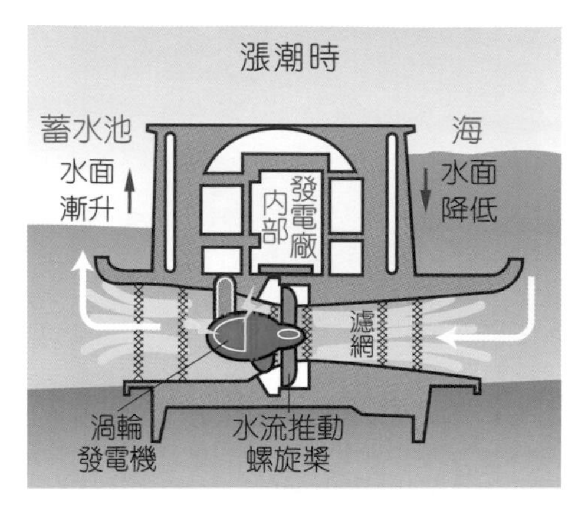


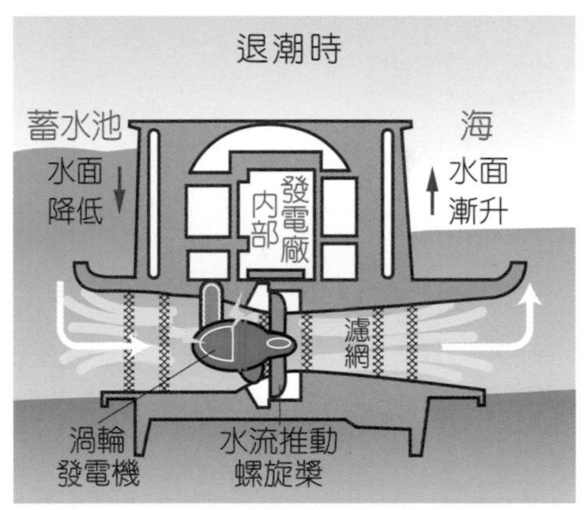


圖 7-9　潮汐發電原理是利用漲潮時，海水經閘門流進蓄水池，推動水輪機發電；退潮時，海水再次經過閘門，反向推動水輪機發電

## 六、生質能

生質能是利用生質物（biomass）產生或製造的能源，也是目前人類運用科技自製的唯一再生能源。生質物泛指由生物產生的有機物質，包括牲畜糞便、農作物殘渣、製糖作物、水生植物、薪柴、都市垃圾、城市汙水及能源作物等，都可以經由化學處理合成為燃料（圖 7-10），或經過微生物的發酵作用產生沼氣來燃燒，產生熱能或電力。生質能的優點包括環保（化垃圾為能源）及容易開發等，但因會與人類糧食作物種植面積衝突而引發爭議，因此常被視為能源嚴重短缺時的替代方案。

圖 7-10　固態廢棄物碎解後的可燃廢棄物，經磁化篩選可製成塊狀燃料

圖 7-11 內湖焚化廠利用焚化產生的熱能推動發電機

我國的生質能發電應用包括垃圾焚化發電（圖 7-11）、沼氣發電、農林廢棄物及一般事業廢棄物應用發電等。國內多處焚化廠產生的電力除自用外，部分剩餘電力回售給臺電公司，裝置容量已達 59.3 萬瓩。農委會及農林廳也輔導養豬業者，以豬隻排泄物處理過程產生之沼氣來發電。另外，民間業者也參與事業廢棄物衍生性燃料應用發電廠的開發設置。對於缺乏天然資源、地狹人稠的臺灣，生質能提供了能源使用多元化的新思維及新作法。

## 七、核能

核能又稱為原子能，可以分為核分裂及核融合二種。核分裂能是重元素（如鈾、鈽等）分裂所發出的能量，核融合能則是輕元素（如氫及其同位素氘、氚）結合成重元素（如氦等）所發出的能量。核能發電的原料具有取得容易、少量原料即可產出高產能的特性。核分裂的反應器種類多，我國主要採用的是核能一廠、核能二廠的沸水式反應器（圖 7-12），及核能三廠的壓水式反應器（圖 7-13）。在核融合方面，目前人類只會用為殺傷武器（如氫彈），因為核融合需要攝氏 1 億度的高溫，因此，如果想要將核融合利用在發電上，投入的能量將比產出的還多，所以仍停滯在研究階段。

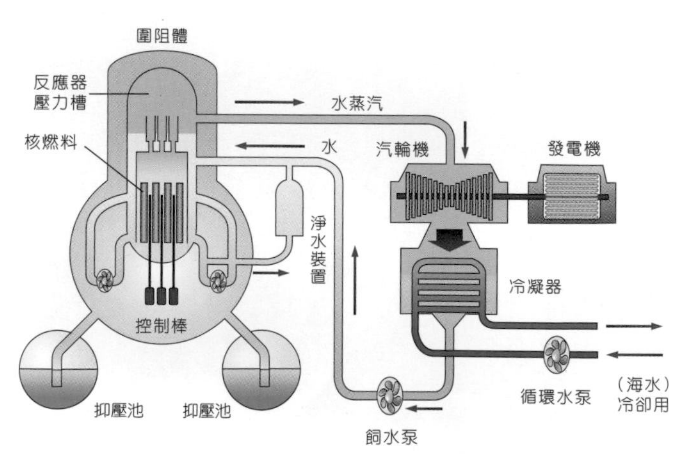


圖 7-12 沸水式電廠流程，以水作為冷卻劑及緩和劑，讓水在爐心沸騰，所生蒸汽亦可直接通往汽輪發電機

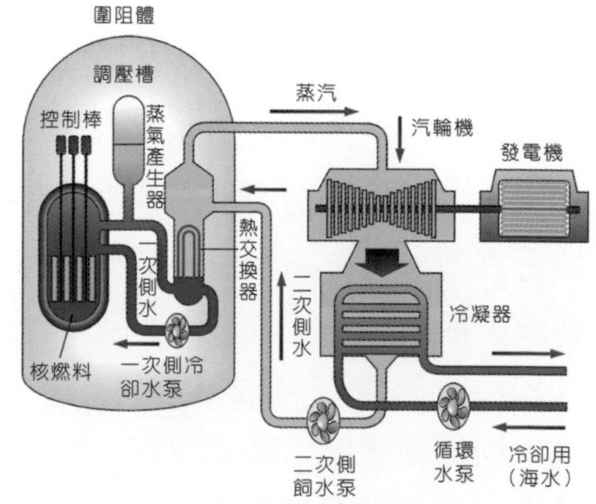


圖 7-13 壓水式電廠流程，以水作為冷卻劑及緩和劑，但不直接使水沸騰，而是加熱一次側水循環系，經由熱交換器使外層的二次側水循環系的水沸騰、產生蒸汽，送往汽輪機發電

核能的應用已日趨多元，主要用於發電、國防及醫療領域。核能因被用來製造毀滅性武器及放射性汙染問題常引發爭議，多年來環保人士抗議核能電廠的設置，國際上也以簽約或制裁的方式，來限制核子武器的擴散。

### 八、化石燃料

動、植物死後埋藏在地下，經過數百萬年以上的地壓、地熱和細菌所引起的化學變化後，逐年累積而形成煤、石油及天然氣等化石燃料（圖 7-14）。煤可分為無煙煤、煙煤、泥煤、褐煤等，多用在發電及加熱上，由於產量豐富，價格相對便宜，常被用來取代石油。近年來工業界正積極研究，將煤轉化成價格低廉的環保液態燃料或可燃氣體，以提高煤的應用價值。

天然氣主要的成分是各類碳氫化合物（如甲烷、乙烷、丙烷、丁烷等）及硫化氫等，液化後就稱為液化天然氣，以方便運送及儲存。天然氣熱值高、使用方便，燃燒時所產生的汙染物比石油或煤要少得多，因此各國已經有大量採用天然氣取代石油的趨勢。

石油為今日主要能源之一，是由開採的原油分餾而成的液態能源，一般多用為燃料，如汽油、煤油和柴油等。與人們生活已密不可分的車船等交通工具，多是以汽油或柴油為燃料。

化石燃料的燃燒是造成溫室效應的主因之一，且屬有限的非再生能源，因此各國都嘗試發展太陽能等替代品，不過在環保能源不足以供應科技生活所需之今日，化石燃料仍將是人們的主要能源。

圖 7-14 化石燃料－煤炭

## 貳 能量的形態

能量的形態有在運動中具有的動能（如機械能），及不同形態儲存起來的儲能，如熱能、光能（輻射能）、化學能、電磁能、核能及新世紀能源－燃料電池等。

一般來說，能源轉換的過程中會產生損耗，並通常會以熱能的形式散失在空氣中。目前常被應用的能源是電能，在能源轉換的過程中藉由發電機，將各種能源產生的機械能轉換成電能儲存起來。

圖 7-15　風力報時器，風力推動扇葉，產生電能使時鐘運行

圖 7-16　利用力學設計，涓涓細流也能推動水輪車

## 一、機械能

當能量用於產生動力，便是利用機械能來作功。例如：風力推動風車（圖 7-15）、水力推動水輪機（圖 7-16），以及獸力拉車等，都是機械能存在的實例。

## 二、熱能

生物藉熱能才得以保暖、加熱。熱能比較容易從其他能量轉換得來，並常伴隨著光能產生，可以藉由「傳導」、「對流」及「輻射」三種方式來傳送，常見的有蒸汽火車（圖 7-17）和火力發電等。

## 三、光能（輻射能）

光能由天然光源（如太陽）與人造光源（如雷射）而得，光能被物質吸收後，通常會完全轉換成為熱能，雷射切割即是利用光能轉換為熱能，對材料進行切割，而光電池是將光能轉變成電能的裝置（圖 7-18）。

## 四、化學能

化學能是由引發物質本身特有化學反應所產生的能量，具有長期貯存、長距離運輸、轉換效率高等優點。常見的蓄電池及手錶中的水銀電池，都是把化學能轉變成電能作功。

圖 7-17　臺北平溪線侯硐站的蒸汽火車為其特色

圖 7-18　高雄世運主場館屋頂鋪設了 8,844 片太陽能電池，是世界第一座 100%太陽能供電的體育館

圖 7-19　抽水站自備的發電機

## 五、電磁能

電磁能包括電能和磁能，常見的電能應用有電風扇、馬達及電動車等，磁能則如磁鐵吸引鐵釘，把磁能轉換為鐵釘的動能。利用磁的相吸或互斥特性，也可讓磁能轉變為動能，讓磁鐵吸住或彈開。電能可驅動馬達作功，而變化的磁場可產生電能，如發電機（圖 7-19），電能與磁能可說是密不可分。

## 六、核能

源自原子核分裂或核融合時，所釋放出來的巨大能量。利用核分裂時產生的核能，可以製造高溫高壓的蒸汽（熱能），導入渦輪來驅動發電機發電。核融合則僅運用於殺傷力強、毀滅性大的武器。

## 七、新世紀能源－燃料電池

燃料電池是一種將燃料中的化學能轉換為電能的電池。它的優點是可以不間斷的提供穩定電力，直至燃料耗盡。而且產電後會產生水與熱，基於不同的燃料使用，可能會產生極少量二氧化氮和其他物質。因轉換過程中沒有燃燒，且結構簡單無轉動元件，所以對環境的汙染及噪音影響極低，是一種綠色能源。

# 參 能量的轉換

能量可以不同的形態存在，各種能量間更可以互相轉換。例如：人類利用太陽能、風能、水力、地熱能及化石能源等來產生電能、熱能和機械能，以提供舒適便捷的生活享受，因此，我們應該珍惜並善用能源。

能量要轉換成動力，必須利用特定的裝置，包括動力產生及傳動的裝置：

## 一、動力產生的裝置

將能量改變形式，以產生所需要動力的設備，包括電動機及熱機（引擎），依序說明如下：

## (一) 電動機

俗稱「馬達」，能將電能轉換成動能的電機裝置，稱為電動機。電動機包括可動線圈、整流器和永久電磁等三部分，具有體積小、馬力大、乾淨、安靜、能瞬間啟動等優點，生活中常見的家電用品如洗衣機、吹風機、吸塵器、電風扇及果汁機等，都以電動機為動力來源。常見的電動機有以下三種：

1. 直流馬達（DC motor）：使用永久磁鐵或電磁鐵、電刷、整流子等元件，電刷和整流子將外部所供應的直流電源，持續的供應給轉子的線圈，並適時地改變電流的方向，使轉子能依同一方向持續旋轉。
2. 交流馬達（AC motor）：將交流電通過馬達的定子線圈，設計讓周圍磁場在不同時間、不同的位置推動轉子，使其持續運轉。
3. 脈衝馬達：電源經過數位 IC 晶片處理，變成脈衝電流以控制馬達，步進馬達（Stepping motor）就是脈衝馬達的一種。若將脈波加在周圍磁場，步進馬達的轉子將以固定的角度做步級運轉，例如將一圓周（360 度）分成 200 步（step），一步即為 1.8 度，如此可做精密的角度或距離的控制，因此廣泛應用在位置及角度的控制上，如機器人、事務機器等。

## (二) 熱機（引擎）

熱機是指將熱能轉換成機械能的裝置，可以分為外燃機和內燃機。外燃機是利用煤炭等燃料在汽缸外燃燒，使鍋爐內的水產生蒸汽後，再導入汽缸推動活塞上下運動來產生動力，如史特靈引擎（stirling engine）（圖 7-20）。外燃機需配備鍋爐等設備，多用於大型機具或載具，傳統火車、輪船即是以外燃機為動力。內燃機是直接把燃料及空氣在汽缸內燃燒，並藉由氣體膨脹產生動能。內燃機需進行進氣、壓縮、動力、排氣之循環，才能持續進行能量的轉換，一般依循環的方式區分為二行程引擎（圖 7-21）及四行程引擎（圖 7-22）、轉子引擎（圖 7-23）。內燃機較輕、體積小、動作迅速，是常用交通運輸載具（如汽車、輪船、飛機）的主要動力來源。其他工程用機械，例如：挖土機、壓路機及農業用機械（如割草機）等，也以內燃機來作動。

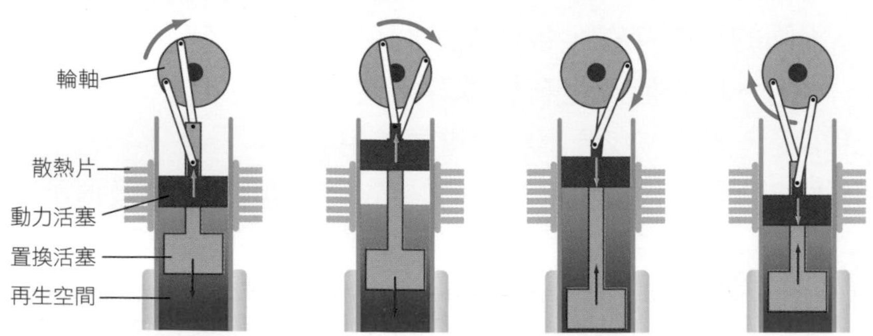


圖 7-20　史特靈引擎，其工作過程分為以下四個階段：
1. 再生空間底部受熱，動力活塞上升，帶動輪軸，使置換活塞下降。
2. 熱空氣上升，推動力活塞繼續上升，而置換活塞則繼續下降。
3. 再生空間的熱空氣逐漸冷卻，動力活塞下降，帶動輪軸，使置換活塞上升。
4. 動力活塞持續下降，而置換活塞繼續上升，回到階段 1，完成一個循環。

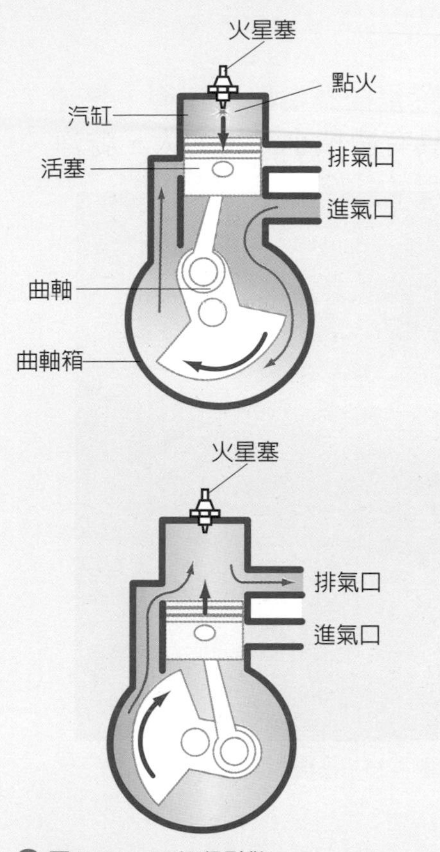


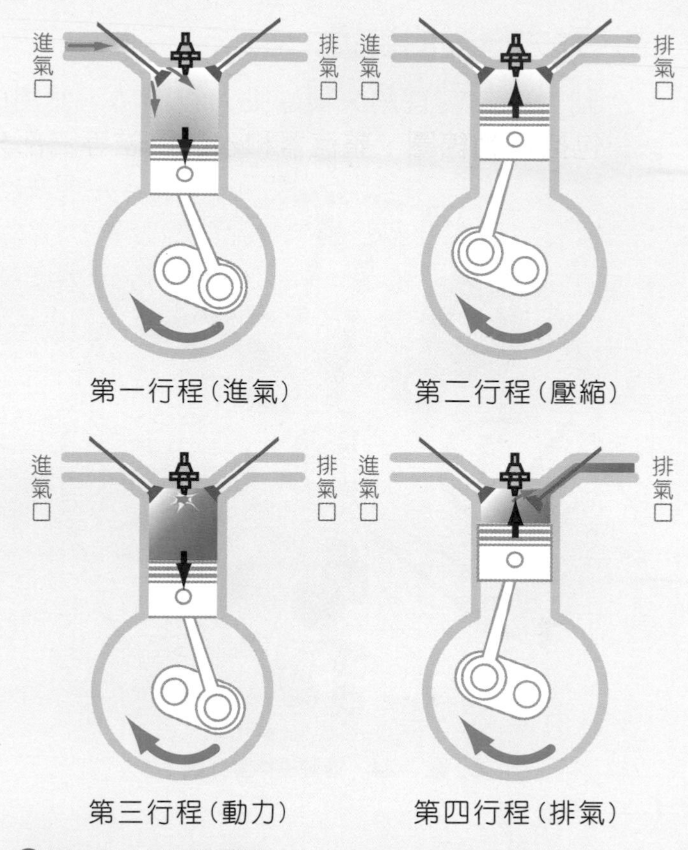


圖 7-21　二行程引擎

(上)火星塞點火、爆發力將活塞下推，把燃料吸入汽缸底下的曲軸箱內。
(下)曲軸擺動、曲軸箱內的燃料被推入汽缸，同時活塞上升、逐漸壓縮汽缸裡的燃料。燃燒過的廢氣則由排氣口排出。

圖 7-22　四行程引擎

第一行程(進氣)進氣閥開啟、進氣，活塞向下運動，將混合油氣送進汽缸內。
第二行程(壓縮)進、排氣閥皆關閉，活塞向下運動，逐漸壓縮汽缸裡的油氣。
第三行程(動力)火星塞點火、點燃油氣，爆發力將活塞下推。
第四行程(排氣)排氣閥開啟，活塞向上運動，將燃燒過的廢氣由排氣閥排出。

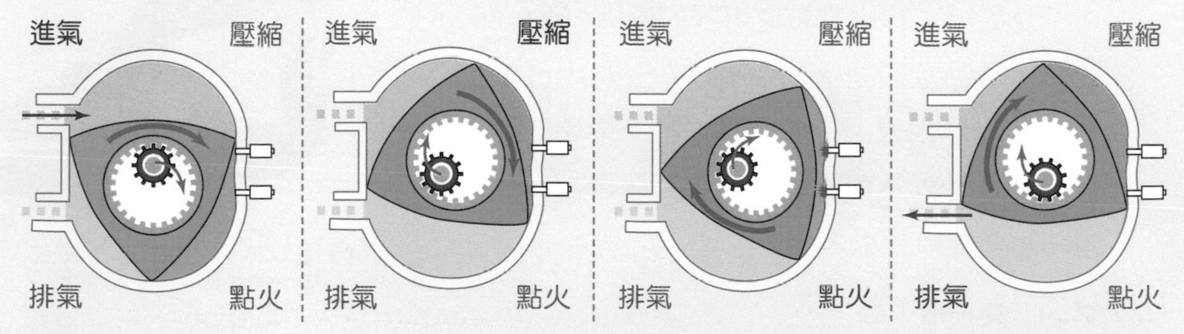


圖 7-23　轉子引擎

基本結構是在一個橢圓形的空間中，放入一個三角椎狀的轉子，轉子的三個面將橢圓形空間劃分為三個獨立的燃燒室。由於轉子採偏心運轉，因此這些被分隔的獨立燃燒室在運轉過程中，容積會不斷地改變，此型引擎就是利用密閉空間變化的特質來達成四行程運轉所需要的進氣、壓縮、點火與排氣過程。
傳統四行程引擎引擎轉兩圈，各汽缸才完成一次進氣、壓縮、點火與排氣的過程；而轉子引擎，轉子內圈齒輪的齒數為 51、中心齒輪的齒數為 34，51 － 34 ＝ 17、17÷51 ＝ 1/3。轉子的三個面同步進行不同的四行程周期，故第一個面回到原點(也就是轉子轉一圈)便完成三次四行程周期。

## 二、動力傳動的裝置

動力傳動裝置用來傳輸動力和作功，使用的裝置包括渦輪機、連桿、幫浦、齒輪、鏈條與鏈輪、帶輪、凸輪、曲軸、滑輪等（圖 7-24），分別說明如下：

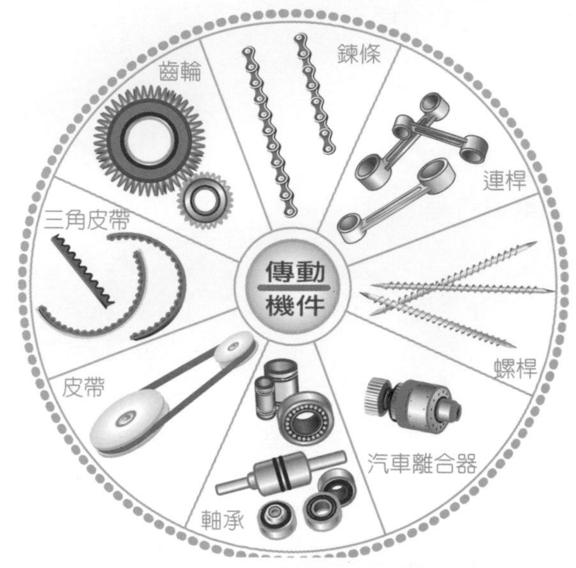


圖 7-24　傳動機件零件圖

圖 7-25　飛機的渦輪式噴射引擎

### (一) 渦輪機

利用水、蒸汽或氣體推動渦輪葉片以轉換機械能的設備，常見的有水渦輪機、蒸汽渦輪機、氣體渦輪機三種。發電廠常會利用大型的水渦輪機及蒸汽渦輪機，來驅動發電機產生電力；氣體渦輪機則被利用在航空器的噴射推進力上（圖 7-25）。

### (二) 連桿

為機械工程中常被使用到的機構（圖 7-26），以鉸鏈、滑動接頭連接成金屬桿系，其中每根桿與兩根以上的桿相連，構成一個或者一系列的閉合鏈。可把原來是等速轉動轉變為非等速轉動，或者把連續轉動轉變成振盪運動。

圖 7-26　挖土機前臂即是生活中常見的一種連桿機構

### (三) 幫浦（pump）

又稱為「泵」，常被用來增大、減小流體或氣體的壓力，透過壓力的變化來作功，利用機械迴轉運動或往復運動，來輸送液體或吸取液體。幫浦依照構造及對液體施壓方式，可以分為往復式、迴轉式及離心式，常見的有抽水機及打氣筒等。

### (四) 齒輪

在摩擦輪的圓周表面製作成凸起齒狀之輪，稱為齒輪。藉由二個以上齒輪組之輪「齒」交互作用，可以傳導動力，改變力的大小、方向及速度（圖 7-27），常應用於手搖鑽、鐘錶、汽車、飛機及火車等傳動裝置。

圖 7-27　齒輪依照不同設計，咬合後轉動不同方向

### (五) 鏈條與鏈輪

鏈條通常需配合二個以上鏈輪組使用，用來傳輸主鏈輪動力，讓從動輪進行同步運動。常應用在腳踏車、機車、起重機及輸送機等。現在流行的變速腳踏車，就是利用鏈條連結不同大小的鏈輪（圖 7-28），達到上坡省力、下坡省時的目的。

圖 7-28　腳踏車鏈條

### (六) 帶輪

當兩軸之間距離較遠，不適合利用磨擦輪來傳動時，就可以用帶輪來傳動，一般帶子的材質有皮帶、橡皮帶、鋼帶及織物帶等。帶輪傳動常被應用在鑽床（圖 7-29）、木工車床、及汽車冷卻風扇等裝置上。

圖 7-29　馬達帶動鑽床的皮帶

### (七) 凸輪

是一種形狀經過特別設計偏心輪形機構，凸輪與其他連動裝置互動時，可以利用輪廓形狀的規律變化，把旋轉運動轉換成往復（直線）運動，最常應用在泵及內燃機的氣門傳動裝置上（圖 7-30）。汽車的凸輪軸上有多個凸輪，轉動時可以依照設計的順序，準確的啟動每個汽缸進、排氣門，可說是汽車引擎性能最關鍵的機構之一。

圖 7-30　凸輪傳動

圖 7-31　弓形鑽

### (八) 曲軸

在長軸中設計一或多個彎曲結構，即成為曲軸。曲軸亦可改變回轉運動為直線運動，汽機車引擎中汽缸的往復運動，就是曲軸和連桿的作用。曲軸也可以用來傳輸動能，如弓形鑽（圖 7-31）的操作，可以達到省力的目的。

### (九) 滑輪

是力學上的一種裝置，在邊緣裝有活動繩索、弦、纜、鏈條或帶子的「輪」，為槓桿原理的延伸應用，常可單獨或組合使用來傳遞能量和運動。滑輪的轉軸可以安裝在架子或砧板上，滑輪、砧板以及繩索的組合稱為滑輪和滑車組（圖 7-32），透過這種裝置我們可以輕易的舉起重物，此種應用方式常見於起重機的裝置。

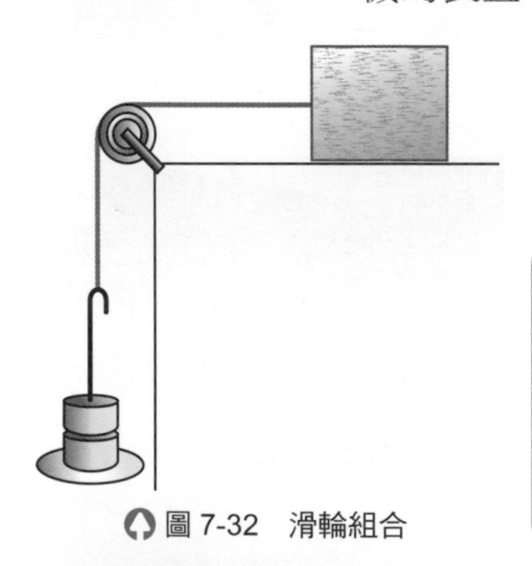
圖 7-32　滑輪組合

**討論與分享** DISCUSSION AND SHARING

一、你能說出各種能源的分類方法及能量如何轉換嗎？

二、你用過幾種不同的能量轉換裝置呢？請和同學一起討論並交換心得。

## 7-3 能源的節約與開發

能源供應是工、商業發展的命脈，但是在顧及經濟發展的同時，也應兼顧環保與安全，才能達成永續家園的目標。臺灣地區自然能源不足，有限的資源應運用的更有效率，加強開發對環境友善的潔淨能源，並確保穩定的能源供應，才能兼顧國內「經濟」、「環保」與「安全」的需求。

### 壹 電力系統與電力開發

臺灣地區電力系統的規模，預估在未來十二年內，需要擴充一倍以上，才足以供應工、商業及民生電力，因此，如何開發新能源及節省電力，便成為極重要的課題。電力系統是由發電廠、輸電線、變電所及配電線等所聯結而成的系統。輸配電系統可以依照電壓高低的等級，區分為超高壓系統（345 KV 設備的電力系統）、一次系統（161 KV 設備的電力系統）、二次系統（69 KV 設備的電力系統）以及配電系統（22.7 KV 以下設備的電力系統）等。在居家附近所看到的變電所，主要是由變壓器、斷路器及其附屬設備組成，附有保護設備及控制設備的固定場所，它能改變或調整電壓、控制電力潮流，並使電力作安全的傳輸分配。依主變壓器容量的不同，又可將變電所區分為超高壓變電所、一次變電所以及配電變電所等。

為充裕未來電力供應及兼顧環保的需求，我國電力開發主要發展方向定為：

1. 積極發展無碳再生能源，有效運用再生能源開發潛力，包括風力、太陽能和生質能等。由於四面環海多風，有助於風力發電的開發，如能加強研發與應用，將可提高我國再生能源應用比例。
2. 擴大低碳之淨潔能源（天然氣）使用，提高燃氣發電容量因數及增設新燃氣電廠，目標占發電系統比重的 25% 以上。
3. 將核能作為無碳能源的選項。
4. 擴大推廣汽電共生系統（圖 7-33）。

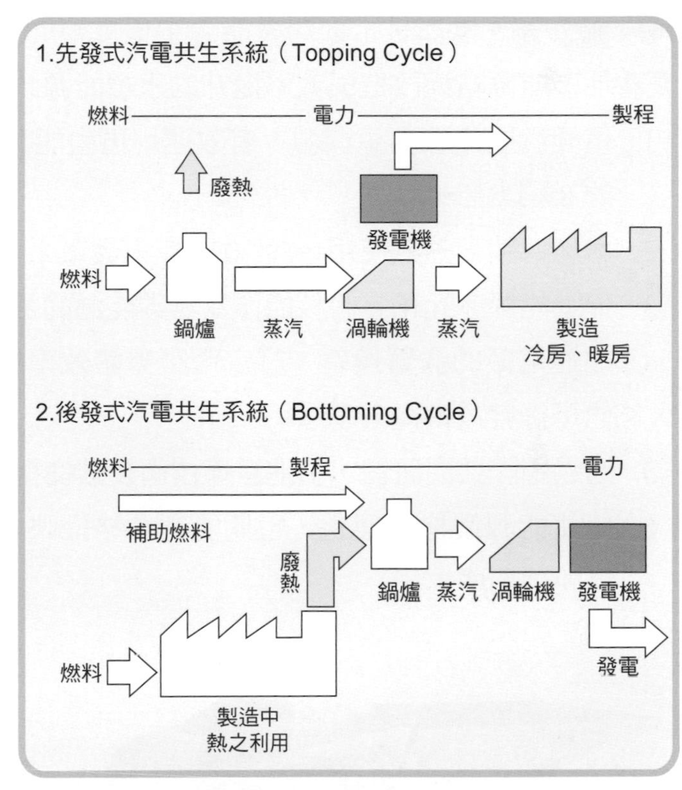


圖 7-33 汽電共生系統圖

**知識小集合**

KV

kilovolt 千伏（電壓單位 =1000 volts；符號 KV）。

汽電共生

汽電共生是指利用燃料能源熱能的同時，也用來發電的系統，可視為能源的再生。使用的燃料並無限制，不但可提高能源使用效率，更可提供電力，對改善環境及減少廢棄物也有相當程度的助益。

## 貳 能源科技的未來

能源科技是一切科技進步的原動力，更對人類物質文明、生活水準的提升，具有關鍵的影響力。未來將結合新的能源開發、應用及防治汙染技術，來發展潔淨能源，提高能源使用與生產的效率，增加能源利用的附加價值，推動有效的節約管理措施，以開創更環保、便利及美好的未來。

### 一、潔淨高效能源的開發

地球上的資源有限，21 世紀能源開發的目標將是以追求安全、無汙染的新能源為主流，包括太陽能（圖 7-34）、風力能、水力能、生質能、地熱能及海洋能等的開發、儲存和應用。而如何降低能源的使用成本、穩定儲存、利於運送及減少轉換流失等，也都是當前開發能源中極重要的課題。以我國為例，經濟部即列有臺灣地區能源結構改造與效率提升的永續能源政策綱領：

1. 積極發展無碳再生能源，有效運用再生能源開發潛力，於 2025 年占發電系統的 8%以上。
2. 增加低碳天然氣使用，於 2025 年占發電系統的 25%以上。
3. 促進能源多元化，將核能作為無碳能源的選項。
4. 加速電廠的汰舊換新，訂定電廠整體效率提升計畫，並要求新電廠達全球最佳可行發電轉換效率水準。
5. 透過國際共同研發，引進淨煤技術及碳捕捉與封存，降低發電系統的碳排放。
6. 促使能源價格合理化，短期能源價格反映內部成本，中長期以漸進方式合理反映外部成本。

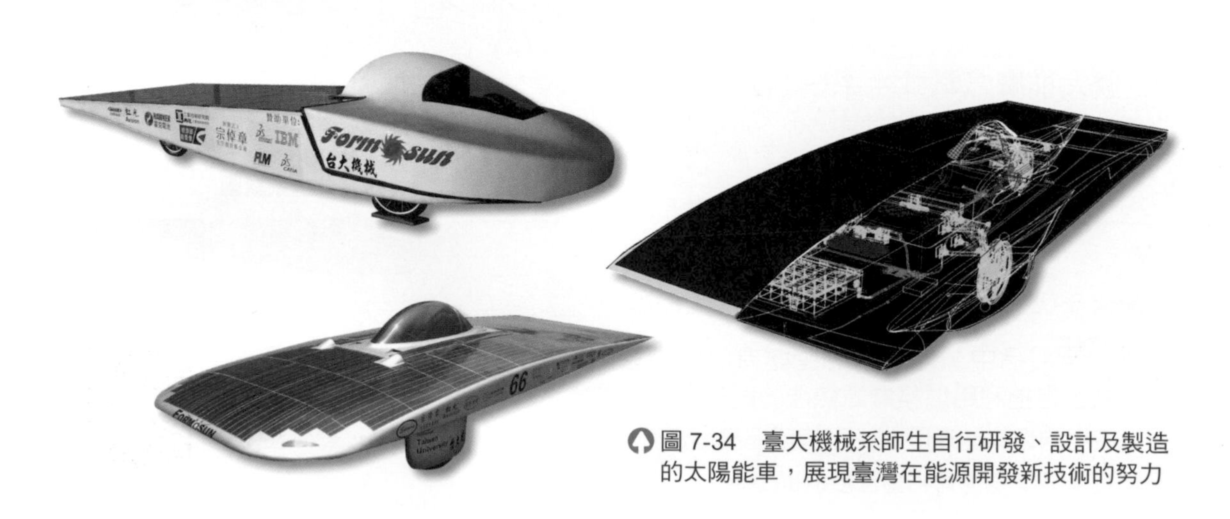


圖 7-34　臺大機械系師生自行研發、設計及製造的太陽能車，展現臺灣在能源開發新技術的努力

## 二、節約能源新技術

除了積極開發潔淨無汙染的新能源外，世界各國更已致力研究節約能源的新技術，如汽電共生設備、廢熱回收處理系統，儲冰及吸收式空調等。其他策略如健全大眾運輸系統、鼓勵建造節能建物、研發高效能引擎等動力機構，也都能有效達成節能的目標。

近年來，政府也積極促使產業結構朝高附加價值及低耗能方向調整，賦予企業減碳責任，輔導中小企業提高節能減碳能力，建立誘因措施及管理機制，獎勵推廣節能減碳及再生能源等綠色能源產業。在運輸方面，則有建構便捷大眾運輸網、紓緩汽機車使用與成長、建構「智慧型運輸系統」、強化交通管理功能、建立綠色運具為主之都市交通環境、以及提升私人運具新車效率水準等措施。此外，在建築方面則有強化都市整體規劃、推動都市綠化造林、建構低碳城市、推動「低碳節能綠建築」、提升各類用電器具能源效率、推動節能照明革命等，也都是節能減碳的具體措施。

### 科技小故事 Technology Story

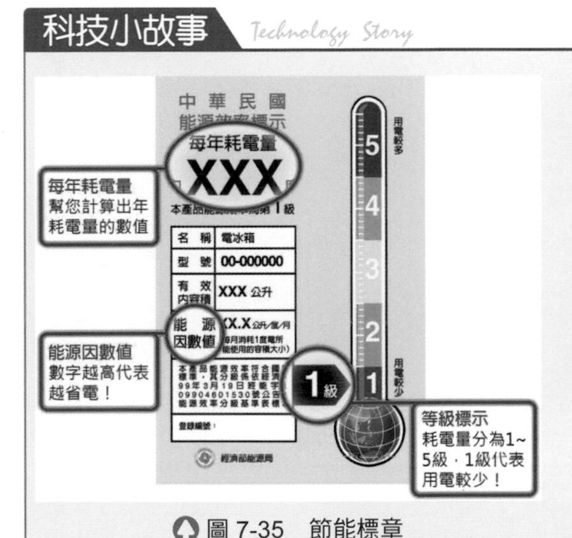


圖 7-35 節能標章

**節能標章**

家電產品若是貼上節能標章(圖 7-35)，就代表能源效率比國家認證標準高 10～15%，不但品質有保障，耗電量更少，希望藉由「節能標章」制度的推廣，倡導國人響應節能從生活中的點滴做起，鼓勵民眾使用高能源效率產品，以減少能源消耗。

### 討論與分享 Discussion And Sharing

一、請說出生活中如何力行節約能源的方法。請和同學一起討論，並交換心得。

二、家電用品中，你用過哪些貼有節能標章的電器用品呢？

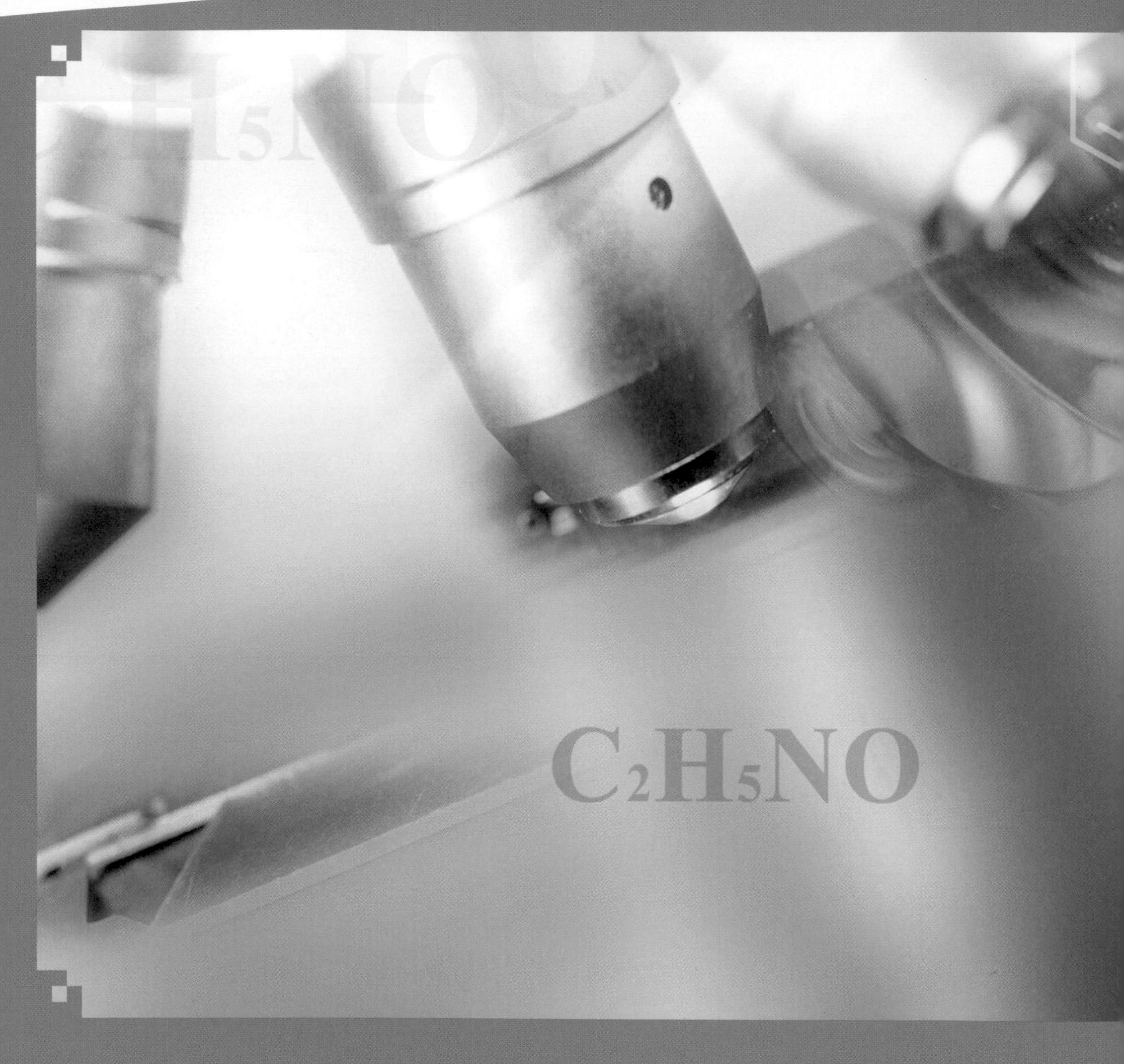


## 學前練功房

一、3D 列印科技不僅受到美國總統歐巴馬高度重視，將其做為美國發展高端製造業的重要技術項目，更被《經濟學人》雜誌視為帶動第三次工業革命的關鍵科技，究竟 3D 列印有何神奇之處，能受到如此廣泛的矚目？它又將對全球製造業帶來什麼樣的影響與改變？而這樣的改變對人類有什麼影響？

二、生物科技相關的技術與產物可說是本世紀最具潛力、也最受爭議的新興科技議題，雖然它能有效的解決人口、食物、環境、保健及醫療等方面的問題，但也帶來許多挑戰。究竟什麼是生物科技？其所涵蓋的領域有哪些？它已對你生活哪些部分帶來改變或影響？這樣的改變是否潛藏更多危機？

三、大家都聽過「奈米」了吧！你知道「奈米」是什麼嗎？奈米科技和奈米材料有什麼不同？市面上愈來愈多的奈米產品，它們真的那麼特別嗎？你願意用更高的價錢買奈米產品嗎？

chapter

# 新興科技

## New and developing Technology

隨著科技日新月異，人類的生活也更加便利，各種新的事物、詞語、文化，如雨後春筍般出現在社會上。舉凡手機、電腦、衛星及網路等科技產品，更成為現代人的生活必需品。也由於醫療技術的發展一日千里，人類的壽命與健康獲得更多的保障，養生、保健等話題，更成為許多人關切的重點。讓我們一起來了解 3D 列印、生物科技與奈米科技三大議題，如何在人類的生活中扮演相當關鍵的角色。

# 8-1 3D列印

## 壹 認識3D列印

3D 列印是二十世紀最熱門的活動與產業之一，它具有特殊的魔力，可以快速打造各式物件，以往要好幾個工作天才能做出來的公仔，現在只要在家花幾個小時就可以列印出來。這個特質讓全球自造者（Maker）趨之若鶩，更讓許多企業開始探索它背後所帶來的新生產與經濟模式。

### 一、什麼是3D列印？

3D 列印，顧名思義就是三度空間的列印（Three-Dimensional Printing），或稱「立體列印」。3D 列印就是將 2D（平面）列印的結果一層一層堆疊起來，這個經由多平面物層累加起來的過程，又稱為「積層製造」（Additive Manufacturing），其方法與傳統機械製造的方式有極大的不同。傳統加工方式採用大塊材料慢慢切削雕琢的「減法製造」（Subtractive Manufacturing），透過剪裁、切割、鑽孔等方式達到基本成形後再進行黏合、焊接等組裝，常會造成材料的浪費，而 3D 列印則大大減低材料浪費的情形。

3D 列印主要的三個流程為：3D 檔案製作、電腦切層與 3D 列印。

#### (一) 3D檔案製作

首先，透過電腦輔助設計（Computer-Aided Design, CAD）軟體建立 3D 模型。這些 3D 模型由點、線、面所組成，而這些點線面各自有其特定的坐標值及方向性，在視覺上組成一個物件的模樣。此物件模型可以被編輯、移動、旋轉、縮放及改變比例。有些模型檔案還帶有材質、體積和質量的數據。

#### (二) 電腦切層

建立好 3D 模型後，利用「切層軟體」剖析檔案模型。切層軟體主要的工作，是將模型檔案分割為一片一片的 2D 截面。由於列印是一個連續的過程，

**Maker** **知識小集合**

2005 年，Dale Dougherty 在美國成立了 MAKE 雜誌，讓喜歡 DIY 的人可以發表作品，並教讀者如何製作。隨著愈來越愈人對「自造」產生興趣，並投入自造的行列，而漸漸地形成「自造者運動（The Maker Movement）」。

因此切層軟體實際上是將截面上的許多點或線段建構出一個連續的路徑，並給予這些點、線、面、路徑一個參考的空間坐標數據。此外，切層軟體還描述模型檔案其他特性，如模型切層的高度、列印時所需的厚度、填充密度、列印速度等，並將這些數據化為 G-code 編碼。

### (三) 3D列印

最後，3D 列印憑藉著切層軟體提供的 G-code 編碼，控制列印的動作，例如：列印頭如何在一個平臺上移動，將列印材料以連續的點、線、面一層一層鋪設，以完成電腦上所看到的樣貌。

## 二、3D列印技術

目前常見的 3D 列印成型技術有下列幾種：

### (一) 熔融沉積造型（Fused Deposition Modeling, FDM）

熔融沉積造型是目前產業普遍採用的製程，為多數平價 3D 列印機種所採用。此方式類似在蛋糕上把奶油擠出各式花樣，原料熔融後一層一層地擠出堆疊上去，直到產品製作完成為止。而 3D 列印機即是把塑膠原料加熱融化後，藉由擠料機構把熔融狀的塑膠擠出噴頭，透過步進馬達控制噴頭位置與速度。熔融塑膠在擠出堆疊的同時，利用噴頭底面抹平。當已加熱至工作溫度的噴頭離開之後，塑膠溫度降低就可自動固化成型。

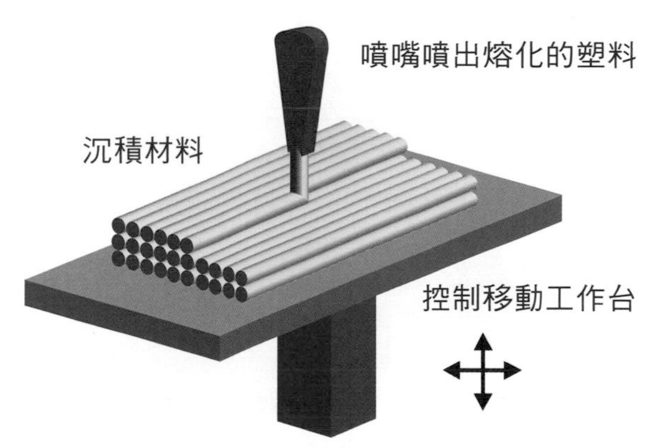

圖 8-1 熔融沉積造型製程示意圖

熔融沉積製程（圖 8-1）所採用的材料大多數以塑膠為主，如

**G-code** 知識小集合

G-code 就是數值控制（Numerical Control, NC）機械所使用的指令，基本上就是操作者與數控機械的溝通語言，可以利用人工編輯輸入或電腦軟體自動產生 NC 控制碼，使得數控機械的加工刀具可以依照所設定的方式移動。

ABS（Acrylonitrile Butadiene Styrene）（圖 8-2）與 PLA（Poly-Lactic Acid），也可以使用黏土或矽膠材料等。ABS 材料本身有高強度、售價較低、耐熱度高等優點，缺點是在列印時會因高溫而產生帶有臭味的有毒氣體。相形之下，PLA 材料雖然價格較貴且強度上稍嫌不足，但它不具毒性且是生物可分解的材料，使用上較安全。

圖 8-2　使用 ABS 材料的 3D 列印機

## (二) 光固化立體造型（Stereolithography, SLA）

這一製造方法必須使用液態的光活化樹脂（圖 8-3），藉由雷射或紫外線光束一層一層地進行光固化過程（圖 8-4）。由於成型的精確度高，因此成品表面光滑且精緻，但是其缺點在於光活化樹脂的成本過於昂貴。

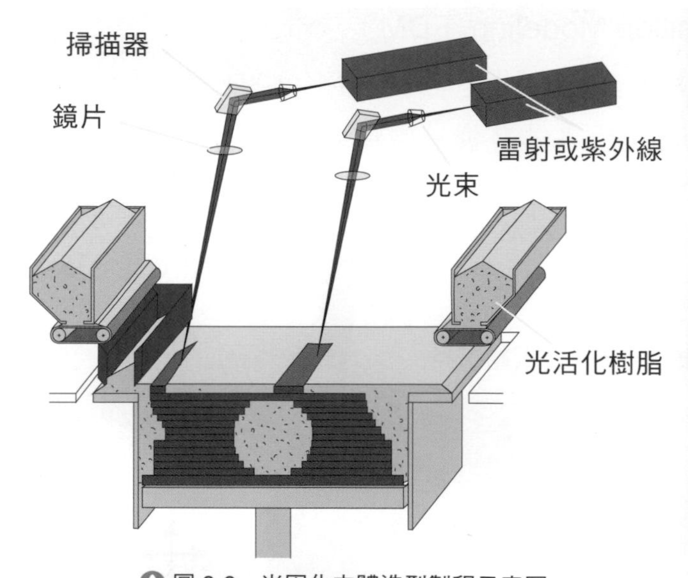


圖 8-3　光固化立體造型製程示意圖

圖 8-4　光固化 3D 列印機

## (三) 選擇性雷射燒結（Selective Laser Sintering, SLS）

這個方法是利用電腦控制雷射照射的位置，粉末經雷射照射後會層層燒結黏著聚積成塊，之後再鋪上另一層粉末繼續下一層的製程，直到最後產品成型（圖 8-5）。SLS 可採用的材料多元，包括鋼、鈦以及尼龍、陶瓷粉末等（圖 8-6）。SLS 製程中成品周圍一直有未燒結的粉末存在，因此不需要使用其他周邊支撐結構就可完成成品。還有一種製程與此相似，為選擇性雷射熔融（Selective Laser Melting, SLM）。SLM製程利用熔融後再冷卻固化的方式製成，而SLS製程則經由燒結成型，兩者略有不同。

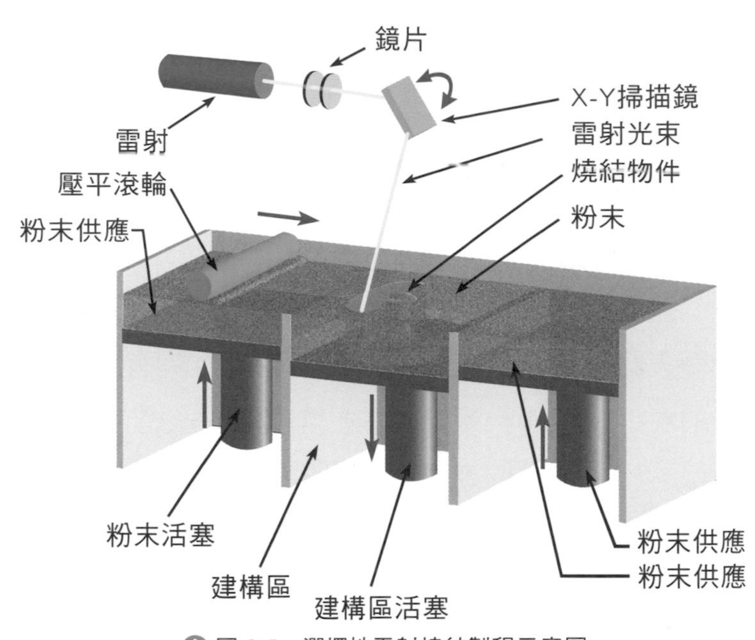


圖 8-5 選擇性雷射燒結製程示意圖

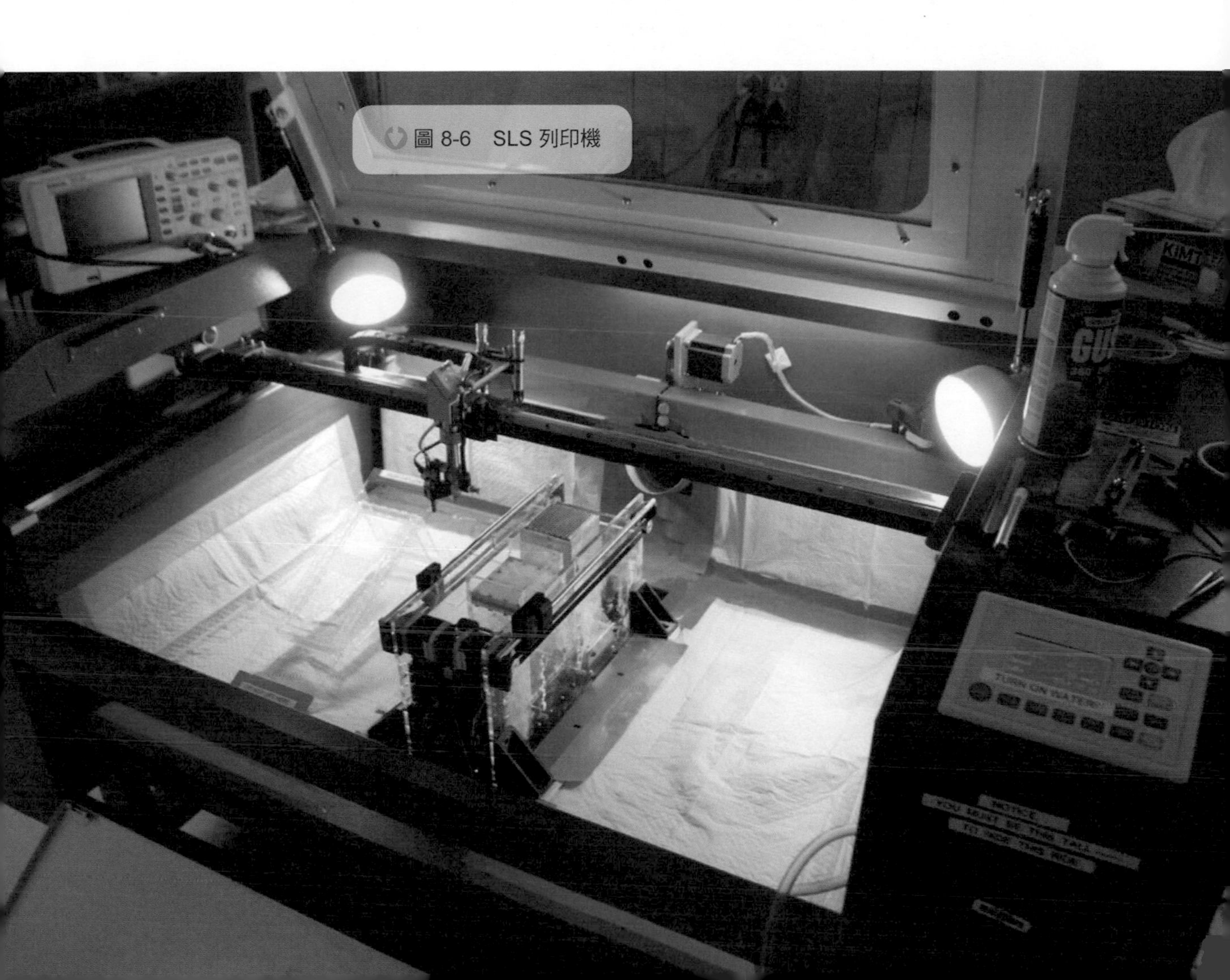

圖 8-6 SLS 列印機

## 貳 3D列印的應用

3D 列印可應用的領域包含消費性產品、醫療產業及學校教育等。以下簡單介紹目前產業的應用實例。

### 一、消費性產品

在國內外已有相多的應用實例，例如：列印流行服飾與配件；客製化完全符合個人腳形的運動鞋；製作流行時尚且具有個人風格的眼鏡鏡框；根據客人的想像創意，訂作獨一無二且具紀念價值的結婚首飾，這些都是可以利用 3D 列印來發揮創意。而在國內亦有 3D 列印設備開發商開發出 3D 食物列印機，可以印出可愛造型的餅乾、糕點，號稱是亞洲第一臺食物列印機（圖 8-7）。

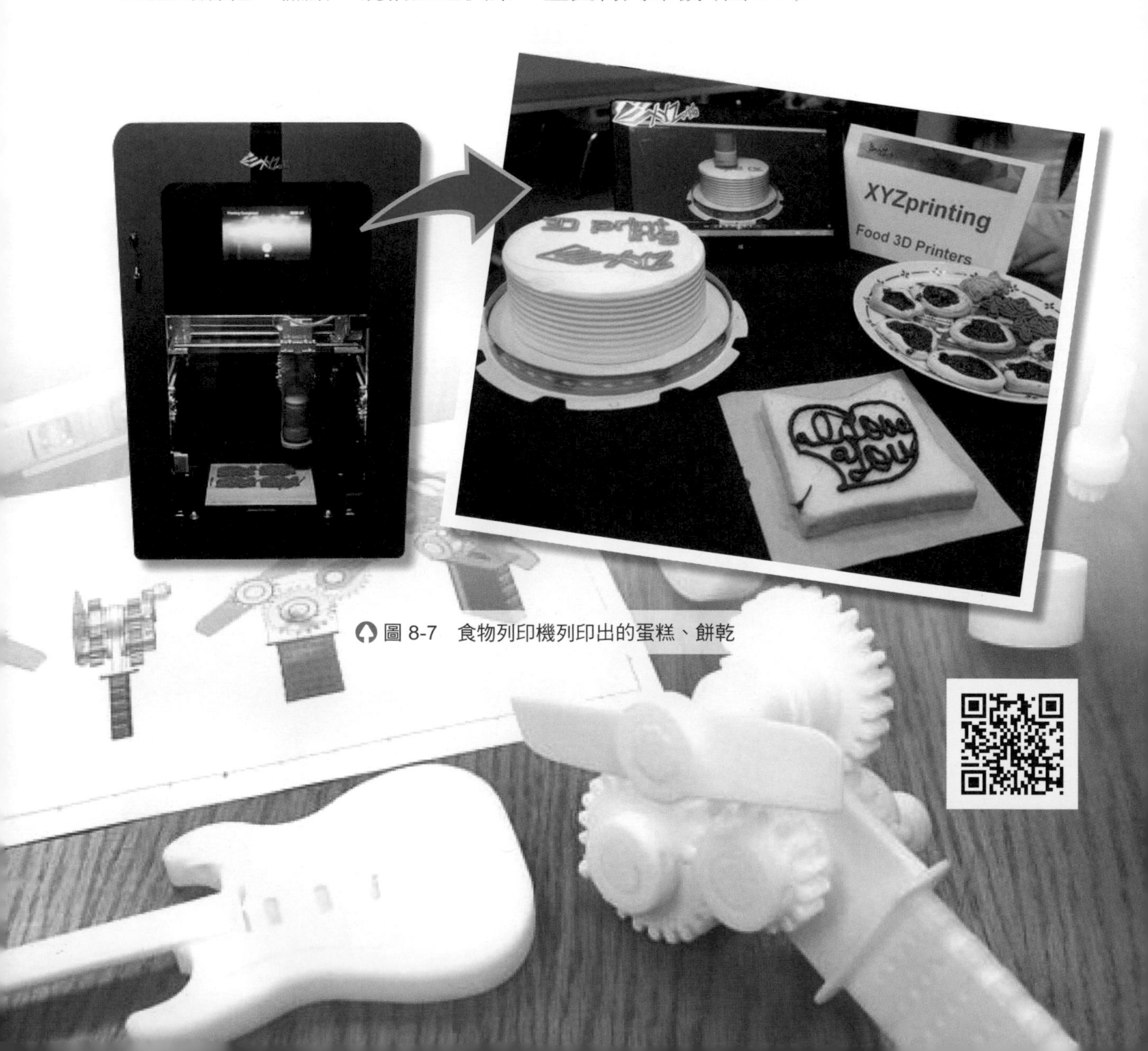


圖 8-7　食物列印機列印出的蛋糕、餅乾

## 二、醫療產業

在醫學工程領域中，3D 列印有很大的想像空間。國外已有組織工程方面的應用，如 3D 生物列印機，其與一般 3D 列印機構造相似，只是列印的材料不一樣，它使用的是病人自己的幹細胞或是再培養的細胞。概念上，在列印前先用電腦斷層掃描真的器官，之後轉換為 3D 電腦模型，把這些細胞噴在一張張可被生物降解的材料上，接著利用水膠或黏著劑使細胞附著在特定位置堆疊起來，所留下的細胞就能形成具有立體結構的器官。

除此之外，2012 年美國密西根大學也有小兒科醫師利用生物可吸收材料 3D 列印氣管支架，幫助一位先天氣管塌陷，只有 3 個月大的嬰兒正常呼吸，且接受治療後，嬰兒目前已經超過 20 個月大。臺灣也有工業技術研究院以及各大專院校的研發團隊正在進行金屬 3D 列印應用研發，目前主要以顱顏顎面的大型缺損修補和金屬假牙製作為應用的方向，希望能使 3D 列印技術更廣為應用，以解決目前臨床上不易解決的難題，提供病人更好的解決方案。

## 三、學校教育

3D 列印在教育上亦深具潛力。3D 列印機成為學生發揮創意的快速工具，每個不同的課程皆可與 3D 列印有不同的接觸，從科學、技術、工程、數學、物理、設計、藝術、法律、倫理、心理學、人類學以及其他領域等，3D 列印皆可製作出實際的立體模型用於教學中，而國內亦有大專院校成立了 3D 列印科技教育研發中心，對 3D 列印教育進行研究（圖 8-8）。

圖 8-8 國立臺灣師範大學科技系 3D 列印科技教育研發中心

## 參 3D列印的影響與發展

目前各國政府加速推動 3D 列印科技，其帶來的可能變革包括：

### 變革一：應用廣泛、改變人類生活

舉凡人類食、衣、住、行、育、樂等層面所需的產品都能運用 3D 列印，例如工研院就透過 3D 列印科技，不到一天即印製完成一把 3D 列印小提琴（圖 8-9），而美國 華盛頓醫學中心已經成功列印出噗通噗通跳的人類心臟，做為醫學中心研究使用；另外，美國 太空總署（NASA）也委託 3D 列印業者研發可製造食品的 3D 列印機，一旦這臺機器成功研發出來，未來太空人可以用 3D 列印機，就可把營養粉末印製成食物。

圖 8-9　3D 列印印製的小提琴

### 變革二：降低成本、顛覆競爭模式

3D 列印對傳統製造業帶來不一樣的競爭模式。全球各國許多大型製造商，都已經藉由將 3D 列印導入生產線上，加強企業的競爭力。例如，全球最大噴射機引擎供應商通用電氣公司就使用 3D 列印技術，減少製造引擎燃料噴嘴零件時的許多複雜程序，提升生產效率和企業競爭力。另外，國際運動品牌大廠耐吉（Nike）透過 3D 列印技術製造僅 28.3 公克的鞋底（圖 8-10），加工成形的時間大幅縮短，製作人力也大量減少，對於提升 Nike 的競爭力，帶來很大的幫助。

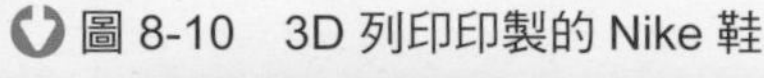

圖 8-10　3D 列印印製的 Nike 鞋

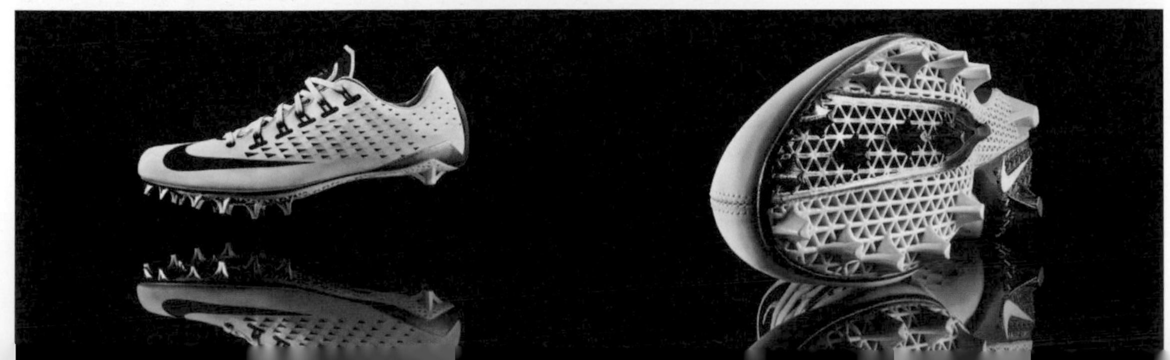

## 變革三：加速創新、製造個人化

傳統工業開模所需耗費的時間與經濟成本，往往非中小企業與小型工作室可以承受，因此個人或小公司的許多創新想法，經常難以被實現。如今，這樣的限制在 3D 列印技術普及之後，將徹底被解決。因為 3D 列印的快速成形與低成本，將使個人或中小企業的創新能量，不再被掩蓋。所以 3D 列印對於帶動一國產業創新，具備舉足輕重的影響力。

3D 列印將對製造商、材料商、設計師、企業及終端消費者等環節都帶來影響，而且從前不曾有過的個人化製造零售與服務模式也將因應而生，也就是說，3D 列印將驅動個人化製造時代的來臨；可以預見，未來一旦 3D 列印機的價格下滑到一般家庭也買得起，只要有設計圖，大家都可以隨手列印出所需之產品。

## 未來與隱憂

雖然目前 3D 列印技術愈來愈精進，應用範圍也愈來愈廣泛，但是和其他新技術一樣，其應用前景並非完美無瑕。首先，所使用的塑膠材料並非完全無毒無害，若做為需要高溫使用的餐具，是否會釋放出有毒物質還待驗證。其次，因應不同需求，工件所需的強度不盡相同，而現階段除了部分金屬材料之外，其餘材料的強度仍有待提升。

此外，現在連具有殺傷力的槍械都能用 3D 列印輕易打造出來，成為執法當局頭痛的新問題。日本 神奈川縣一名大學職員就因為非法製造 3D 列印槍而遭逮捕，其中兩把樹脂手槍經鑑定可以發射實彈，幸好現場並沒有發現適用的子彈。顯然 3D 列印技術普及化之後，其背後所隱藏的治安風險必須重視。

對智慧財產權的衝擊也必須重視。3D 列印技術使玩偶或公仔的再製或重新翻版變得很簡單，這一趨勢會完全改變這類企業在市場上的商業模式與獲利狀況。在法律方面，政府必須審慎思考如何規範，否則很可能引發許多問題，這些都考驗著政府的應變能力！

### 討論與分享 DISCUSSION AND SHARING

一、你知道除了課本中提到的三種 3D 列印技術外，還有哪些技術嗎？

二、你知道 3D 列印機的構造嗎？除了市面上現成的 3D 列印機，其實自己也可以組裝一臺，你是否想嘗試自己組裝一臺列印機？為什麼？

三、3D 列印輸出之前，必要製作 3D 繪圖檔案，你知道輸出檔案格式是什麼嗎？你知道網路上有哪些 3D 模型的免費資源嗎？

# 8-2 生物科技

## 壹 認識生物科技

依據國科會科學技術資料中心所做的定義，「生物科技是利用生物程序、生物細胞或其代謝物質來製造產品，改進傳統程序，以提升人類生活素質之科學技術」。由此可知，「生物科技」是生物相關的基礎學科原理與先進工程技術的結合，是利用生物學的現象與工程的方法來改造生物，為人類生產所需產品，或達到特定目的的科技。

### 一、生物科技的發展

雖然生物科技一詞，在 20 世紀中期才出現；但人類自有歷史以來，生物科技就已經被廣泛的應用於日常生活當中。前人利用發酵來釀酒、製醋、製醬和製酸乳酪（圖 8-11），雖然他們不知道其中的科學原理，卻已是生物科技的實際應用。

圖 8-11　利用生物發酵來製作酸乳酪的過程

**生物科技發展沿革**　**知識小集合**

1982 年行政院頒布之「科學技術發展方案」，即將生物科技列為八大重點科技之一。1995 年 8 月行政院再予頒訂「加強生物技術產業推動方案」。

從麵包的烘焙、酒精飲料的釀造、動植物的育種，到現代許多健康養生食品的製作、醫療技術的精進及基因改良作物的出現，都是因為生物科技進步所帶來的。所以，生物科技涵蓋了傳統生物技術(如食品發酵)與現代生物技術(如基因工程、細胞工程)兩大部分。如今，在醫療保健、農漁業養殖、食品製備、資源回收、環境保護，以及微機電等方面更因為生物科技的突破性發展，而影響了人類的生活、產生重大的變化。生物科技依照人類的需求而發展，同時也產生許多爭議性的問題，為求更適宜的生物科技，可依生物科技系統模式(圖 8-12)進行修正。

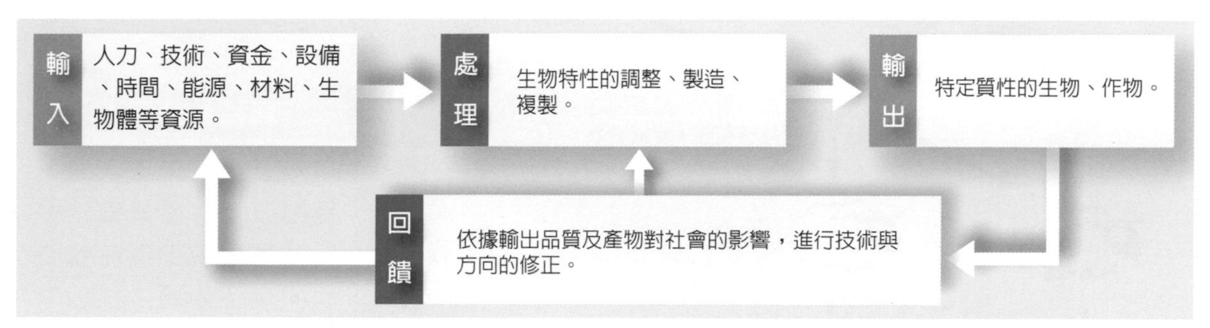


圖 8-12　生物科技系統模式圖

## 二、生物技術的核心技術

「生物科技」是生物相關學科原理與先進工程技術的結合，形成一個大家庭，包括：基因工程、細胞工程、酶工程、發酵工程、蛋白質工程、胚胎工程、生化工程、糖工程、醫學工程、膜技術、複製技術、幹細胞培養技術、生物資訊、生物製程及仿生學等。而其中應用的學問亦包括：工程學、微生物學、資訊科學、數學、經濟學、生物化學、遺傳學、分子生物學、植物學及農業學等，是一門跨學科的學問。以下針對基因工程技術、複製技術、幹細胞培養技術等為人所知的關鍵技術加以說明：

### (一) 基因工程技術

基因工程(Gene Engineering)又稱基因操作、重組 DNA (Deoxyribonucleic Acid，去氧核糖核酸)技術，其相關操作是現在生物科技發展最重要的關鍵技術之一，主要是利用生物體來改造生物體的分子生物學技術，充分開發可能的生命資源。

**細胞工程**　**知識小集合**

是一種重組細胞的結構和內含物，以改變生物的結構和功能的方式，繁殖和培養新物種的生物工程技術，其方式包含細胞的融合、核質移植、染色體或基因移植，以及組織和細胞培養等。

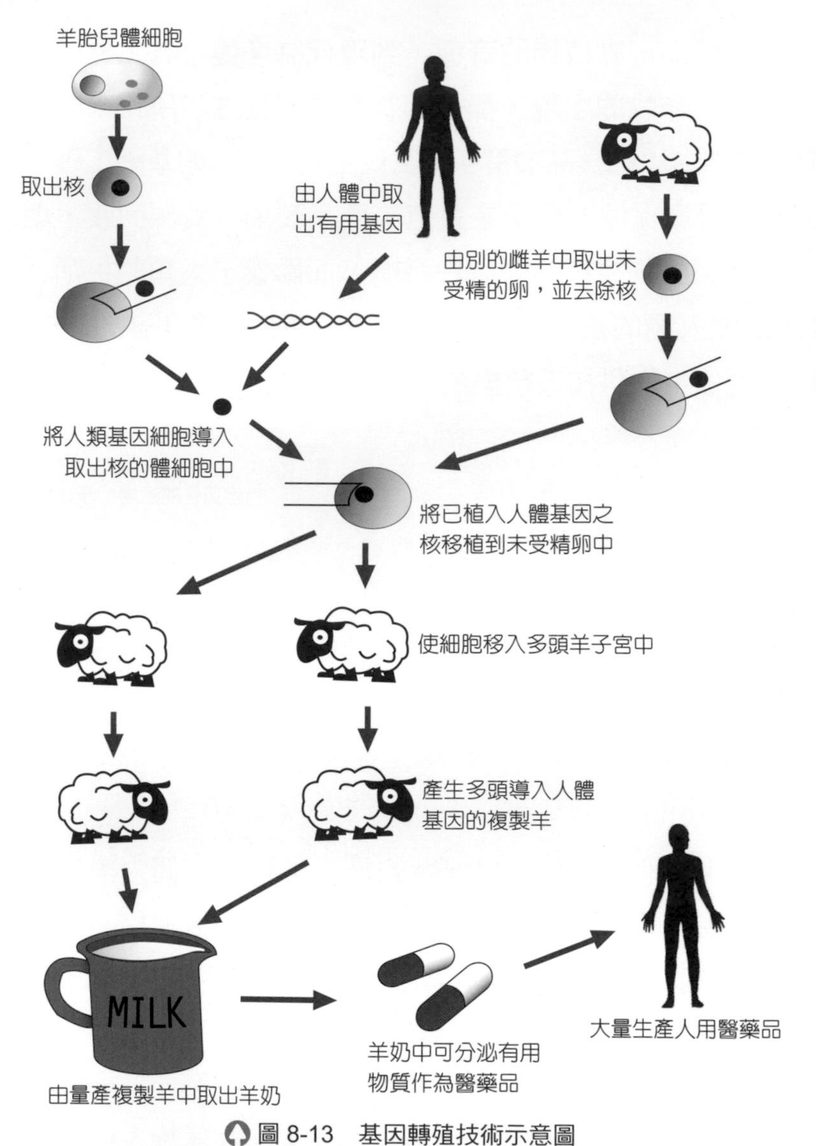


圖 8-13　基因轉殖技術示意圖

基因工程以使用基因轉殖技術(圖 8-13)為主，將帶有遺傳訊息的基因取出後，經剪切與拼接重組，再轉入生物細胞內進行大量複製，而產生原設定的目標蛋白質產物。

**科技動動腦**

你知道黃豆或玉米的基因改造食品其實已用多種面貌出現在我們的生活中嗎？試列舉一項你曾見過的基因改造食品，並尋找其與天然食品在產製過程中的差異。

## (二) 複製技術

自早期生物學家提出細胞的遺傳訊息決定細胞功能理論後，以雜交方式開發新品種的方式，成了最早的複製技術；後來，根據細胞核或染色體轉移至另一種生物細胞的實驗，進而改變受體細胞的遺傳特性，打破了只有同種生物才能進行配種的限制，為改良品種或創造新品種開拓了廣闊的前景。

複製技術也被應用在與其技術相似的體外受精技術上。複製技術最出名的例子，就是蘇格蘭愛丁堡羅斯林研究所(The Roslin Institute of the University of Edinburgh)的 Ian Wilmut 博士，利用細胞核轉移技術、成功複製出「桃莉羊」(圖 8-14)。這項成功的研究技術發表之後，全球各地也接連成功的複製了許多生物。

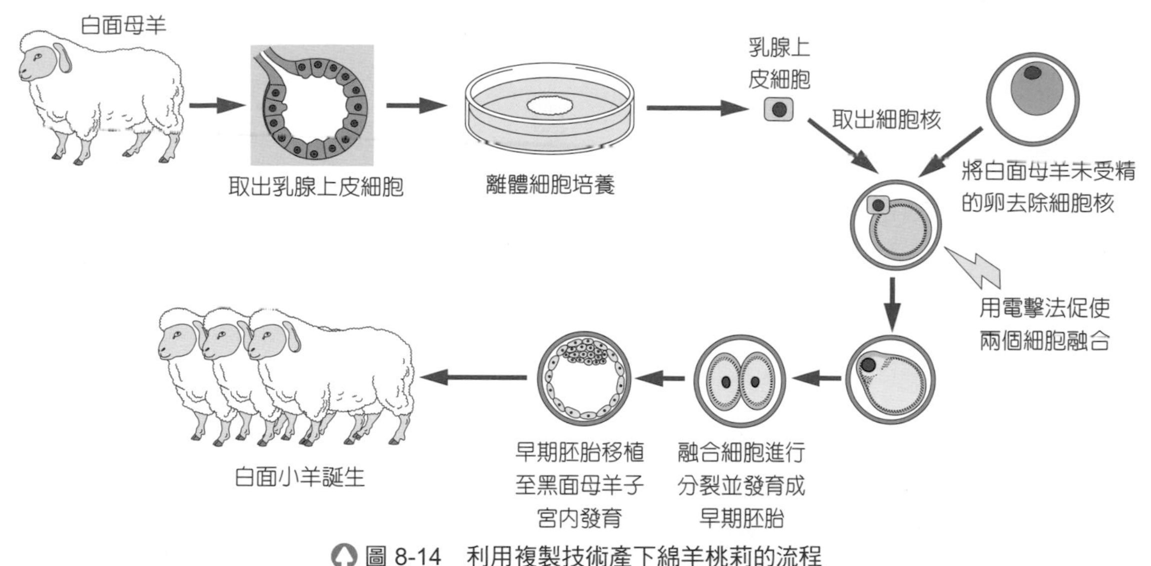


圖 8-14 利用複製技術產下綿羊桃莉的流程

### (三) 幹細胞培養技術

幹細胞（Stem Cell）是尚未分化的原始細胞，可以經由分化而成為任何器官或組織。因此，我們可以利用其源源不斷分化與複製、產生細胞或組織的能力，來進行細胞療法，成為臨床上所需人造組織或人造器官的新來源。此一技術對於許多因為基因缺陷所造成的疾病，都能有顯著的成效。臍帶血銀行（圖 8-15）就是把嬰兒出生時的臍帶血以超低溫保存，等到日後需要時可解凍使用。因為是使用自己出生時的臍帶血，所以不會產生使用他人血液進行醫療時常見的排斥問題。

> **幹細胞** 知識小集合
>
> 醫學研究者認為幹細胞研究（也稱為再生醫學）有潛力通過用於修復特定的組織或生長器官，改變人類疾病的應對方法。

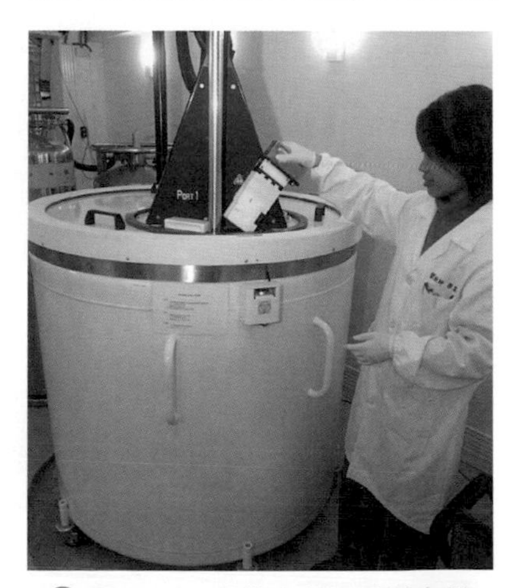

圖 8-15 臍帶血銀行的儲存槽

## 貳 生物科技的應用

生物科技的實際應用，主要在農漁業、環境維護與改善及健康與醫療等三方面。

### 一、農漁業的應用

農業方面的應用主要是品種基因改良，使農作物能在更嚴酷的環境下生長或增加作物的特殊風味及營養，也可減少農藥的使用。另外，也應用在利用細胞融合技術開發新品種植物方面，已經有番茄與馬鈴薯細胞融合成新品種的成功例子。在動物及水產養殖方面，應用生物技術研發重要水產疾病疫苗、細菌性疾病疫苗及建立疫苗品質認證技術等，可提高水產養殖成效，並減少由動物、水產傳播的病菌。

## 二、環境維護與改善

利用微生物分解（Bio Digester）技術來分解汙染物（圖 8-16），進行汙水處理（圖 8-17）、有害廢棄物處理、廢氣處理及原油回收等工程，以有效的維護與改善我們的環境；發展生物試劑及檢測方法，評估及維持穩定運作的生態系統等，都是生物科技在環保方面的利用。

生物瓦斯
人類與牲畜的排泄物
有機肥料
微生物分解
減少砍伐
零燃料費
減少汙染

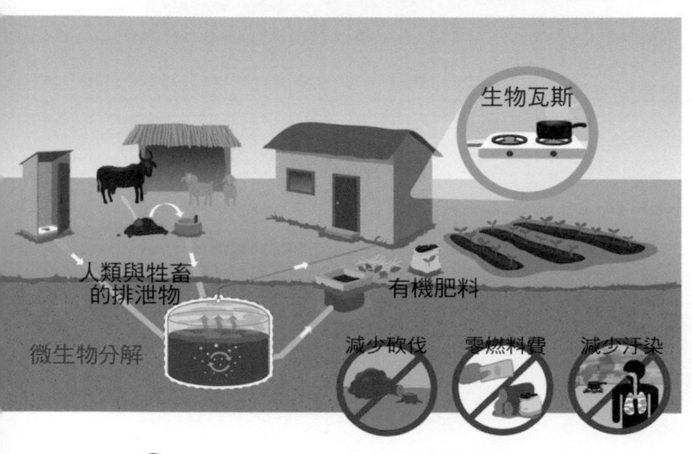

圖 8-16　微生物分解技術的應用

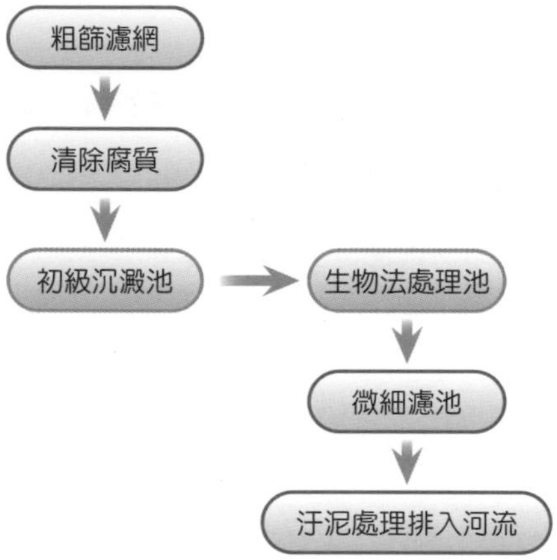

粗篩濾網
清除腐質
初級沉澱池
生物法處理池
微細濾池
汙泥處理排入河流

圖 8-17　利用微生物進行汙水處理的過程

## 三、健康與醫療

在疾病的預防上，生物科技的基因重組技術被廣泛應用於更安全且可食用疫苗之開發，例如流行性感冒疫苗、胰島素等。此類疫苗的發展已相當成熟便利，且因其具有無須純化及易於培養的優點，對簡化製程上幫助很大。而在利用基因工程技術治療基因缺陷所造成的疾病上（圖 8-18），運用範圍可涵蓋至遺傳性疾病、感染性疾病、癌症、新陳代謝疾病、風濕性關節炎及心血管疾病等早期難以治癒的疾病醫療上。至於以科技技術仿造生物結構、原理，來設計並製作相關醫療輔助器材方面，填牙材料、義肢、電子耳及人造電子器官等，都是生物科技在醫療上的貢獻。

# 參 生物科技的影響

生物科技的快速發展為人類的生活帶來許多革命性的產物與便利性，若能妥善加以運用，對生活品質的提升、醫療內容的改善、環境的保護與資源有效利用等，

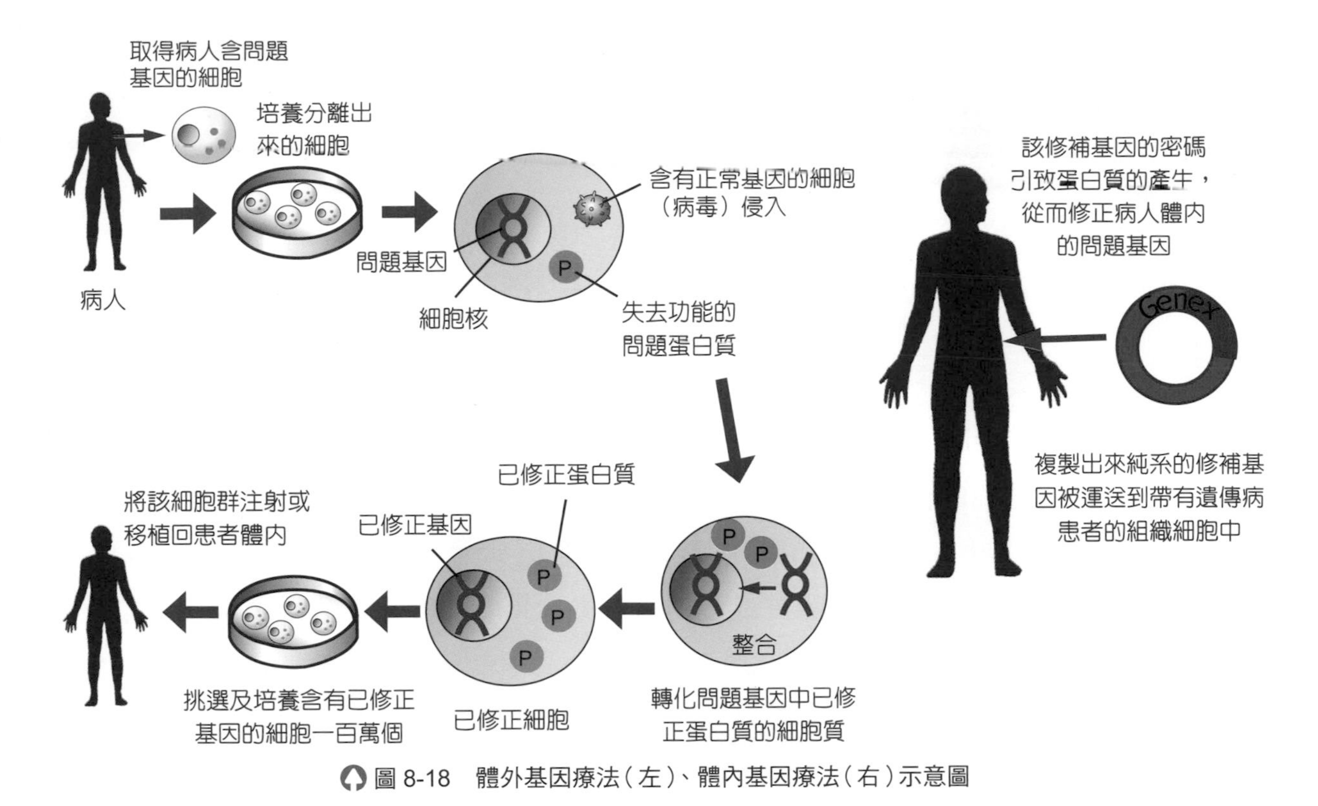


圖 8-18 體外基因療法(左)、體內基因療法(右)示意圖

必能產生相當的經濟效益。但其蓬勃發展後,也陸續顯現許多法律、倫理道德及公平正義的爭議。因此,在樂觀看待生物科技發展的同時,也必須對其優點及隱憂處作更進一步的了解。生物科技相關知識,可參考國立科學工藝博物館所編寫的「生物科技面面觀」(http://biotech.nstm.gov.tw/home.asp)。

## 一、生物科技的優點

### (一) 解決人類食的問題

在今日全球人口突破 60 億,但耕地面積卻不斷減少的情況下,食品短缺的問題愈加突顯;拜生物科技之賜,使得農作物生產快速,土地使用經濟效益增高,加上妥善的生產管理與保存技術,可使食物的來源不致匱乏。基因改良食品不但使生物有更強的生存能力、更短的生長週期及增加生產量,也能夠提供我們各種不同的特殊需求,例如:添加營養素、特殊風味、抗蟲害(圖 8-19)、免疫及較健康的食品等。

**遺傳工程** **知識小集合**

又稱基因工程,或基因改造,是利用 DNA 重組技術,將目標基因與載體 DNA 在體外進行重組,然後把這種重組 DNA 分子引入受體細胞,並使之增殖和表現的技術。遺傳工程與傳統培育方式不同之處,在於傳統培育方式是透過間接的形式變更,而遺傳工程是透過分子選殖和轉化,直接改變基因的構造與特性。

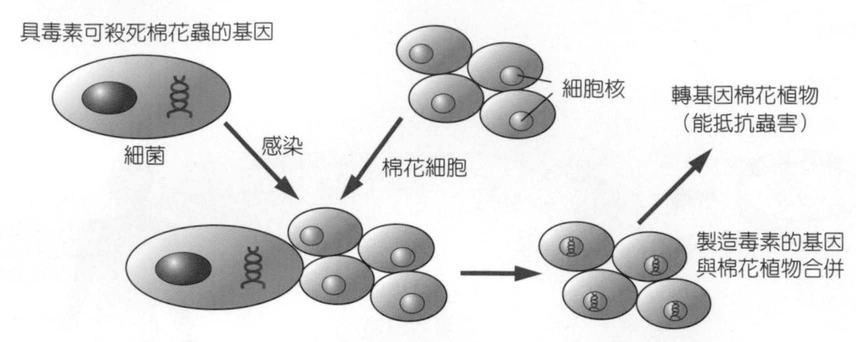


圖 8-19　將天然毒素基因與農作物基因結合以抵制蟲害

## (二) 讓動物按人的意願生長

將物種間的優良特性加入動物的基因中，使其能照優良基因展現出理想的特質，例如：讓改良後的家禽與家畜長的更高大、泌乳量增加（圖 8-20）、瘦肉含量增加（圖 8-21）等。或使動物分泌人類所需的珍貴難得激素，例如：生長激素與胰島素，使侏儒症患者與糖尿病患者能獲得較充裕的治療資源。

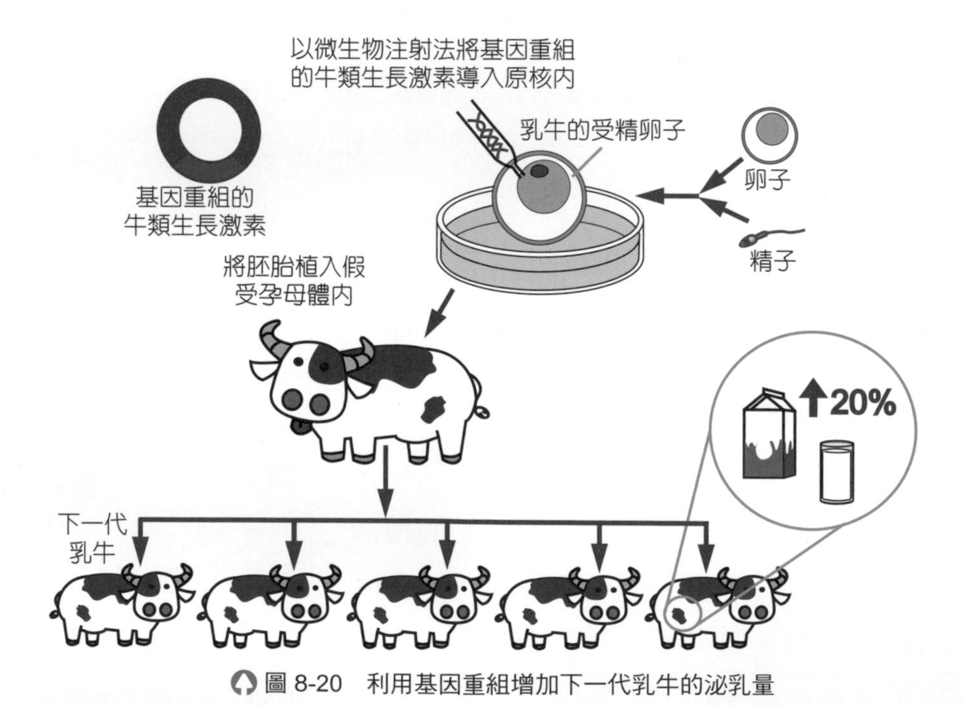


圖 8-20　利用基因重組增加下一代乳牛的泌乳量

### 胰島素樣生長因子　知識小集合

IGF-1 胰島素樣生長因子，為多重生長因子之一，可喚醒沉睡細胞，迅速修護損傷組織。以圖 8-21 為例，IGF-1 有類似興奮劑的作用，讓新一代豬隻少睡眠、多活動、多長瘦肉。

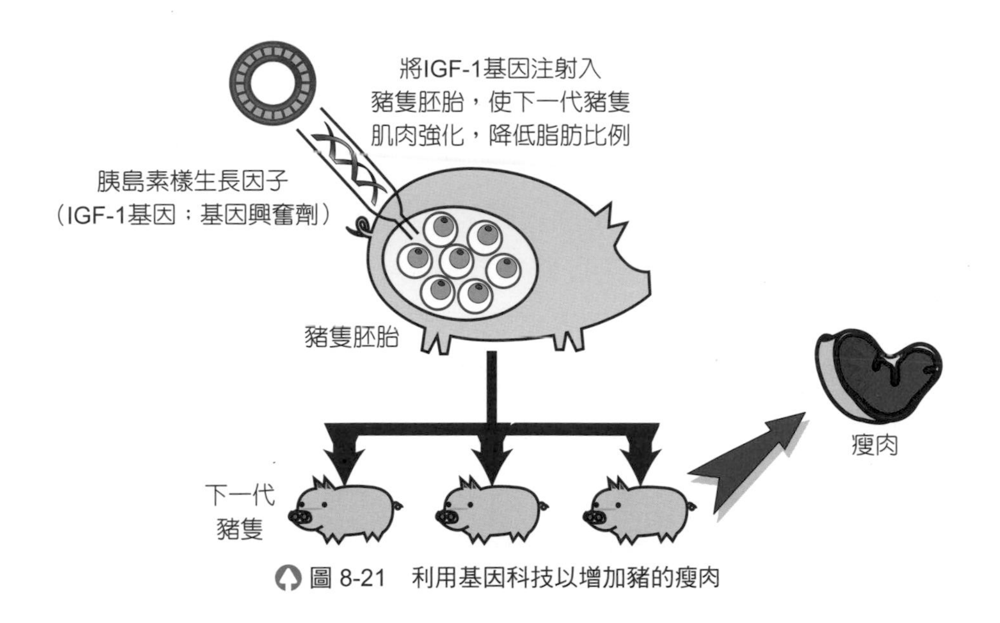


圖 8-21 利用基因科技以增加豬的瘦肉

### (三) 讓人類更健康長壽

各種疫苗藉由生物科技的安全開發，得以使人類免於許多疾病的危害，生活的更加健康長壽；而基因治療與幹細胞技術的發展，更讓許多遺傳性或基因缺陷造成的疾病獲得治療的契機。

### (四) 開發海洋、治理環境

海洋約占地球表面積 71%，除了蘊藏大量石油、礦物資源外，也有相當豐富的生物資源寶藏。其中許多物種不僅可以幫助維持生態的平衡，也具有高營養價值。發現能抵抗原子輻射的細菌，就可以利用其特性處理核廢料汙染；更有許多生物的特殊結構與代謝產物，可供醫療與工業原料使用。

> **海洋** 知識小集合
>
> 臺灣地區四面環海，海岸線總長 1500 多公里，附近海域海洋生物約佔全球物種的十分之一。海洋資源是臺灣持續繁榮發展主要命脈之一，有關海洋資源之開發、養護與管理，海洋空間使用及海洋環境保護，對臺灣未來發展有相當大的影響。（節錄自行政院海洋事務推動委員會，2008/1/18）

## 二、生物科技的隱憂

生物技術是未來的科技發展重點，且其影響範圍將不比電子產業所涵蓋的層面要小。如此強而有力且難以掌控的科技，雖然可為人類帶來更加舒適的生活，但同時也可能因為不當的使用，或一時的疏忽，而對環境、生物造成不可預期的變化與傷害，甚至帶來毀滅性的浩劫。

例如：農作物基因的改良雖然能造福人類生活，但卻難保破壞生物鏈的平衡，若無適當的控制對策與計畫，可能會讓該類基因改良作物無限制的繁衍；或造成病蟲轉而侵襲其他植物，影響生態的平衡，造成如蝴蝶效應般的骨牌效應。

或是利用生物科技改善人類基因，雖然可能使人類更聰明、體能更好或更能適應極端的環境，但同時也可能因此影響到情緒、性情、個性或氣質等內在因素；雖然幹細胞培養技術可以讓人有換不完的器官以延續生命，但同時也產生許多道德爭議，或是複製人的人權與倫理的爭議，一旦未妥善控制，不僅在倫理道德層面有爭議，更可能對生命造成輕視或不尊重。

另外，在生物科技實驗的過程中，失敗作品處理的道德問題，或實驗過程中產生的危險生物，那怕只是小小的突變病菌都有可能造成大規模的破壞與恐慌，而造成永久性的傷害。

那麼生物科技到底是好是壞？真的能對人們或環境有幫助嗎？正因為生物科技造成的改變是非常快速的，所以，我們在享受它所帶來的便利之際，更應儘快建立相關研發與應用的規範與準則，以免人們在致力於生物科技研發與推廣的同時，卻造成了不可挽救的遺憾。

**蝴蝶效應** **知識小集合**

蝴蝶效應（The Butterfly Effect）1962 年由美國氣象學家洛倫芝（E. Lorenz）提出，意指一件表面上看來非常微小的事情，也可能像滾雪球一樣的擴大，對社會或環境帶來巨大的改變。

## 討論與分享 Discussion And Sharing

一、你知道國內有哪些大學開設生物科技或生命科學相關系所？這些學系主要的學習及研究領域有哪些？若選讀該學系應具備哪些基礎知識、技能與態度？

二、你知道什麼是基因改造食品嗎？目前世界上已商品化的基因改造食品有哪些？你是否曾經食用過？這類的商品是否應清楚標示出「基因改造食品」的字樣？

三、複製人雖然已經在電影中出現，但在今日科技發展下，若有一天法令已允許每個人可選擇複製一個相同的自己時，你是否會想這麼做？為什麼？

科技小故事 Technology Story

## 臍帶血幹細胞

臍帶血是指在嬰兒臍帶與胎盤中的血液，以前胎盤和臍帶血都被當作醫療廢棄物處理，其實是因為人們不了解幹細胞的價值與可運用性。臍帶血中的幹細胞是人類製造血液及免疫系統的主要來源，自 1998 年人類幹細胞相關論文問世之後，細胞療法開拓了醫療領域，成為生命再生的另一種方式。

臍帶血

全球相關於幹細胞的產業近年來成長迅速，其中，臍帶血幹細胞是重要發展項目之一。寶寶出生時抽取的臍帶血，內含幹細胞的量與質都優於骨髓內的幹細胞，更無須承擔抽取骨髓時的麻醉風險或道德爭議。臍帶血幹細胞具有再生力強、排斥性低及取得容易等特點，優於骨髓幹細胞及週邊血幹細胞。臍帶血幹細胞可廣泛運用於醫療，例如：血液疾病、代謝異常或惡性腫瘤等都有相關利用。

幹細胞除了可以積極在醫療研究上發展外，更可以結合再生醫學及美容醫學，可以擴展的範圍相當廣泛。一般而言，臍帶血幹細胞的獲取與保存過程如下：

1. 採集臍帶血：採血的過程相當簡便，在離胎兒 3 公分處切斷臍帶後，找出最粗的臍靜脈，臍帶消毒後以三聯式密閉血袋採血。採血需在胎兒斷臍後 5 ～ 10 分鐘內進行，以避免臍帶血凝固。
2. 恆溫限時運送：三聯式密閉血袋保持在 15 ～ 25℃，運送過程中以隔熱素材、運送盒層層包覆，以確保恆溫狀態；並以最快的速度送到無菌實驗室，於 24 小時內進行臍帶血分離與冷凍保存。
3. 幹細胞分離技術：幹細胞在完全密閉狀態下進行離心，分離血漿與單核細胞。臍帶血內的成分就如同一般人體的血液，含有紅血球、白血球與血漿，但所需的幹細胞存在於白血球中，所以需進行幹細胞分離。
4. 低溫冷凍保存：幹細胞分離後添加抗凍劑保護，再以抗壓雙層抗凍袋封存、進行溫度緩降步驟；使用不銹鋼抗凍匣、液態氮浸泡降溫，過程間以電腦控制，進行狀態偵測與紀錄。溫度緩降到－ 196℃低溫冷凍，以利永久保存，此溫度可以降低汙染率、又維持幹細胞活性。

# 8-3 奈米科技

## 壹 奈米科技簡介

奈米是長度的計量單位，指的是 $10^{-9}$ 公尺，1 奈米 =$10^{-9}$ 公尺 =10 億分之 1 公尺，大約是分子或 DNA 的大小，若以 1 奈米和 1 顆乒乓球（40mm）比較，就像是 1 顆乒乓球和地球的比值。

就如同生物科技的發展歷程，奈米科技雖然同為近年來相當熱門的新興科技領域之一，但奈米物質並非自然界中的新產物，舉凡荷葉葉片、鯨豚的皮膚及昆蟲翅膀等，諸多自然界生物的奈米級表皮細胞排水、除汙自潔作用；鮭魚洄游、螞蟻、蜜蜂、鴿子體內生物磁性粒子啟動的生物磁羅盤機制；人體細胞中各種遺傳物質（如 DNA 的複製與轉錄作用），均可察見奈米級構造與元件的運作情形。

那麼，什麼是「奈米科技」呢？即是於奈米尺度（圖 8-22）下操控原子、分子，並活用其奈米尺度下所表現出的特殊性質與生物性質，及開發創新材料、製程、元件和系統產品的科技。奈米科技應用的領域大致包含奈米元件、奈米材料、奈米檢測與表徵技術等三方面上。奈米技術是在微觀尺度內涉及物質的製造、精密安放、操控、量測與模擬等能力，並可觀測其相對改變的現象及特性的技術；可應用在材料、元件、裝置、系統或機械等產品上。此微觀尺度技術的出現，使得各種傳統技術的限制獲得突破。

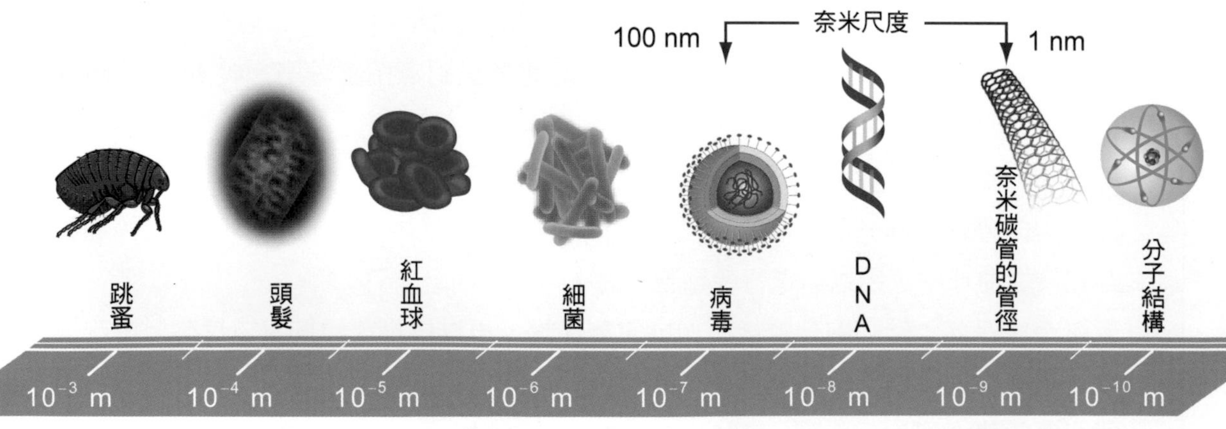


圖 8-22　奈米尺寸示意圖

## 貳 奈米與工業革命

在近代人類社會的發展史上，已歷經了三次工業革命。自 1980 年代起，由於電子掃描穿隧顯微鏡(STM)、原子力顯微鏡(AFM)及近場光學顯微鏡(NFM)等分析儀器的發展，人們可以真正分析及操控奈米尺度的原子及分子，並開始運用奈米「介觀(Meso)世界」的特殊現象於現實生活中。因此，奈米科技已成為新世代的發展趨勢，第四次工業革命將是「奈米化」的革命。

> **介觀(Meso)世界　知識小集合**
>
> 學界稱奈米世界為「介觀世界」，是以介於「巨觀世界」的經典物理、化學、力學以及「微觀世界」的原子論和量子力學之間為名。奈米世界物質特性特殊，應用範圍廣泛，將對人們的生活造成巨大的影響。

預期在這波工業革命中，化工、電子、光電、機電、生物及醫學等領域，都將結合奈米科技的創新技術(圖 8-23)、借重奈米科技的新知，開創出更快、更實用、更輕薄短小，以及前所未有的革命性新產品，舉凡食、衣、住、行、育、樂的品質，均將因為奈米科技的貢獻而向上提升。

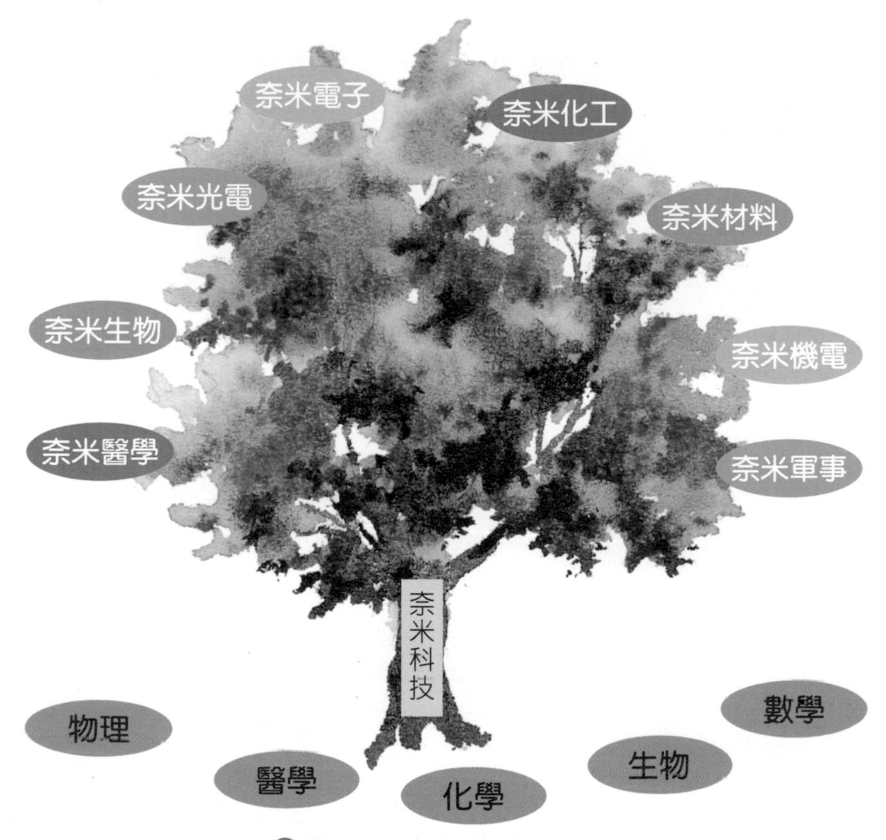


圖 8-23　奈米科技與現代工業

## 參 奈米的優勢與應用

進入 21 世紀可以說是以奈米科技為主導的新產業革命時代，材料的微小化已經成為主流的趨勢，奈米電子技術可以說是高科技產業的維他命，而奈米材料更可稱得上是傳統材料及製造產業的強心劑。

由於量測儀器的進步，人們得以了解物質奈米化之後的特殊性質，並由對奈米物質的了解，衍生出新的應用創意。研發人員將原子或分子設計組合成新的奈米結構，並以其為基本「基材」(Building Block)，加以製作、組裝成新的材料、元件或系統。當物質的結構尺寸小到奈米尺度時，其物理、化學及生物性質可能會與較大結構尺寸時大相逕庭；這些性質的改變，並非由於化學組成改變所致，純粹是由於結構尺寸的縮小所造成的。再加上元件與系統的奈米化，產品的體積微縮與功能提升就可輕易達成。

奈米科技涵蓋的領域甚廣，從基礎科學乃至於應用科學，包括物理、化學、材料、光電、生物及醫藥等。在產業方面，奈米科技更是已被公認為 21 世紀最重要的產業之一；從民生消費性產業到尖端的高科技領域，都能找到奈米科技的相關應用。我國工研院也在 2002 年成立奈米科技研發中心，針對奈米電子、光子、電子構裝、資訊儲存、顯示器、能源應用、生物技術、傳統產業等領域進行研究，期望能增強國內基礎奈米科技研究能量，建立學術界國家奈米科技研究中心，集中合作夥伴奈米科技研究人才與設備，並密切與奈米產品研發和生產界合作，以促進臺灣奈米產業的升級。此外，為保障消費者權益，工研院也在 2004 年底建立了奈米標章(圖 8-24)認證系統，使得奈米產品及技術在市場有規範可循，截至 2008 年初，已開放 14 家廠商 163 項產品認證。

奈米科技對傳統產業的影響以奈米材料為主，其從塗料、表面處理、粉體、複合材料及整體材料，由淺到深、應用萬變。對傳統材料來說，奈米技術就像料理時用來調味的味精一樣，添加後的物質材料具有全新的效果，例如第五章所提

**奈米標章** 知識小集合

奈米標章以無限「∞」符號，象徵奈米之無限微小化及奈米技術應用的無限大。狀似「8」的飛躍造型，象徵蓬勃發展。輔以英文奈米「nano」，以達國際認知。(資料來源：經濟部工業局)

圖 8-24　奈米標章

到的奈米材料的應用，包括奈米化陶瓷複合材料所發射的遠紅外線波長的保鮮功能，奈米鈦塗料之奈米結構的自淨功能，奈米化建材或塗料的防水、防火、自潔、質輕、環保、耐震及高強度等特性等等，都開啟了材料應用廣大無限的可能（圖 8-25）。

由於奈米科技不僅對既有的產業產生衝擊，更衍生出許多新興工業、創造利潤及開闢新市場，其所吸引的資金、人力、技術等，將使整個經濟市場更加活絡，所以許多國家無不卯足全力投入相關領域的研發活動。目前國內也有許多從事奈米（產品或技術）相關研發的廠商，例如：友達光電、中華映管的奈米碳管運用，錸德的高密度儲存光碟，福懋的奈米紡織等，均可見奈米產業在國內已逐漸成長茁壯，並成立奈米國家型科技計畫網站（www.twnpnt.org），介紹臺灣奈米科技發展的計畫與成果。相信不久的將來，在奈米的世界中，人們將可開拓出更寬廣無垠的空間與未來。

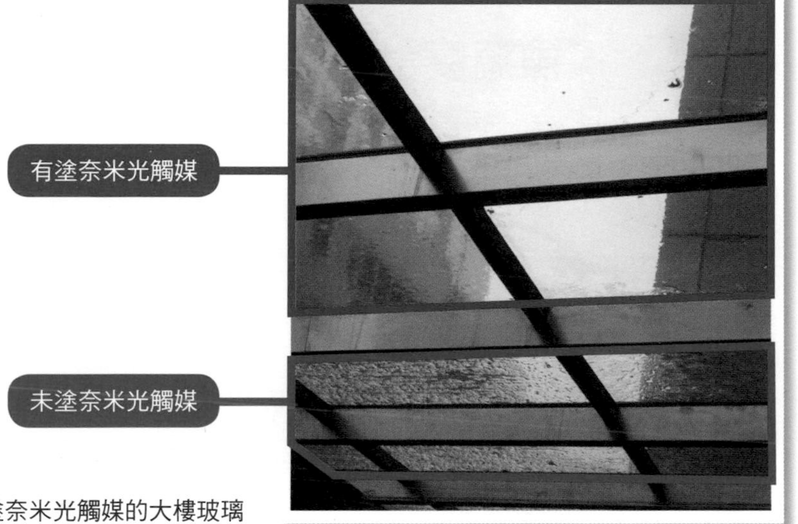


圖 8-25 有、無塗奈米光觸媒的大樓玻璃

## 討論與分享 DISCUSSION AND SHARING

一、奈米光觸媒是奈米科技目前最廣為應用的材料之一，那麼你知道光觸媒的基本運作方式是什麼嗎？經奈米化後的光觸媒材料可以產生什麼影響？目前生活用品中標榜具奈米光觸媒的產品是否真有功效？

二、你聽過奈米化妝品或保養品嗎？試著去蒐集這類產品相關的廣告或說明資訊，並找出奈米科技在新一代美容用品上所扮演的角色。

三、什麼是奈米太陽能電池或量子電腦？它們很有可能就是你在未來生活中重要的日常用品之一，不妨試著去認識它們，並討論其可能應用的範圍與帶來的影響。

CREATIVE DESIGN

# 創意設計

# 單元一 寶可夢孵蛋神物 - 自動避障車

利用微動開關控制馬達旋轉方向，微動開關被觸發時會反轉，使車子能夠在撞到障礙物時迴避並往反方向行走。當你把手機打開寶可夢放在車子上時，它就成了一個孵蛋神物。

## 教學目標

1. 使學生了解傳播科技意涵
2. 使學生了解簡易電子電路之應用
3. 使學生透利用電子零件及材料製作出一台自走車，並思考其創意用途。

## 教學材料

| 微動開關 | | 2 個 |
|---|---|---|
| 電池電池盒 | 單顆 | 2 個 |
| 電池 | 3 號 | 2 個 |
| 齒輪盒 | | 2 個 |
| 電線 | | 多條 |
| 底板 | 200x200x3mm | 1 片 |
| 萬向輪 | | 1 顆 |
| 泡棉 | 300mm | 1 條 |
| 鐵絲 | 300mm | 2 條 |

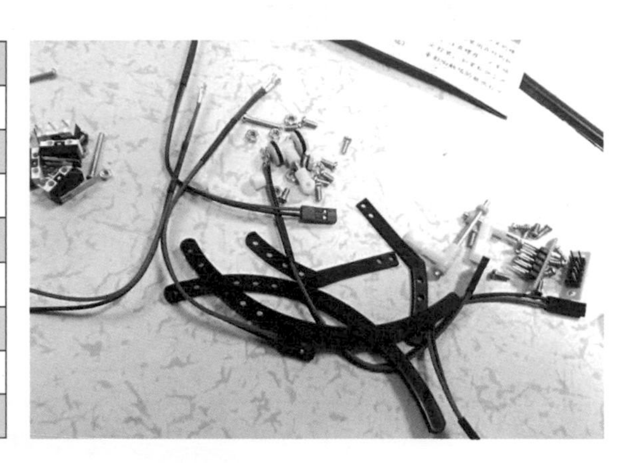

## 教學工具

| 鑽床 | 1 台 |
|---|---|
| 鑽頭 | 2mm |
| 線鋸機 | 1 台 |
| 熱熔膠槍 | 1 把 |
| 銲槍、焊錫 | 1 組 |

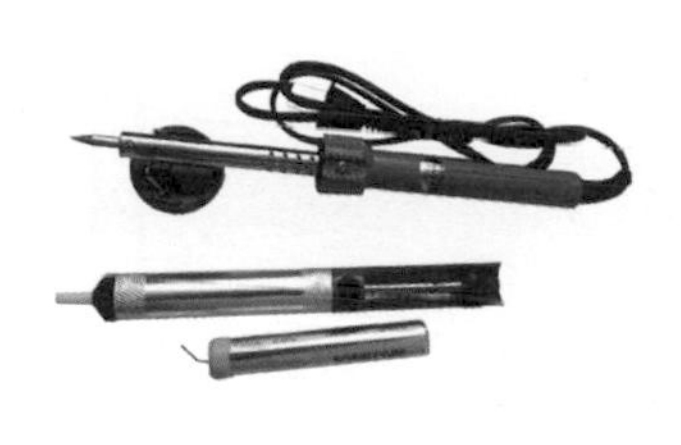

## 教學流程

1. 使學生了解傳播科技意涵
2. 使學生了電子傳播，並認識基礎電子電路
3. 使學生設計車子底座、結構配置及觸動機構
4. 將設計圖繪製於材料上方
5. 使用線鋸機鋸切：將底板鋸切出
6. 使用泡棉將機構黏上，並裝上觸動機構測試
7. 改良自動避障車之運作，並構思其用途

## 教學補充

當微動開關未觸發時，輪子前進；線路讀取觸發時，輪子反轉；當輪子反轉時車子會力開離開障礙物，輪子又正轉了。

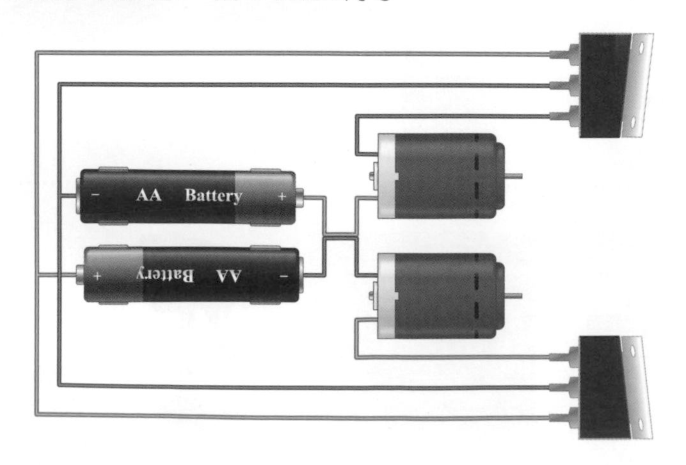

# 單元一 寶可夢孵蛋神物 - 自動避障車

※ 思考一下，除了可以用來孵寶可夢神物，還有什麼其他功用呢？

※ 問題與討論

## 心得及分享

# 單元二 液壓恐龍

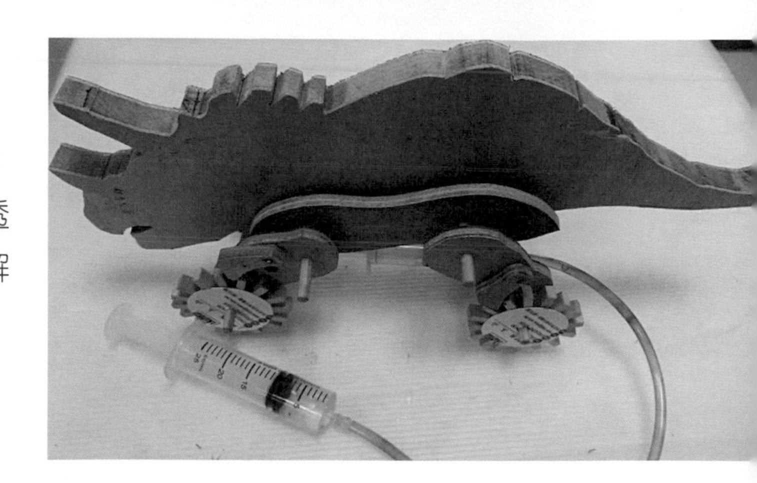

利用針筒輕鬆了解液壓原理，並配合棘輪機構控制恐龍行走。透過這個實作課程，你能夠更加了解運輸科技的意涵及應用。

## 教學目標

1. 使學生了解運輸科技意涵
2. 使學生了解液壓控制及簡易機構傳輸之應用
3. 使學生能製作出液壓控制棘輪之恐龍玩具

## 教學材料

| 木板 A | 300mmx200mmx10mm | 1 片 |
|---|---|---|
| 木板 B | 300mmx100mmx6mm | 2 片 |
| 木條 | 5mmx7mmX1m | 2 條 |
| 竹筷 | | 4 支 |
| 厚紙板 | A5 | 1 張 |
| 針筒 A | 30cc | 1 支 |
| 針筒 B | 50cc | 1 支 |
| 塑膠軟管 | 300mmx$\phi$3mm | 1 條 |
| 鐵釘 | 20mm | 4 支 |

## 教學工具

| 鑽床 | 1 台 | 老虎鉗 | 1 把 |
|---|---|---|---|
| 鑽頭 | $\phi$3mm<br>$\phi$1mm | 熱熔膠槍 | 1 把 |
| 線鋸機 | 1 台 | 打洞機 | 1 把 |
| 鐵鎚 | 1 支 | | |

## 教學流程

1. 使學生了解運輸科技意涵
2. 使學生了液壓控制及簡易機構傳動 ( 齒輪、帶輪、棘輪 )
3. 使學生分組擬定設計主題，並繪製設計圖於學習單
4. 將設計圖繪製於材料上方

   (1) 繪製恐龍身體於木板 A，並標註孔位 ( 兩孔中心距離 60mm)

   (2) 繪製 2 個側板於木板 B，並標註孔位 ( 兩孔中心距離 60mm)

   (3) 繪製 4 個足部於木板 B，並標註孔位 ( 兩孔中心距離 40mm)

   (4) 繪製 4 個棘爪於木板 B，並標註孔位

   (5) 繪製 4 個 $\phi$26mm 的圓於厚紙板，並分成 16 等分

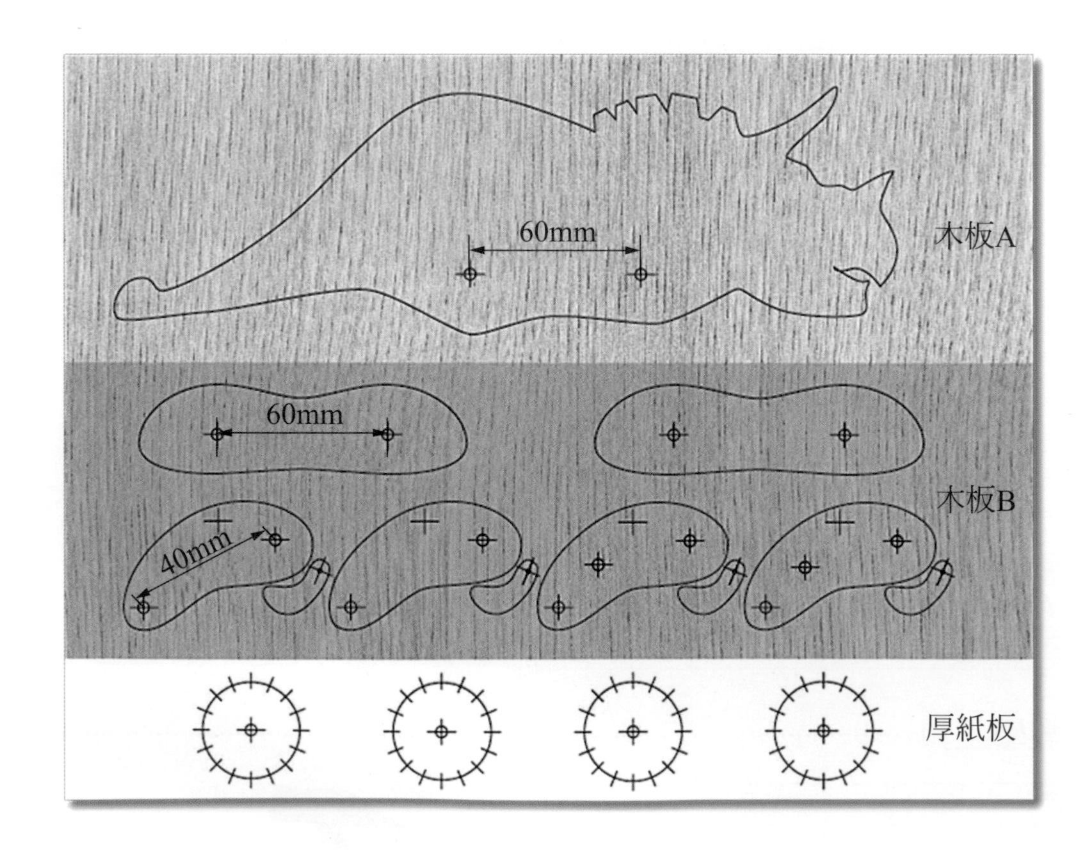

5 使用線鋸機鋸切：

(1) 使用線鋸機將木板 A 切成 1 片恐龍身體形狀
(2) 使用線鋸機將木板 B 切成 2 片側板形狀
(3) 使用線鋸機將木板 B 切成 4 隻足部形狀
(4) 將木條切成 64 隻 10mm 長，作為棘輪結構
(5) 將竹筷切成 4 隻 100mm 長，作為連接桿

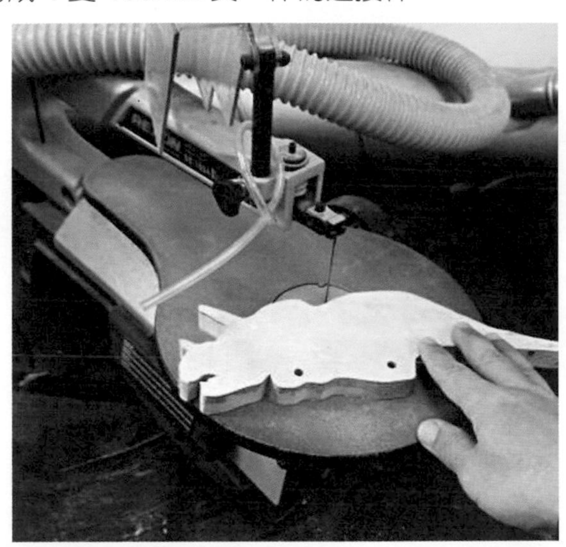

6 使用鑽床鑽孔

## 7 製做零件

(1) 將卡紙中心打洞，並將木條環黏於卡紙上，製成四個棘輪

(2) 將棘爪分別釘於足部 ( 需對照棘輪位置 )

(3) 將針筒上注水並裝上塑膠軟管

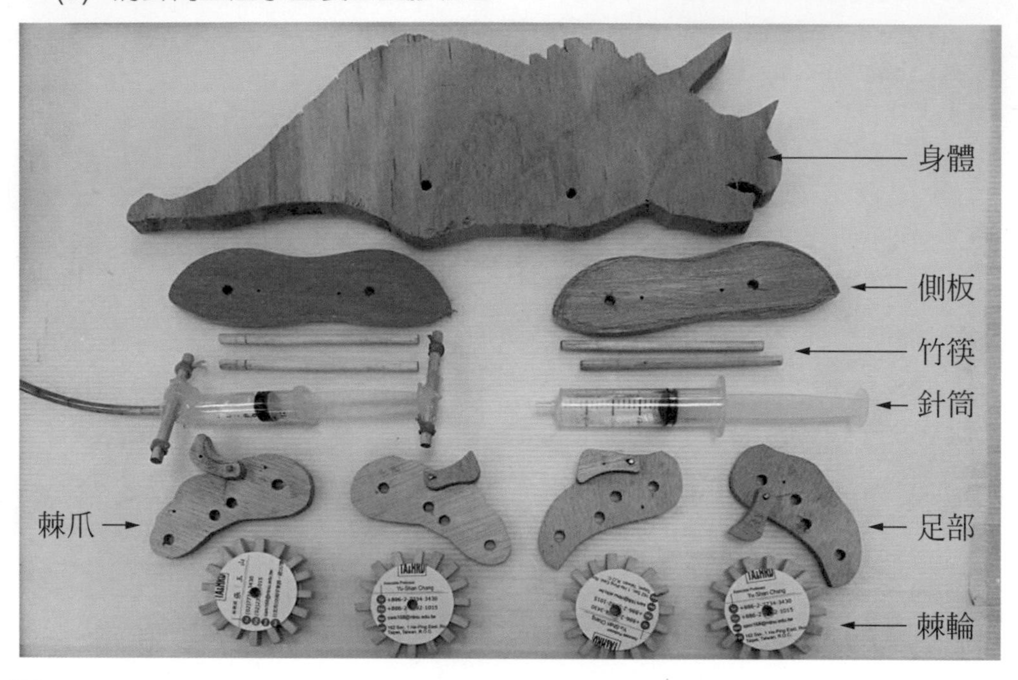


## 8 將零件組裝

(1) 將 2 隻竹筷分別依序穿過足部、側板、身體、側板、足部

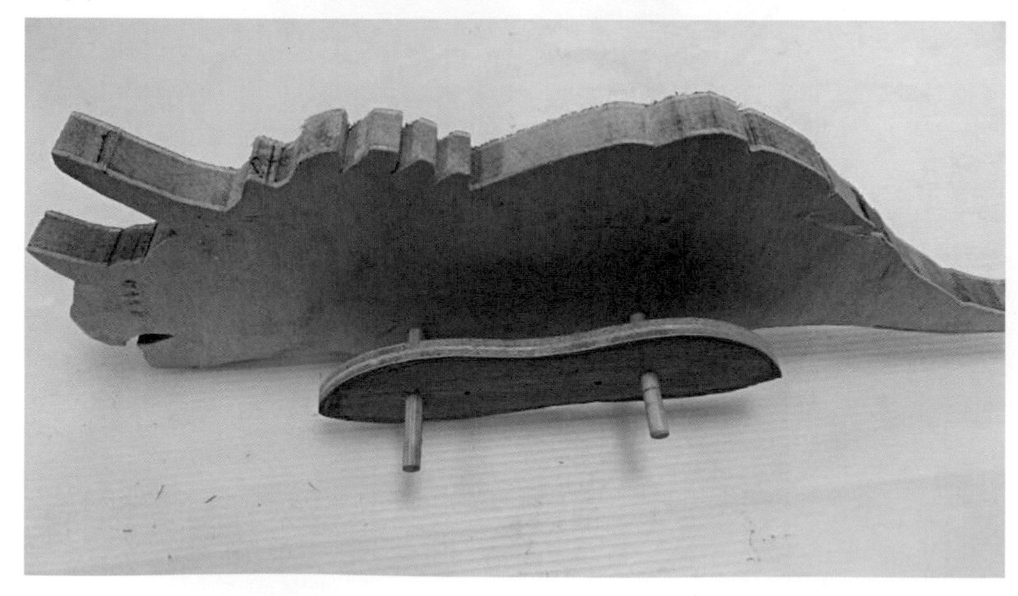

(2) 將 3 隻竹筷分別依序穿過棘輪、足部、足部、棘輪

(3) 將 30cc 針筒以熱熔膠黏於前後軸上

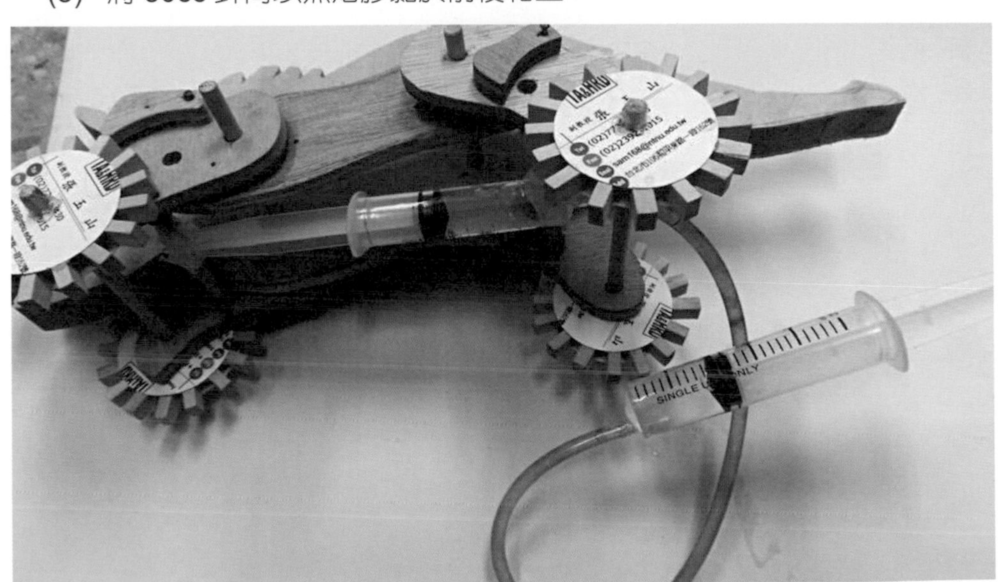

9 測試液壓恐龍之行走

## 教學補充

1. 帕斯卡原理：在密閉容器中流體任一部分的壓強，必然按照原來的大小由流體向各個方向傳遞。
2. 棘輪：棘輪是一種使得線性往復運動或旋轉運動保持單一方向的機械機構，用以防止傳動機構逆轉。

## 單元二 液壓恐龍

※ 小組討論製作主題：你們想組成什麼動物大隊呢？＿＿＿＿＿＿＿＿＿＿＿＿

※ 繪製設計圖於下方：請繪製主題之側面圖形，ex 兔子的側面、羊的側面

※ 思考一下瘦長的側板要設計成怎樣？

## 動物的腳長怎樣呢？

## 心得及分享？

# 單元三 創意齒輪玩具

利用特殊的齒輪機構讓你設計的動物可以擺動，透過這個實作課程，能夠更加了解運輸科技的意涵及應用，也可以透過創意設計發揮自己的構想。

## 教學目標

1. 使學生了解運輸科技意涵
2. 使學生了解簡易機構傳輸之應用
3. 使學生透過創意方法設計齒輪玩具，並透過機構使其運作

## 教學材料

| 木板 A | 300mmx300mmx10mm | 1 片 |
|---|---|---|
| 木板 B | 300mmx400mmx6mm | 1 片 |
| 木條 | 5mmx7mmX15mm | 1 條 |
| 竹筷 | | 4 支 |

## 教學工具

| 鑽床 | 1 台 |
|---|---|
| 鑽頭 | 6mm、7mm |
| 線鋸機 | 1 台 |
| 鐵鎚 | 1 隻 |
| 熱熔膠槍 | 1 把 |

## 教學流程

1. 使學生了解運輸科技意涵
2. 使學生了簡易機構傳動 ( 齒輪、帶輪、棘輪、凸輪 )
3. 使學生分組擬定設計主題，並繪製設計圖於學習單 ( 使用五路思考法 )
4. 將設計圖繪製於材料上方

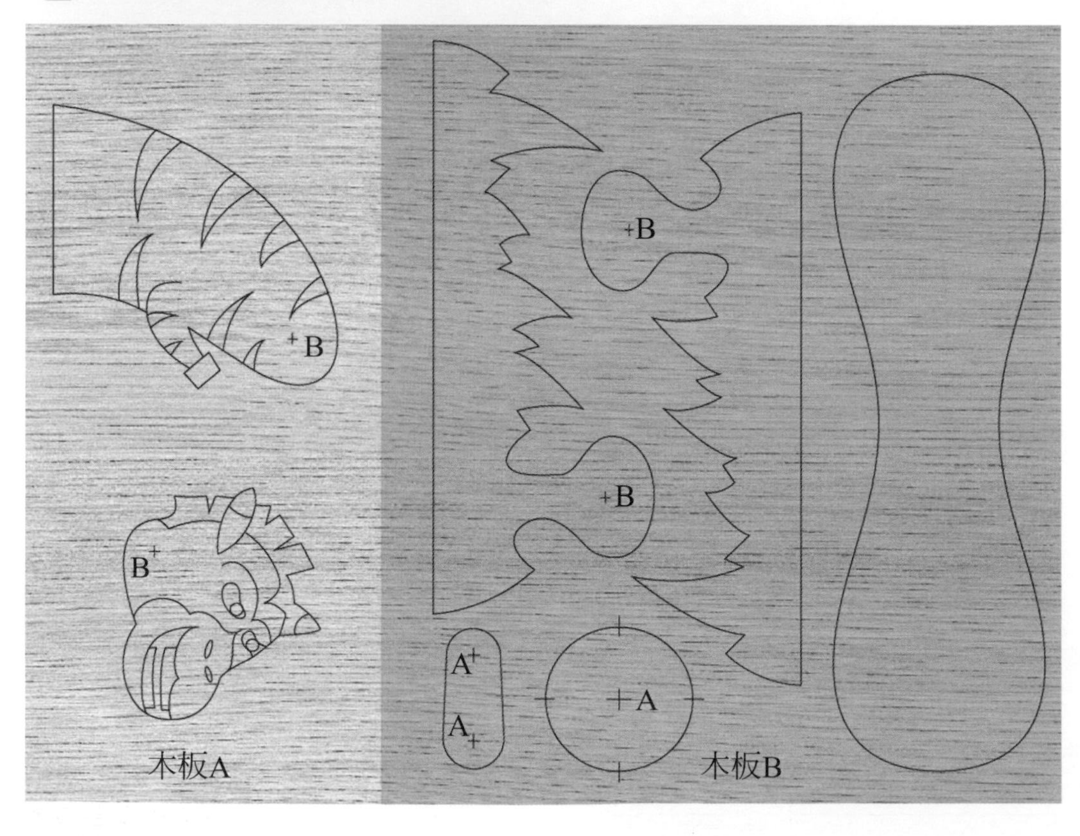

5 使用線鋸機鋸切

(1) 將木板 A 鋸切出頭部及身體
(2) 將木板 B 鋸切出前後板、底板、把手及凸輪
(3) 鋸切出 3 支 50mm 長的竹筷
(4) 鋸切出 3 支 50mm 長的木條

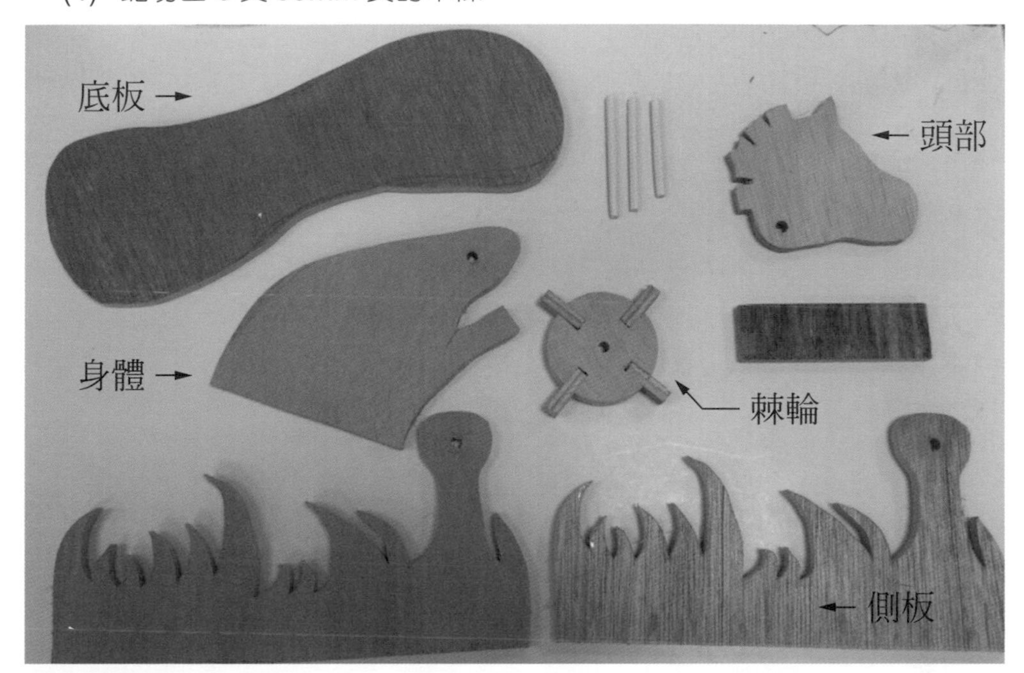


6 使用鑽床鑽孔：鑽出 A 孔 $\phi$6mm 及 B 孔 $\phi$7mm

7 將零件組裝

(1) 先將各部位上色
(2) 將 1 支竹筷穿過頭部及身體
(3) 將 1 支竹筷依序穿過把手、側板、凸輪、側板
(4) 適當黏上小木塊調整凸輪玩具運作

8 測試凸輪玩具之運作

## 教學補充

### 1 間歇運動機構

當一機構之主動件作等速（旋轉或搖擺）運動，而其從動件則有時靜止、有時運動，此種機構稱為間歇運動機構。

間歇運動機構之形態：

(1) 由搖擺運動產生之間歇旋轉運動：棘輪、擒縱器。

(2) 由旋轉運動產生之間歇旋轉運動：間歇齒輪、日內瓦機構。

(3) 由旋轉運動產生之間歇往復運動或搖擺運動：凸輪。

### 2 間歇齒輪

在一對嚙合齒輪中，其主動輪之圓周上僅部分有齒，當主動輪作連續旋轉運動時，從動輪（全齒或部分有齒）將以間歇旋轉方式運動。

種類：

(1) 間歇正齒輪：用於兩軸平行之處。

(2) 間歇斜齒輪：用於兩軸相交之處。

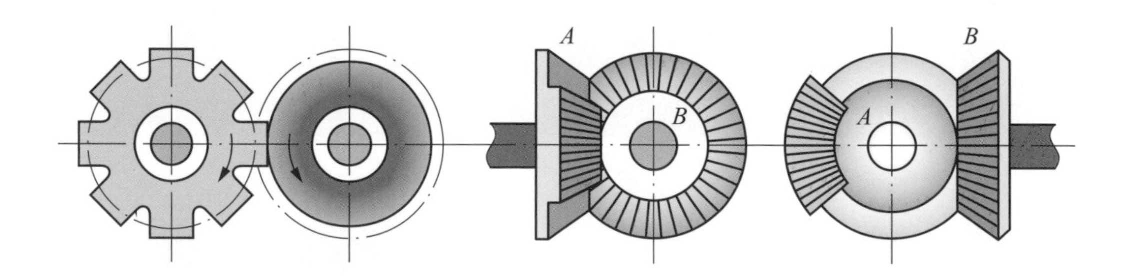


引自

https://learn.104.com.tw/cfdocs/edu/104reading/mfs_viewer.cfm ? img=4&j=9789862652299&CFID=236398356&CFTOKEN=40885667

# 單元三 創意齒輪玩具

※ 小組討論製作主題：你們想組成什麼動物大隊呢？ ____________________

※ 你找了哪張圖片？ 你想使用哪些方法改造？

- ☐ 加一加：
- ☐ 減一減：
- ☐ 改一改：
- ☐ 學一學：
- ☑ 定一定：須符合木板大小

※ 繪製設計圖於下方：請繪製主題之側面圖形，ex 兔子的側面、羊的側面

思考一下瘦長的側板要設計成怎樣？

心得及分享

# 單元四 鯊魚溫度計

Arduino 是什麼？它是一塊以微控制器 (Atmega328) 為核心的小型開發板，具有 USB 讓使用者可以與電腦連結，另外還有很多 IO 插孔可以外接其他電子元件，如：發光二極體、按鈕開關、光敏電阻、蜂鳴器、紅外線感測器與超音波感測器。可以使用 USB 傳輸線將程式碼上傳到開發板後，再利用 USB 傳輸線替開發板供電，讓其獨立運作，使用上十分簡便。

## 教學目標

1. 瞭解感測器應用與馬達控制
2. 學習利用單晶片與製作溫度計
3. 學會利用程式與溫度感測器將溫度轉換成角度控制伺服馬達

## 教學材料

| ARDUINO UNO R3 | 1 個 | LM35 類比溫度感測器 | 1 個 |
|---|---|---|---|
| 杜邦線 ( 公 / 母 ) | 3 條 | 杜邦線 ( 公 / 公 ) | 5 條 |
| SG90 9G 伺服馬達 | 1 個 | 迷你麵包板 | 1 個 |
| 自製外殼 | 1 組 | | |

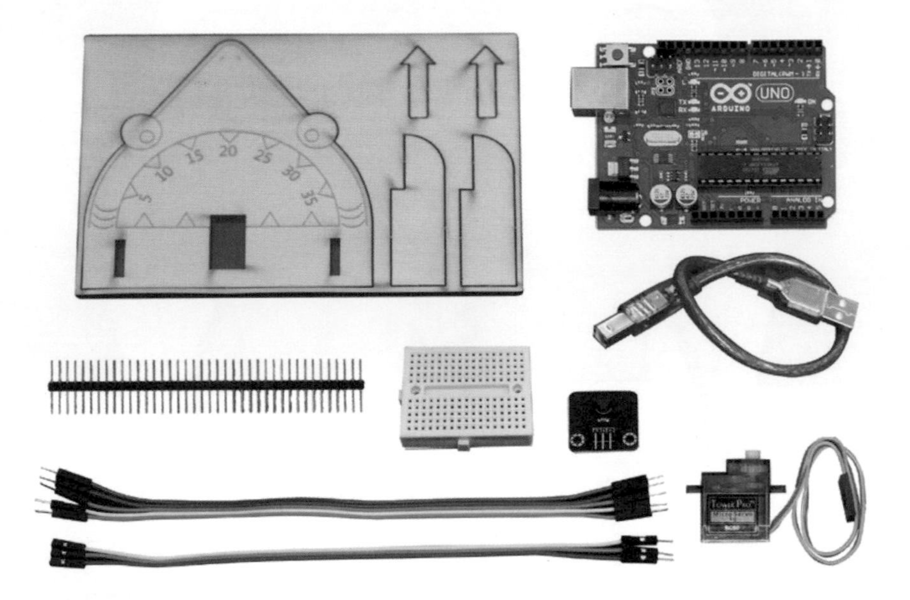


## 教學流程

1 詳細教學流程請掃描下方 QRcode。

# 單元四 鯊魚溫度計

思考一下，討論可能遭遇的問題？ex arduino 遇到程式 bug。

問題與討論

心得及分享

# 單元五 避障自走車

Arduino 是什麼？它是一塊以微控制器 (Atmega328) 為核心的小型開發板，具有 USB 讓使用者可以與電腦連結，另外還有很多 IO 插孔可以外接其他電子元件，如：發光二極體、按鈕開關、光敏電阻、蜂鳴器、紅外線感測器與超音波感測器。可以使用 USB 傳輸線將程式碼上傳到開發板後，再利用 USB 傳輸線替開發板供電，讓其獨立運作，使用上十分簡便。

## 教學目標

1. 瞭解自走車機器人與避障控制原理
2. 學習利用單晶片製作自走車機器人
3. 學會利用程式與超音波感測器控制自走車機器人

## 教學材料

| Arduino® 智能小火車底盤套件 | 1 個 | Arduino® Sensor Shield V5.0 | 1 個 |
|---|---|---|---|
| Arduino® UNO R3 進化版 | 1 個 | HC-SR04P 超聲波測距模組 | 1 個 |
| 2 路 H 橋 馬達驅動模組 (L9110) | 1 個 | 2 個 TOSHIBA 東芝電池 3 號 | 2 組 |
| 10 條彩色杜邦雙頭線 ( 母 / 母 )30cm | 1 包 | 螺絲包 | 1 包 |

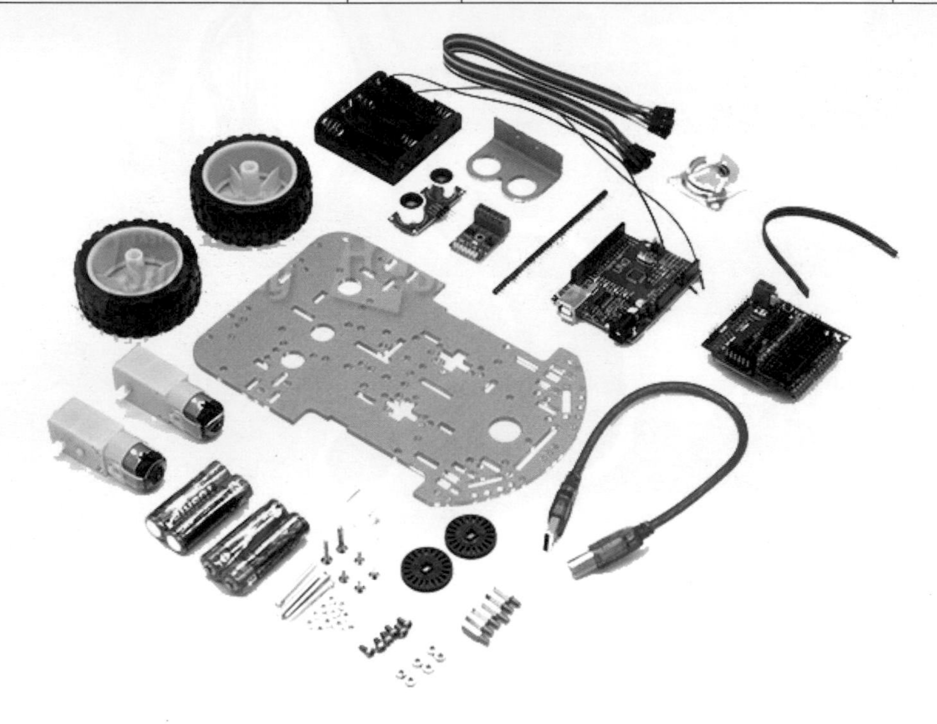

## 教學流程

1 詳細教學流程請掃描下方 QRcode。

2 詳細教學影片請掃描下方 QRcode。

# 單元五 避障自走車

※ 思考一下，討論可能遭遇的問題？ex arduino 遇到程式 bug。

※ 問題與討論

## 心得及分享

# 單元六 聖誕音樂盒

如須購買，請洽全華軟體部

音樂盒的發聲主要靠機芯構。音樂機芯是由音梳 (comb teeth)、金屬圓筒 (cylinder)、發條等三個部份組成。音梳，由長短不一的鋼製簧片組成，用作做成不同的音階，較長的發出高音，較短的發出低音。發條就是上鏈的部份，機芯動力的來源，帶動大小不同的齒輪，使圓筒旋轉。音樂盒的外盒就等於共鳴箱，當圓筒上的突刺敲到音梳時就會產生空氣及周邊物件的震動，音色亦會因被震動的物件不同而有分別，所以不同大小的盒或不同物料的外盒，所產生的音色都會有差異。

## 教學目標

1. 瞭解音樂盒機芯原理與與旋轉機構
2. 學習利用音樂盒機芯結合造型機構製作音樂盒
3. 學會利用音樂盒機芯與與控制旋轉機構

## 教學材料

| 8 首和弦聖誕歌曲 IC | 1 個 | 4 歐姆 3 瓦 喇叭 | 1 個 |
|---|---|---|---|
| 電子線 24AWG | 1 個 | 微型金屬減速馬達固定座 | 1 個 |
| 25 個 - M3 螺帽 | 6 個 | 十字圓頭螺絲 M3x8mm ( 五彩 ) | 7 個 |
| 十字圓頭螺絲 M3x6mm | 2 個 | M3 六角雙母細牙銅柱 7mm | 1 個 |
| TOSHIBA 東芝電池 4 號 | 2 個 | 4 號 2 個電池盒 | 1 個 |
| 4P 洛克開關 ( 黑 ) | 1 個 | 5mm LED 七彩光 ( 快閃 ) | 3 個 |
| 木頭外殼 | 1 個 | 尼龍萬向輪 | 3 個 |
| N20 微型金屬減速馬達 1:298 6V/50rpm | | | 1 個 |

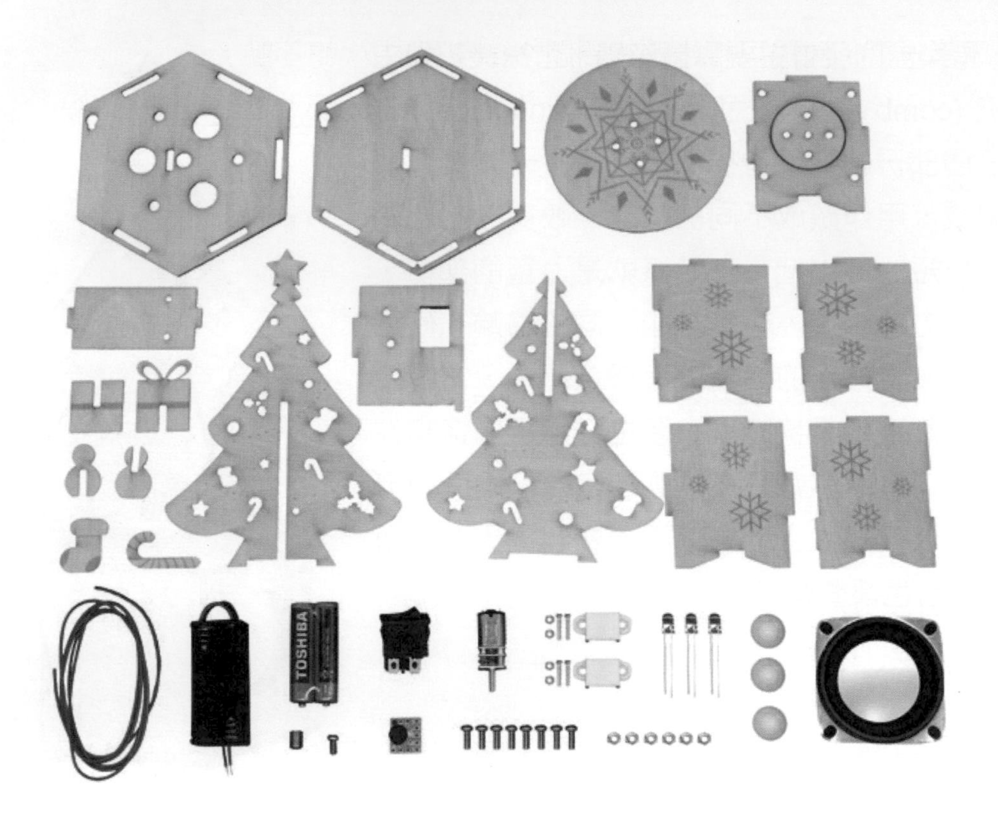


## 教學流程

1. 詳細教學流程請掃描下方 QRcode。

2. 詳細教學影片請掃描下方 QRcode。

# 單元六 聖誕音樂盒

※ 思考一下，討論可能遭遇的問題？ex 扭力太小轉不動。

※ 問題與討論

## 心得及分享

# 圖照資料

本公司已盡力處理書中圖文的著作權事宜，倘有疏漏，惠請著作權人能與本公司聯繫，謹此致謝。

| 圖號 | 圖片來源 | |
|---|---|---|
| 第一章 | | |
| 圖 1-6 | 臺灣精品網站 | |
| 圖 1-9 | 參考自《探索科學園區》，行政院國家科學委員會，100 年 9 月出版，頁 5。 | |
| 圖 1-13 | 臺灣高鐵 | |
| 圖 1-27 | 環保署 | |
| 圖 1-29 | http://www.greenfiber.net.tw/ ？ ID=3&ID2=3&idno=3 | |
| 第二章 | | |
| 圖 2-1 | http://b0.rimg.tw/couture/1852e94c.jpg | |
| 圖 2-11 | http://imgtest-lx.meilishuo.net/pic/_o/e9/7f/d3ea12e02e4de25a1c1278e20d77_1811_1844.jpg | |
| 第三章 | | |
| P62 | http://static.chaparral-racing.com/productimages/1300/023-0810-602.jpg | |
| 圖 3-19 | 美國時代雜誌 | |
| 圖 3-24 | http://community.telustalksbusiness.com/blogs/talk_business/tags/enterprise | |
| 圖 3-29~30 | 聯合知識庫 | |
| 第四章 | | |
| 圖 4-4 | 明石大橋／劉峻谷／聯合知識庫 | 大直橋／ http://zh.fotopedia.com/items/flickr-4928052174 |
| | 亞歷山大三世橋／富爾特圖庫 | 西螺大橋／ http://163.27.240.80/~boe29/photo3.htm |
| 圖 4-6 | 貓頭鷹出版社 | |
| 圖 4-8 | 聯合知識庫 | |
| 圖 4-10~11 | 國工局 | |
| 圖 4-14 | 三月魚 | |
| 圖 4-15 | 聯合知識庫 | |
| 圖 4-21 | http://www.flickr.com/photos/gaigai25/5529020801/ | |
| 圖 4-22 | 中天電視節目部 | |
| 圖 4-23 | 周小萍提供 | |
| 圖 4-24 | 聯合知識庫 | |
| 圖 4-28 | http://www.flickr.com/photos/ericlovemusic/6721051891/ | |
| 圖 4-29 | 林伊青 | |
| 圖 4-30 | 聯合知識庫 | |
| 圖 4-33 | 內政部建築研究所 | |
| 圖 4-35 | 臺大綠房子 | |
| 圖 4-36~37 | 內政部建築研究所 | |
| 第五章 | | |
| 圖 5-2~3 | 聯合知識庫 | |
| 圖 5-4 | http√//news.fengniao.com/116/1162162.html | |

| 圖 5-5 | http√//b0.rimg.tw/couture/58821abb.jpg |
|---|---|
| 圖 5-6 | http√//www.allbestwallpapers.com/wallpaper/car/image/smart_forvision_concept_2011.jpg |
| 圖 5-14~15 | 聯合知識庫 |
| 圖 5-27 | 蕭銘芚 |
| 圖 5-29~31 | 保安宮 |
| 圖 5-32 | 和成欣業 |
| 圖 5-33 | 聯合圖庫 |
| 第六章 | |
| 圖 6-3 | 嘉義林管處 |
| 圖 6-4 | 臺灣高鐵 |
| 圖 6-10 | 松山機場 |
| 圖 6-11 | 臺灣采風剪影 |
| 圖 6-14 | http://want-car.chinatimes.com/article.aspx ? cid=2001&id=20111027004151 |
| 圖 6-15 | 臺灣高鐵 |
| 圖 6-22 | 臺北捷運局 |
| 圖 6-23 | 高雄捷運公司 |
| 圖 6-25 | 聯合知識庫 |
| 圖 6-27 | http://taho.com.tw/images/dvr/t10_3.JPG |
| 圖 6-28 | http://www.conspiracyplanet.com/channel.cfm ? channelid=74&contentid=6840&page=2 |
| 圖 6-34 | 聯合知識庫 |
| 圖 6-37 | 聯合知識庫 |
| 圖 6-38~39 | NASA 提供 |
| 圖 6-40 | http://www.ifublog.com/alfredlim/entry/2011 年國際熱氣球嘉年華 |
| 圖 6-41 | http://cdn-www.airliners.net/aviation-photos/photos/4/1/3/0628314.jpg |
| 圖 6-42 | http://3.bp.blogspot.com/_2pgSqtbZECA/TCzetHbwXbI/AAAAAAAAA9g/qJqGWhPoRMw/s1600/K64937-02.jpg |
| 圖 6-44 | http://forum.u-car.com.tw/thread.asp ? forumid=195240 |
| 圖 6-47 | 松山機場提供 |
| 第七章 | |
| 圖 7-4 | 聯合知識庫 |
| 圖 7-6 | 聯合知識庫 |
| 圖 7-10 | 聯合知識庫 |
| 圖 7-17 | 臺灣采風剪影 |
| 圖 7-18 | http://www.khcc.gov.tw/home02.aspx ? ID=$6102&IDK=2&DATA=139&EXEC=D |
| 圖 7-19 | 聯合知識庫 |
| 圖 7-26 | http://www.nipic.com/show/4/79/61ff0654cd22feb1.html |
| 圖 7-31 | 鄭榮和 |
| 圖 7-35 | 經濟部能源局 |

| 第八章 | |
| --- | --- |
| 圖 8-2 | http://www.hizook.com/blog/2013/11/13/large-scale-rapid-prototyping-robots-industrial-robot-arm-extruders-and-building-sca |
| 圖 8-3 | http://www.bomberebuild.webspace.virginmedia.com/rptc01.htm |
| 圖 8-4 | http://www.3ders.org/articles/20130426-ilios-hd-sla-3d-printer.html |
| 圖 8-5 上 | http://www.custompartnet.com/wu/selective-laser-sintering |
| 圖 8-5 下 | https://gigaom.com/2014/04/25/why-you-wont-see-a-laser-sintering-3d-printer-on-your-desk-anytime-soon/ |
| 圖 8-6 | http://3dprint.com/25002/xyzprinting-3d-food-printer/ |
| 圖 8-8 | http://www.wired.co.uk/news/archive/2011-09/20/3d-printed-stradivarius-violin-eos |
| 圖 8-9 | http://www.shapeways.com/blog/archives/1938-Nike-Use-3D-Printing-to-Manufacture-the-Vapor-Laser-Talon-Football-Shoe.html |
| 圖 8-14 | 聯合圖庫 |
| 圖 8-15 | http://davefoster.info/2012/01/13/how-a-bio-gas-digester-works/ |
| 圖 8-23 | 經濟部工業局 |

國家圖書館出版品預行編目資料

生活科技 / 余鑑, 上官百祥, 簡佑宏, 陳勇安編著. -- 二版. -- 新北市 : 全華圖書股份有限公司, 2021.02

面；公分

ISBN 978-986-503-571-6(平裝)

1.CST: 生活科技

400 110001810

# 生活科技

作者 / 余 鑑、上官百祥、簡佑宏、陳勇安

校閱 / 張玉山

發行人 / 陳本源

執行編輯 / 張曉紜

出版者 / 全華圖書股份有限公司

郵政帳號 / 0100836-1 號

印刷者 / 宏懋打字印刷股份有限公司

圖書編號 / 0913101

二版三刷 / 2023 年 5 月

定價 / 新台幣 350 元

ISBN /978-986-503-571-6 (平裝)

全華圖書 / www.chwa.com.tw

全華網路書店 Open Tech / www.opentech.com.tw

若您對書籍內容、排版印刷有任何問題，歡迎來信指導 book@chwa.com.tw

---

**臺北總公司(北區營業處)**
地址：23671 新北市土城區忠義路 21 號
電話：(02) 2262-5666
傳真：(02) 6637-3695、6637-3696

**南區營業處**
地址：80769 高雄市三民區應安街 12 號
電話：(07) 381-1377
傳真：(07) 862-5562

**中區營業處**
地址：40256 臺中市南區樹義一巷 26 號
電話：(04) 2261-8485
傳真：(04) 3600-9806(高中職)
(04) 3601-8600(大專)

歡迎加入

# 全華會員

● 會員獨享

會員享購書折扣、紅利積點、生日禮金、不定期優惠活動…等。

● 如何加入會員

填妥讀者回函卡直接傳真（02）2262-0900 或寄回，將由專人協助登入會員資料，待收到 E-MAIL 通知後即可成為會員。

## 如何購買 全華書籍

1. 網路購書

全華網路書店「http://www.opentech.com.tw」，加入會員購書更便利，並享有紅利積點回饋等各式優惠。

2. 全華門市、全省書局

歡迎至全華門市（新北市土城區忠義路 21 號）或全省各大書局、連鎖書店選購。

3. 來電訂購

(1) 訂購專線：(02) 2262-5666 轉 321-324
(2) 傳真專線：(02) 6637-3696
(3) 郵局劃撥（帳號：0100836-1　戶名：全華圖書股份有限公司）
※ 購書未滿一千元者，酌收運費 70 元。

全華網路書店 www.opentech.com.tw
E-mail: service@chwa.com.tw

※ 本會員制如有變更則以最新修訂制度為準，造成不便請見諒。

| 廣　告　回　信 |
|---|
| 板橋郵局登記證 |
| 板橋廣字第540號 |

# 行銷企劃部　收

23671 新北市土城區忠義路 21 號
全華圖書股份有限公司

(請由此線剪下)

# 讀者回函卡

填寫日期：　　/　　/

姓名：＿＿＿＿　生日：西元＿＿年＿＿月＿＿日　性別：□男 □女

電話：（　）＿＿＿＿　傳真：（　）＿＿＿＿　手機：＿＿＿＿

e-mail：（必填）＿＿＿＿

註：數字零，請用 Φ 表示，數字 1 與英文 L 請另註明並書寫端正，謝謝。

通訊處：□□□□□＿＿＿＿

學歷：□博士　□碩士　□大學　□專科　□高中・職

職業：□工程師　□教師　□學生　□軍・公　□其他

學校 / 公司：＿＿＿＿　科系 / 部門：＿＿＿＿

・需求書類：

□ A. 電子 □ B. 電機 □ C. 計算機工程 □ D. 資訊 □ E. 機械 □ F. 汽車 □ I. 工管 □ J. 土木

□ K. 化工 □ L. 設計 □ M. 商管 □ N. 日文 □ O. 美容 □ P. 休閒 □ Q. 餐飲 □ B. 其他

・本次購買圖書為：＿＿＿＿　書號：＿＿＿＿

・您對本書的評價：

封面設計：□非常滿意　□滿意　□尚可　□需改善，請說明＿＿＿＿

內容表達：□非常滿意　□滿意　□尚可　□需改善，請說明＿＿＿＿

版面編排：□非常滿意　□滿意　□尚可　□需改善，請說明＿＿＿＿

印刷品質：□非常滿意　□滿意　□尚可　□需改善，請說明＿＿＿＿

書籍定價：□非常滿意　□滿意　□尚可　□需改善，請說明＿＿＿＿

整體評價：請說明＿＿＿＿

・您在何處購買本書？

□書局　□網路書店　□書展　□團購　□其他＿＿＿＿

・您購買本書的原因？（可複選）

□個人需要　□幫公司採購　□親友推薦　□老師指定之課本　□其他＿＿＿＿

・您希望全華以何種方式提供出版訊息及特惠活動？

□電子報　□ DM　□廣告（媒體名稱＿＿＿＿）

・您是否上過全華網路書店？（www.opentech.com.tw）

□是　□否　您的建議＿＿＿＿

・您希望全華出版那方面書籍？＿＿＿＿

・您希望全華加強那些服務？＿＿＿＿

～感謝您提供寶貴意見，全華將秉持服務的熱忱，出版更多好書，以饗讀者。

全華網路書店 http://www.opentech.com.tw　　客服信箱 service@chwa.com.tw

2011.03 修訂

親愛的讀者：

感謝您對全華圖書的支持與愛護，雖然我們很慎重的處理每一本書，但恐仍有疏漏之處，若您發現本書有任何錯誤，請填寫於勘誤表內寄回，我們將於再版時修正，您的批評與指教是我們進步的原動力，謝謝！

全華圖書　敬上

## 勘誤表

| 書　號 | | 書　名 | | 作　者 | |
|---|---|---|---|---|---|
| 頁　數 | 行　數 | 錯誤或不當之詞句 | | 建議修改之詞句 | |
| | | | | | |
| | | | | | |
| | | | | | |
| | | | | | |
| | | | | | |
| | | | | | |
| | | | | | |
| | | | | | |
| | | | | | |

我有話要說：（其它之批評與建議，如封面、編排、內容、印刷品質等・・・）